“十二五”国家重点图书出版规划项目

城 市 与 建 筑 遗 产 保 护 实 验 研 究

董 卫 主编

辽金元时期北京城市研究

A STUDY ON PEKING CITY
IN LIAO, JIN AND YUAN DYNASTIES

诸葛净 著

东南大学出版社 · 南京

丛书前言

文化遗产是社会发展的一种积累性产品。显而易见，每个人从诞生之日起所接触到的事物都是前人创造的，而每个人的一生都多多少少为后人留下了些许物品，而所有这些物品的社会性积累就构成了我们的文化遗产。这其中至少有两层含义：一、文化遗产是人类社会对前人所有创造发明的淘汰性结果，只有那些经过复杂的历史选择过程并留存至今的一部分前人的遗存，才有可能进入文化遗产的行列；二、文化遗产就存在于我们身边。文化遗产的存在强化了社会的凝聚力和亲和力，使每一座城市和乡村都有可能形成与众不同的特性。唐朝诗人刘禹锡“千淘万漉虽辛苦，吹尽狂沙始到金”的诗句正可用来表达文化遗产的宝贵之处。在这个意义上，历史本身就是人类不断学习、思考和选择的过程。保护文化遗产不仅是为了保留人类过去的印记，更是为了学习和传承古代智慧，巩固现代社会发展的文化基础，为未来留下一个更加美好的生活环境。

在所有的文化遗产中，城市与建筑遗产是其中最为显著、庞大而又十分复杂和综合的一部分。这类文化遗产包括了各种历史景观、古老城镇与乡村、传统建筑、地下文物以及在历代城市与建筑发展过程中所形成的思想、技艺、方法与传统。对城市与建筑遗产的研究与保护需要跨学科、多部门的合作，需要长时间刻苦的探究与思考，才能找到顺应社会发展趋势、符合科学规律、适应历史环境的保护方法。

东南大学建筑学院素有重视城市与建筑历史和保护研究与实践的传统，自刘敦桢教授创系于 1927 年第四中山大学始，就与杨廷宝、童寯诸先生确立此研究方向，经第二代、第三代、第四代学者不懈努力，发扬光大。20 世纪八九十年代，便为国家培养了四届建筑遗产保护的专业人才，目前在全国相关领域发挥着重要作用；21 世纪，建筑学院招收建筑学遗产保护本科生，在建筑遗产和城市遗产保护两方面齐头并进，取得了突出成果，承担了近百项重要的城市和建筑遗产保护工程项目，出版了相关论著数十部，为我国的遗产保护作出了重要贡献，产生了较大的国际影响。

2008年“城市与建筑遗产保护教育部重点实验室”成立，2009年进入建设期，实验室以东南大学建筑历史与理论和建筑设计与理论两个国家重点学科为主干，整合包括土木、环境、材料、化工等各相关学科，在全国许多知名学术机构和专家的支持下开展了跨学科的遗产保护研究与实践，目前已取得了丰硕的阶段性成果，成为我国城市和建筑遗产保护领域最大、最重要的教育、科研、实践和对外交流的基地之一。

现在，其中一部分研究内容纳入了东南大学出版社出版的“十二五”国家重点图书出版规划项目“城市与建筑遗产保护实验研究”系列丛书，与实验室的研究方向相应分为“城市与建筑遗产的理论研究”“建筑遗产及其退化机理的实验研究”“城市与建筑遗产保护的绿色途径”“城市与建筑遗产保护的数字化方法研究”共四卷十余册，将陆续与读者见面，希望得到专家学者和所有读者的指正。

我们相信，城市与建筑遗产保护的未来既依赖于整个社会文化水平的提高，也在于相关技术方法和理论水平的发展与创新，更得益于家国意识、环境观念和社会组织的强化与融合。唯有此，才能形成适应我国新型城镇化条件下建立遗产保护体系的需要，以满足21世纪城乡可持续发展的国家战略。

是为序。

东南大学建筑学院教授

城市与建筑遗产保护教育部重点实验室(东南大学)主任

序

十年磨一剑。诸葛净君的《辽金元时期北京城市研究》一书即将问世，我有幸提前阅读，十分欣喜。这本书是她在十年前完成的博士论文基础上写作完成的，但其研究厚度、深度和力度，已大大超越当时的论文，体现出她这些年来持之以恒对研究对象不懈探讨的努力和认识新知的求索。

北京，大家熟知的中国首都，自明靖难之役后永乐将京师由南京迁到北平后始有此称。此后约500年，北京成为中国封建社会的帝都。民国时期，一度北京复为北平，直到1949年首都确立，北京之称又沿用。该书借用"北京"一称，说的却是封建帝都之前的事情，其时间范畴为辽金元，与后来的北京呈梯度关系。如果说历史城市是个压缩饼干，那么将北京之前的压缩拉开，绝非易事。除却如烟的时间带来城市变化错综复杂或者消解外，对于北京帝都而言，实经历辽金元若干少数民族统治或建置管理时期后的发展产物，其政治体系、思想体系、经济体系、文化体系，有其时少数民族的显著特征，区别于汉民族久远的传统社会体系，但作为一个朝代，辽和北宋的并峙、金和南宋的对立、元的铁蹄未真正跨越江南却横扫欧亚，又使得辽金元京城和汉民族的政治社会制度、前朝的都城形制、甚至和国外的文化习俗密不可分。做这样的研究，非有见识的厚度不可。可喜的是这本书，充分展现了作者对于研究对象的深刻理解和认识，将这样的纷呈网络有序又跨越地解读出来。这部分的内容主要在"上篇——区域角度的解读"中表现充分。

从研究的角度而言，历史都城北京从来就是诸多学问家致力研究的对象，甚至毕生一以贯之，其相应成果在该书的绪论中均有评述。如果说该书与大家们的治学有何区别，我以为在研究的深度上吸取各家成果而有突破的是将北京立体起来。其关键是兼长了制度研究和城市的空间体系研究。该书分为两部分，上篇的立体在于：从辽的五京体系，金的京、都体系，元的两都体系，来认识北京的前世，从而打破了定位于地理上的北京进行纵向研究的角度，是触及到真实的城市发展机制、缘由和动力的原本研究，其中尤其重视的少数民族的经济支撑、生活方式对于京城形成的影响，很有见地。下篇的立体在于：解剖了城市的若干性质的空间——礼制的、商业和交通的、寺院宫观的、居住和街巷的，除了礼制的内容外，后面三部分主要以叠加到元代时期的大都的生活空间作为研究对象，十分丰富，论证坚实。下篇的第一部分，作者用的是"礼仪"这个词而不是"礼制"，也是下篇讨论的重点——从礼仪的角度观察和分析礼制建筑的选址、布局、功用及相互关系。作为介绍，我更愿意用"礼制"以和其他性质的建筑及空间相并列理解。却也是在这点上，可以看出作者如何将城市建筑和空间立体化的认识角度。

该书的写作，主要基于文献阅读及其广泛的相关学科研究成果的融会贯通的认识和运用，并进行创新。，力度很大。城市史是大概念建筑史中最难把握的研究对象，对其解读，要牵涉历史、政治、经济、社会、文化、民族等相关学科，阅读的海量和综合思辨的要求很高，相信读者可以从相关注释和参考文献中看出作者的用力和能力。另外，由于作者发挥建筑学的特长，将诸多纷繁问题化解为图示分析，也使得该书图文并茂，可读性甚强。

作为第一读者，我也愿意让更多读者分享一下我阅读该书的体会。除了上述的欣喜，我理解帝都北京的前世，更多是少数民族长期积累形成的政治制度、生活习俗、注重实际的灵活运作能力及其擅长吸收汉民族文化优势，在城市建置及建设上的成就使然。中国的历史城市其实有太多的文化融合，长期以来，学界还是比较清晰地划分少数民族、中原、江南等的建筑与城市或区域的界限，并强调研究成果的独特性，却不曾想，中国首都的血脉中长驻如此深厚的异域色彩。明朝的北京建设受南京影响是个事实，"规制悉如南京，而宏敞过之"(《明史·舆服志》)，而明南京是要"治隆唐宋"的，明朝开国皇帝朱元璋的国策乃清除异族影响，这可能是汉民族的一次反攻倒算，但清朝的北京又再度操作于少数民族满人手中，因此在城市研究中，加强诸如《辽金元时期北京城市研究》这样的深度和广度研究，是十分重要的事情。另一方面，从辽金元时期北京城市的发展过程中，也会发现从五京制到两都制，再到明朝北京而后陪都的名存实亡，也是中国封建社会晚期都城集权化的过程、汉民族和少数民族博弈与互动的过程。放大一点看，中国古代城市也并无与西方古代城市存有质本的差异，考古人类学家哈佛大学张光直教授用"圣都"和"俗都"的西方城市观念和关系，研究中国青铜时代的都城迁徙和夏商周三代，是有力的证明，而辽代的五京制又何尝不是"圣都"和"俗都"的实际运作呢？这会启发我们打破中西文化平行比较的壁垒，而获得更多人类在建设城市过程中的运作智慧。

从个人而言，我和诸葛净君长期存有饱满的互动，她是我的第一位研究生，看着她 20 年的成长和学术逐渐成熟，我感到欣慰。我和她是师生、也是朋友和家人的关系，我对她宠爱有加也挑剔过度。出于宠爱，她在学问上的求真耿直比较突出，所以在绪言中如果说她的评述有伤长者，也请前辈包涵；因为挑剔，我还希望她加强色目人(阿拉伯人)对于元大都的影响及其在城市空间扩张力方面所起作用的研究，毕竟色目人在元代的地位仅次于蒙古人，当然，这又会是跨越国界的大文章。

诸葛净君让我为该书写序，我早已应允，因为她的博士生导师郭湖生教授已仙逝。但是我工作繁多静不下心来，一直拖延着，直到蛇尾癸巳年即将结束才排除干扰仔细阅读，草就此文，言为序，实为导读。在即将进入甲午马年之际，无论如何也要捷足先登一下。

东南大学建筑学院教授

建筑历史与理论研究所所长

目　录

上篇　区域角度的解读——京城体系与体系中的京城

下篇 剖 面——关于城市诸空间体系的解读

1 绪　论

在华北北部有一片小平原，其西部与北部分别被太行山余脉西山及燕山余脉军都山所包围，东面则面向广阔的海洋，只有东北一线过山海关与东北平原相通，南面渡永定河沿太行山东面山麓可至华北大平原，这片地方习惯上被称为“北京湾”，而侯仁之先生则称之为“北京小平原”(图 1-1)。中国古代历史中，这片平原上先后建立过一系列的地方行政中心与都城，尤其在封建社会的后期，辽、金、元、明、清相继在此建都，中华人民共和国建国后亦以此为首都。因此对于这座城市的研究始终受到学界的关注，而不同的学科也已经有了丰硕成果。本章首先对已有的研究成果择其要者述之，然后概要叙述辽金元时期的北京城市建设，最后提出本书所尝试讨论的问题。

另外，如所周知，城市的名称迭有变动，辽称南京，金为中都，元为大都，明始称北京，但为叙述的方便，文中在涉及较为泛泛的论述时，便皆通称为北京。

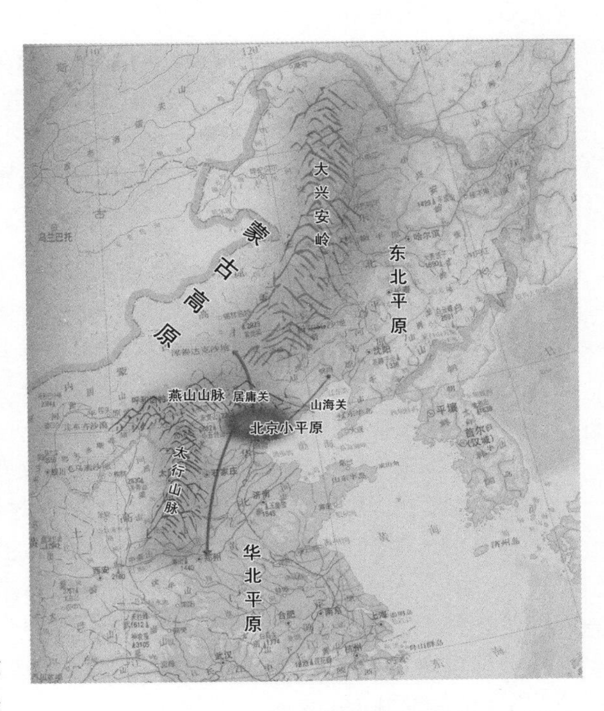

图 1-1　北京地理形势图

底图来源：总参谋部测绘局，2006：13

1.1　既往研究概述

以下对大陆学者的研究根据学科分而述之，境外的研究成果受条件所限不能一一尽读，大多通过别的学者的转述有所了解，故此境外的研究成果单列一节。

1.1.1　历史地理界

历史地理界对北京城市的研究，以侯仁之先生的研究以及他指导的一批学位论文为代表性成果，其研究范围涉及北京城市历史地理的各个方面。如李孝聪的《公元九—十二世纪华北平原(黄海亚区)交通和城市地理的研究》，伍旭的《北京城及近郊庙宇分布的历史变迁与庙宇对文化的塑造和影响(辽—清)》，高松凡的《历史上北京城市场变迁及其区位研究》，韩光辉的《清与民国三百年间北京今市域内人口地理的初步研究》以及唐亦功的《金至民国时期京津唐地区的环境变迁研究》等，并结集成为《北京城市历史地理》出版，其中韩光辉的人口研究与尹钧科的郊区研究也都已经以专著的形式出版。另外，侯仁之先生于 1988 年主编出版了《北京城市历史地图集》(第一集)。

韩光辉先生除了以独特的切入点对城市各个历史时期的人口构成、数量及变动原因作出了令人信服的推断之外，在关系到城市管理制度的警巡院问题上也进行了深入研究。

侯仁之先生的一系列文章(收于《历史地理学的理论与实践》及《侯仁之文集》)对于北京建城的起源，城址选择的原因，水资源在大都新城选址和建设中的决定性作用，元大都城的规划设计特点，设计思想，元大都城及明清北京城的城址变迁，河湖水道及规划特点等一系列重要问题都有精要见解。

至关重要的辽南京、金中都、元大都的城市复原成果主要见于《北京城市历史地图集》(第一集)及《金中都》等相关著作中，与复原有关的问题的探讨也散见于各种期刊论文。较重要者如周峰的《辽南京皇城位置考》、岳升阳的《金中都历史地图绘制中的几个问题》等。

由于关系到漕粮运输、城市供水以及元明清时期京杭大运河对城市的影响和清代西郊园林的开发，水系的问题始终是北京城市史研究的一个重点。在这方面的研究成果中，蔡蕃先生的专著《北京古运河与城市供水研究》从水利科技的角度，论述了北京漕运工程及城市供水排水工程的历史发展过程，极有参考的价值。

1.1.2 考古学界

考古发掘之实物资料在历史研究中的重要性已无需多论。关于北京城市史的最重要的考古发掘报告当属阎文儒先生之“金中都”和中国科学院考古研究所、北京市文物管理处元大都考古队的“元大都的勘察和发掘”。此外，1990年代北京市文物研究所配合北京市西厢工程开展了金中都城垣、宫殿区的考古勘测与发掘，取得了重要收获(齐心，1994)。2003年出版的《北京辽金史迹图志》集中反映了北京辽金城垣博物馆的工作者对北京辽代和金代文物进行专项调查的成果。

徐苹芳先生的研究成果亦蔚为大观，相关的文章主要收录于《中国历史考古学论丛》的“城市考古”一编中，关于金中都的“四子城说”，《事林广记》所绘中都图的可信度问题以及相关的城市规划的论述都令人钦佩。更通过对于御史台、枢密院所在位置的考订，提出了如何在沿用至今，不方便作大规模考古挖掘的城市中，对重要建筑的地理位置进行考察研究的方法。徐苹芳先生亦主持绘制了《元大都城图》[收于侯仁之先生主编之《北京城市历史地图集》(第一集)中]以及《明清北京城图》，都有着极高的可信度。

1.1.3 历史学界

首推陈高华先生对于大都城市的研究，有专著《元大都》一书，对于大都城从城市建设到社会发展的一系列问题都有所研究，其书虽薄，但论述却经典，是研究北京城不能忽略的成果之一。此外还有论文《元代大都的皇家佛寺》等。

于杰、于光度先生在1989年出版了专著《金中都》，书中虽小有可商榷之处，但是对于与金中都相关的一系列问题，包括建设与社会问题，以及中都的前身辽南京都提出了自己的见解，作为前人的成果也不可忽视。

1.1.4 建筑史学界

国内建筑史学界学者站在城市史的立场详细论述了从辽南京至明清北京城市发展的著作，较重要的有两种：贺业钜先生的《中国古代城市规划史》和郭湖生先生的《中华古都》。

另外，杨宽先生虽然是历史学家，但其著作《中国古代都城制度史研究》较为接近城市史的研究，故于此处一起加以比较。

贺业钜先生的《中国古代城市规划史》一书，将中国古代的城市规划发展置于社会发展阶段的框架中，以现代城市规划理论的视角加以分析。按贺先生的分期表，从金中都到明清，北京属于北宋末至清鸦片战争之间约七百年的后期封建社会的城市规划,即体系传统革新成熟期(后期)。贺先生的著作中最有特色的是以区域规划的宏观眼光,揭示了都城与京畿地区各府州县之间形成的政治、经济网络层次关系,并从总体布局、分区规划、商业网规划与坊巷规划等几个方面对金中都、元大都与明北京这几座城市进行了分析。

但我认为贺业钜先生的著作还有几个不足之处,其一,关注变迁结果所体现出的意义甚于变迁本身及变迁的原因;其二,将中国古代城市规划的变迁看作是向着某种特定的且是越来越先进的目标前进的历史进程;其三,将变迁表达为自上而下的不断改进。从历史研究的角度讲以单一的尺度来衡量变动不居的时空变迁,有时并不能透彻揭示变迁的丰富性及其动因。

杨宽和郭湖生二位先生均以都城形制的发展为脉络(这个城市形制包括宫城在大城中的位置、宫城的布局与宫城中轴线的序列、宗庙官署等其他重要官方建筑的分布、大城中居民区与市场的分布等),以考古发现与文献资料为依据来探讨都城变迁。

杨宽先生较为详细地描述了辽五京、金上京、金中都与元、明、清各代都城的建设与布局,包括内城与外郭之间的关系,内城中宫殿的布局,官署、市场、平民居住区、水系、宗庙等,总的来说注重城市各个细节的考证;而郭湖生先生的《中华古都》则在考证的基础上,更着重于都城形制变化的前后关系,认为金中都在从宋汴梁到元大都的过程中起了承前启后的作用,同时也对城市建设中涉及的工程技术问题给予重视。

2001—2003 年,中国建筑工业出版社陆续出版了五卷本《中国古代建筑史》,在某种程度上这套书可视为中国大陆 1990 年代中国古代建筑史研究的总结之作。其中的第三卷"宋、辽、金、西夏建筑"与第四卷"元、明建筑"分别对辽南京、金中都与元大都作了论述,并兼及辽上京、辽中京与金上京。

在第三卷"宋、辽、金、西夏建筑"中主要以考古发掘与文献史料为依据对辽代三座都城及金代两座都城的布局做了较细致的描述(郭黛姮,2003)[59-71],但从研究的深度与广度来说并未有超越前人之处。

第四卷"元、明建筑"对于元大都的城市建设有较全面的论述(潘谷西,2001)[16-21],是关于这一时期都城建设研究的较新成果之一。文中考察了元大都的建设过程与城市布局特点,尤其在元大都规划与《考工记》之间的关系问题上提出了新的见解。以贺业钜先生为代表的一种观点认为元大都在中国历代都城中最完整地模仿了《考工记》所规定的都城形制,而潘谷西先生根据当时城市规划设计的实际情形和城市建设的过程,认为"(元大都)非但不是复《考工记》之古的都城典型,相反,倒是一个能充分因地制宜、利用旧城、兼收并蓄、富有创新精神的都城建设范例"。笔者以为,潘谷西先生之说更有说服力。

近年清华大学王贵祥教授主持了一项国家自然科学基金项目"合院建筑尺度与古代宅田制度关系以及对元大都及明清北京城市街坊空间影响研究",从成果看研究着眼点在于建筑群的基址规模,但对于理解古代城市亦大有启发(王贵祥,等,2008)。在与元大都直接相关的几篇论文中(姜东成,2007b),作者根据对元大都城市规划的研究成果①,分别对大都城中的重要建筑群孔庙、国子学与敕建寺院大承华普庆寺进行了复原,并对元大都敕建寺院的分布与建筑模式进行了探讨。这有助于我们深入理解元大都的城市规划特点。

1.1.5 境外学者的研究

徐苏斌所著《日本对中国城市与建筑的研究》较为全面地介绍了 1995 年以前日本学者的研究

① "元大都的城市规划采用 44 步×50 步的平格网,对大都城内街道胡同的间距、大建筑群与住宅的用地范围起到控制作用,在大都城市平格网基础上可以细化作出 11 步×12.5 步的平格网,中小建筑群基址规模受其约束。",转引自姜东成(2007b:注解 6)。

(徐苏斌,1999),从中可知,由于历史等各方面原因,日本学者对于中国东北的城市与建筑较为关注,因此对于辽金元时期各都城很早就展开了调查与研究。

西方学者北京史的研究成果可参考史明正先生的综述性文章《北京史研究在海外》(史明正,2000),其中有关古代北京的研究以夏南希女士的*Chinese imperial city planning*(STEINHARDT N S,1990)较为重要,自出版以来已是国外高校相关专题的必读参考书之一。

此书出版于1990年,是夏南希在1981年完成的关于元大都的博士论文基础上扩充而成。该书以当时所能获得的考古资料与研究成果,以及相关的文献记载与古地图为基础,对夏商周以来的中国都城做了较全面的论述。其中六、七两章涉及辽金元时期建造与使用的数座都城,指出其格局与建筑形式所受到的汉文化的影响,并特别指出元大都在形式上采用中原传统的都城格局,但实际生活方式仍然保留了蒙古本民族的习俗并在城市空间中有所表现。该书将都城形制视为历代统治者(汉族或非汉族)用于表明统治的合法性的手段,并注意到古地图中所表现出的理想都城形制及其与《考工记》论述间的关系,这样的思路对我们今天的研究仍具启发意义。

1.2 辽金元时期北京城市建设简述

综合前人的成果,可将辽金元时期北京城市建设的几个主要阶段勾勒出一个相对清晰的轮廓,也为后文的展开建立一个基本的时空框架(图1-2)。

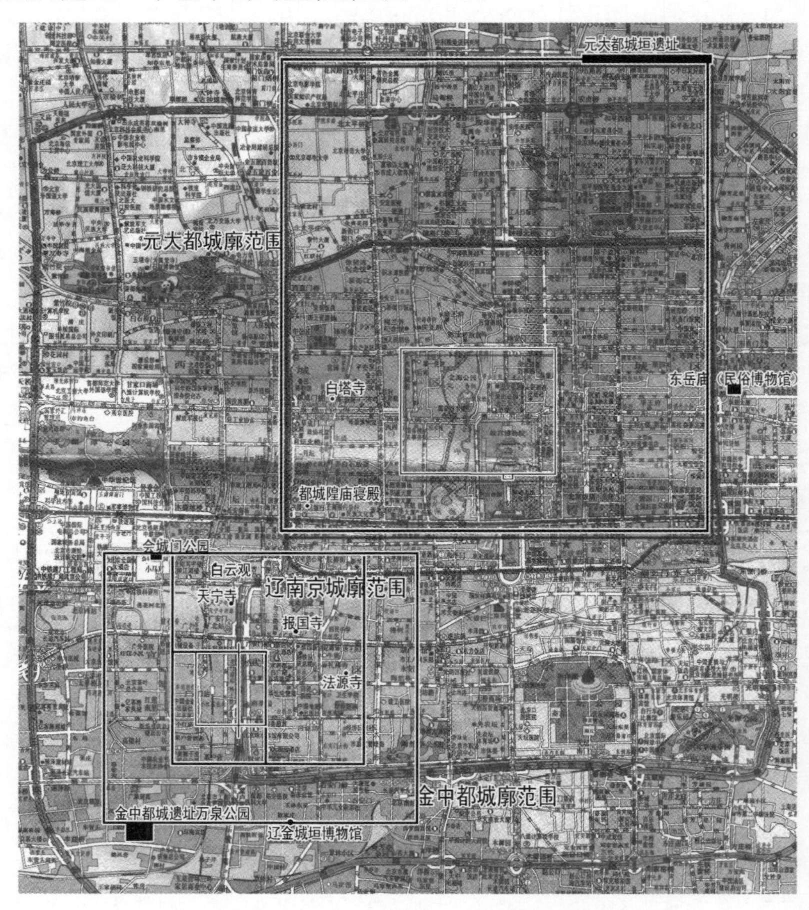

图1-2 辽南京、金中都、元大都城廓位置示意图

底图来源:北京测绘研究院,2008

1.2.1 辽南京:938—1122 年

辽南京继承了唐幽州城。据《北京考古四十年》,其城垣东墙似在今烂漫胡同稍偏西一点的地方;北垣,自白云观北之小河向东流,穿东西太平胡同,达头发胡同之北的受水河胡同,似唐幽州城之北护城河(北京文物研究所,1990)[127-128]。辽南京之东垣与北垣与幽州城相当,南垣大致与右安门城墙相近;西垣大约在会城门村东贯穿白石桥东,向南延长的一线(北京文物研究所,1990)[141-142]。但岳升阳在其《金中都历史地图绘制中的几个问题》一文中仅认可了北城墙的位置,关于西、南、东三面城墙认为都应重新加以考虑(岳升阳,2005)。有鉴于此,本书之《辽南京城示意图》仅为城市各要素之相对关系的示意。

辽南京外城有八门,东为安东、迎春;南为开阳、丹凤;西为清晋、显西;北为通天、拱辰。①

连接城门之间有四条大街,其中两条截止于皇城。城北安东—清晋门之间的大街,似即檀州街,此街当在今广安门内外大街上;悯忠寺门前的大街,应为今南横街,当时是辽南京城迎春门内大街;拱辰—开阳门间的大街,相当于今内城西南部的南闹市口、经过牛街直到南樱桃园与白纸坊东西街的交叉处一线;通天门内大街应在今天宁寺东,明清外城西护城河之西(于杰,于光度,1989)[10-11]。

辽南京城的城市居民管理仍沿用了幽州时的里坊制度。《乘轺录》载:"(幽州城)城中凡二十六坊。坊有门楼,大署其额……"(贾敬颜,2004)。

幽州在唐时为州级地方城市,按照唐时地方城市形制,其衙署单独建一子城在大城之中,安史之乱及刘仁恭时,将州衙扩建为宫殿,后辽以此城为南京时,继续沿用了这一区域并加以扩建,作为皇城。其位置在外郭城的西南隅,所谓"子城就罗郭西南为之"。皇城的西墙即是外郭城的西墙,皇城的西门即是外郭城的西门(杨宽,1993)[43]。皇城东北角有燕角楼,应在今南线阁胡同(北京文物研究所,1990)[142]。皇城南墙与外郭城南墙重合,其南门丹凤门即外城南垣西门(周峰,2001)[63-64]。

辽代对于南京皇城的建设和改动主要有两次,一次是圣宗统和二十四年(1006 年)八月"改南京宫宣教门为元和,外三门为南端,左掖门为万春,右掖门为千秋"(脱脱,等,1974)[162];另一次是兴宗重熙五年(1036 年)下诏修南京宫阙府署,主要宫殿有元和殿等(图 1-3)。

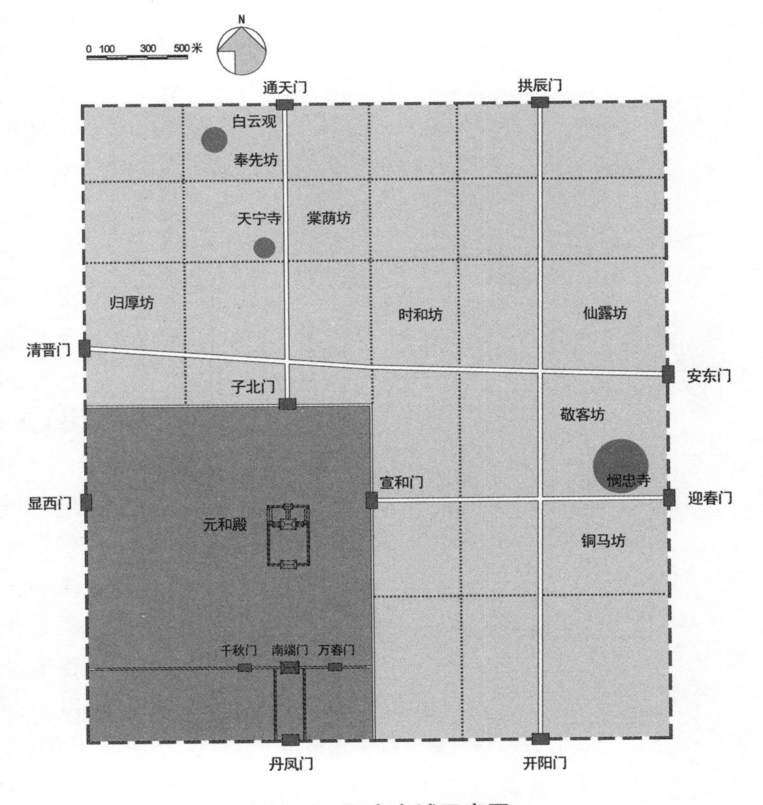

图 1-3 辽南京城示意图

① 另根据周峰考证,东垣之南尚有一暗水门,即路振所言水窗门(周峰,2001)。

今北京城中与辽南京密切相关的重要遗迹为建于辽天庆九年(1119 年)的天宁寺塔。今日之法源寺可追溯至始建于唐贞观十九年(645 年)的唐幽州悯忠寺,后虽经历代重修,但寺址始终未变,因而也是研究辽南京与金中都的重要地标,法源寺中还陈列有重要的辽代文物。

1.2.2 金中都:1153—1234 年

金贞元元年(1153 年),海陵王完颜亮将金之都城由上京迁往燕京,改名中都,并在原辽南京城的基础加以扩建。金之中都城建设,尤其是宫室制度,多仿北宋汴京。张棣《金虏图经》言:"亮欲都燕,先遣画工写京师宫室制度,至于阔狭修短,曲尽其数,授之左相张浩辈按图以修之。"①经此改造,皇城的位置由原来的偏居西南隅变成了近似位于城中。

中都的范围,根据考古调查,西城墙北端在羊坊店东南角,南端在凤凰嘴村西南角,全长近 4530 米;南城墙,从凤凰嘴西南角东转,东到万泉寺、菜户营等,全长近 4750 米;东城墙在黑窑厂、梁家园一线以西,全长近 4510 米;北城墙大约在会城门、羊坊店一线,全长应为 4900 米。内城范围东墙在今南线阁街稍东的南北直线上;西墙在白云观铁道西大土堆南至小红庙村的南北直线上;南墙在鸭子桥以南东西的直线上,北墙在白菜仔村北东西的延长线上,其东隅为老君地(阎文儒,1959)。大致相当于今天北京的北至椿树馆小学、南至菜户营稍南、东至南线阁街稍东、西至广安门车站西街的范围,其中宫城的南墙(即应天门)在鸭子桥南里一线。这些地名以及凤凰嘴以北以东残存的土墙痕迹在民国三十六年的《北平市城郊地图》中也还清晰可辨(王瑞平,王俊芳,2006)。

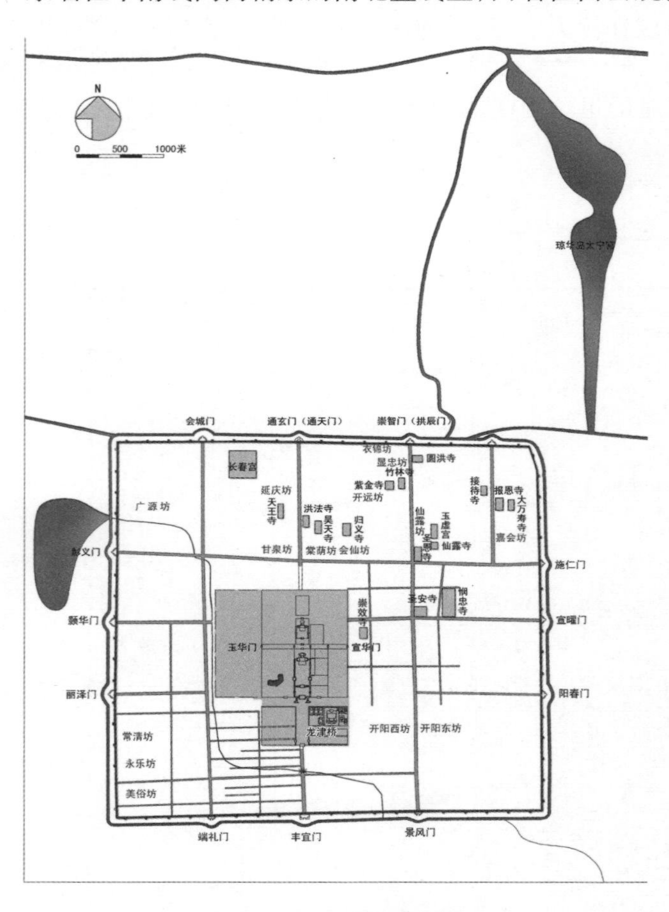

图 1-4 金中都示意图

底图来源:金中都(大定、贞祐年间)图(侯仁之,1988)[24]

丽泽门与阳春门位置参照岳升阳的看法作了调整。宫城复原详见本书第二章。

而北起广安门外大街、南至鸭子桥南里,沿广安门南滨河路南北一线分布着一系列夯土基址,其中大安殿、大安门及应天门的位置已经确认,因此,这一线为金中都宫城的中轴线(齐心,1994;北京市文物研究所,1994)。

中都外城十二门,门门相对共有六条大街,其中施仁—彰义门之间的大道,在唐辽檀州街的基础上延伸而成,即今广安门内外大街一线;而崇智—景风门之间的大道是辽南京拱辰—开阳门之间大道延伸而成,因此也能从今天的牛街看出其走向(于杰,于光度,1989)[27]。颢华门与宣曜门以及丽泽门与阳春门亦两两相对,中有大路连接(岳升阳,2005)。城内仍保持了坊这种居民管理方式,共有六十二坊,坊有坊正,但是作为地域的坊是否有坊门、坊墙,文献中没有明确

① 张棣.金虏图经(宇文懋昭,1986)

的记载。城北的大悲阁附近是中都最重要的市场区(图 1-4)。

中都城的河流供水系统有三个,一是从古代洗马沟水(金称西湖,今莲花池)发源东流围绕辽南京旧城西部及南部的河,此河东流经鱼藻池南,经宫城应天门南,于悯忠寺南,今姚家井迤北向北流,经今烂漫胡同北流,原为辽南京西南东三面城濠。中都扩建之后,成为中都之内河。此旧城濠在今时尚未完全干涸。金中都东水关已经过考古发掘,位于北京市区西南部丰台区右安门外玉林小区,今辽金城垣博物馆中。

二是从钓鱼台(今玉渊潭)蓄水池向东南流至会城门,进入北护城河,又经长春宫北之水门进入城内,流经中都城北部,向东从施仁门北水关流出城外。

三是从中都城正北方高良河(今高梁河)南引,经南北向之大水渠(今南北沟沿)导入中都城的北护城河(于杰,于光度,1989)。

1.2.3 元大都:1267—1368 年

至元四年(1267 年),元世祖忽必烈决定在原金中都旧城的东北建造一座新的都城,即元大都(图 1-5)。

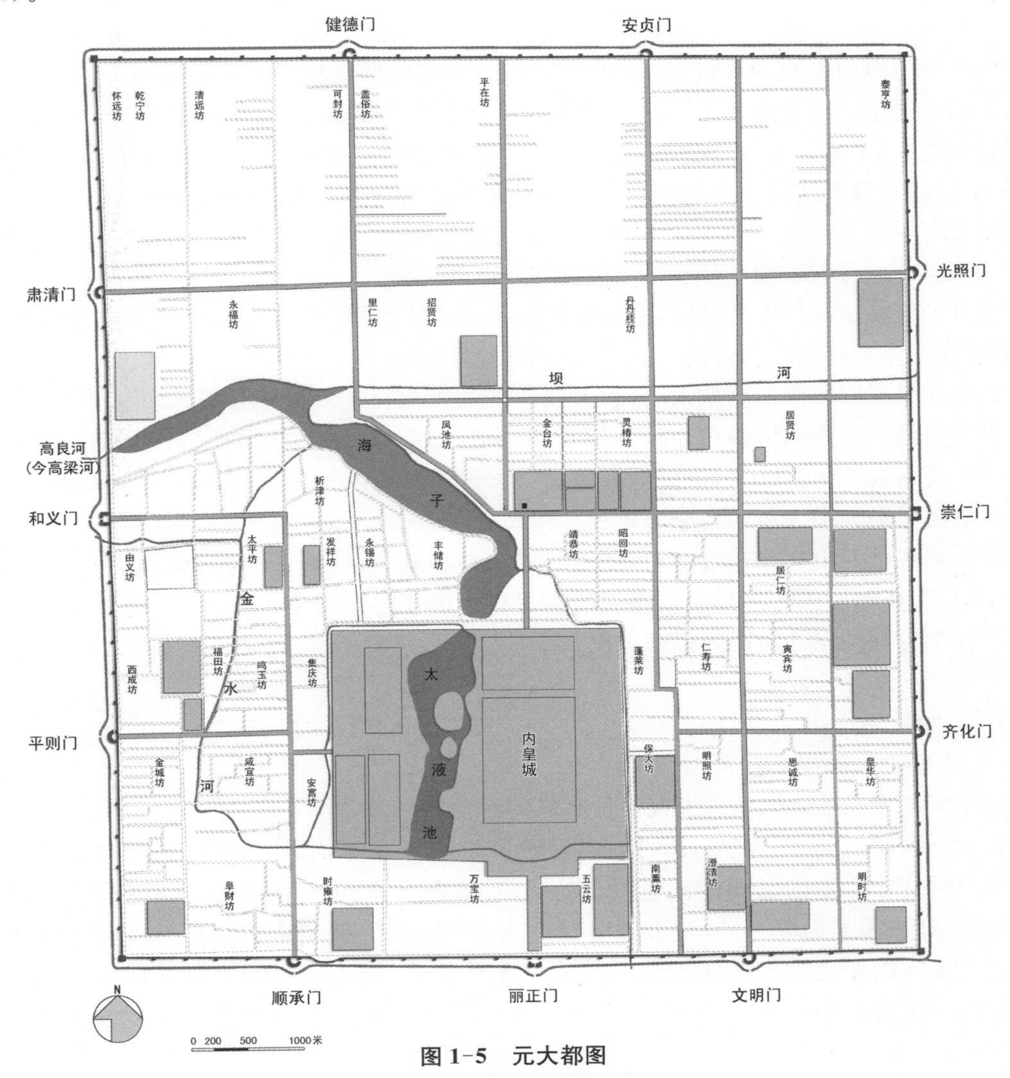

图 1-5 元大都图

底图来源:元大都(至正年间)图(侯仁之,1988)[28]

关于为什么大都城选在了现在这个城址上，侯仁之先生已有了极好的说明，他认为从中都旧城迁移到大都新城，实际上也就是把城址从莲花河水系迁移到高梁河水系上来，这里有丰沛的水源，既能解决城市用水与漕运问题，又可以提供优美的环境（侯仁之，1979）。

大都的规划，大致以现在北京城内鼓楼所在的地方为全城中心，向南采取了恰好包括皇城在内的一段距离作为半径，来确定大城南北两面城墙的位置。同时又从中心台向西恰好包括了积水潭在内的一段距离作为半径，来确定大城东西两面城墙的位置。在迁入居民之前，重要官署和皇家建筑的基地都先行划定。

元大都外郭城的范围，周围共约28 600米。大都城墙全用夯土筑成，顶部中心设有排水管。北面城墙仍有遗迹，今为元大都城垣遗址公园；东西两面城墙的南段，与明清北京城的东西墙一致；南面城墙的位置，在今东西长安街的南侧。全城共有城门十一座：东面三座城门为光熙门（今和平里东，俗称“广西门”），崇仁门（今东直门），齐化门（今朝阳门）；南面的三座城门为文明门（今东单南），丽正门（今天安门南），顺承门（今西单南）；西面的三座城门为平则门（今阜成门），和义门（今西直门）、肃清门（今学院南路西端，俗称“小西门”）；北面两座城门为健德门（今德胜门小关），安贞门（今安定门小关）。城的四角建有巨大的角楼，今建国门南侧的明清观象台，为元大都东南角楼的旧址。

外城十一个城门之间，两两相对各有一条干道，同侧的两座城门之间也基本上加辟一条干道。全城次要街道基本上沿着南北干道的东西两侧平行排列。根据记载，大街宽 24 步，小街宽 12 步，火巷（胡同）宽 6～7 米。考古发掘则显示，景山北面中轴线大路宽 28 米，其余大道宽 25 米。居民住宅，集中分布在各条胡同的南北两侧。城内划分为五十个坊，直属警巡院管辖。

城内市场主要集中在三处，一处在积水潭东北岸的斜街；一处在今西四（牌楼）附近，名为羊角市；还有一处在今东四（牌楼）西南，叫旧枢密院角市（侯仁之，1979）。

皇城位于全城南部的中央地区，东墙在今南北河沿的西侧，西墙在今西皇城根，北墙在今地安门南，南墙在今东西华门大街以南。南墙正中的棂星门在今午门附近。

宫城偏在皇城的东部。宫城南门（崇天门），约在今故宫太和殿的位置；北门（厚载门）在今景山公园少年宫前。东西两垣约在今故宫的东西两垣附近。宫城墙基保存最宽处尚超过 16 米（中国科学院考古研究所，1972b）。主要的宫殿大明殿和延春阁在太液池东岸，接近全城的中轴线，宫城以北是御苑。皇城中太液池西岸为隆福宫和兴圣宫，分别为太子和太后宫殿。

大都的水系规划出自郭守敬。主要有两套，一是由高梁河、海子、通惠河构成的漕运系统；一是由金水河、太液池构成的宫苑内用水系统。另外由海子往东还有一条坝河，也用于漕运。大都水系因其科学合理的设计而得到很高评价。

1.3 问题、方法、结构

那么本文试图在前人的基础上提出什么样的问题并探讨之？

从公元 938 年（辽会同元年）辽设南京，到公元 1368 年明军占领大都，这期间北京城市的历史跨越了三个朝代 430 年的时间。一座城市的历史，既非简单的所谓进步，也不是可以用发生、高峰、衰老等生命周期来简单衡量，城市的历史只是一个过程。就北京城而言，在这 430 年间，既有着政治社会条件的变化所造成的突变，同时在日常生活中，城市每一天也由于各种无形的社会力量的推动而发生着小小的变化，这些突变与小小的变化的共同积累才真正充实了城市在这四个世纪中的历史。

因此，对于大都而言，从初建成的城市到明军占领时的城市，两者之间，无论是社会空间还是城市形态，有没有变化？变化的动力是什么？换言之，本文将把注意力放在变迁以及变迁的动力的探讨上。而关注点既包括特定的重大事件，也包括日常生活中各种社会力量的作用。论文的切入点，具体来说分为几个层面：

首先，从宏观的区域来看，中国的都城经历了从西向东的转移，即从黄河中游的长安移到华北平原的北京①，北京城本身在区域中也经历了从地区中心向帝国都城的转换过程，这种区域中城市角色定位的变化应该说从根本上界定了城市的性质及其以后的主要发展方向，因此，本文之上篇四章试图站在一个宏观区域的角度，探讨这种角色变化的过程及其对于城市的影响。

具体而言，辽金元三代的都城，都是由一座主要都城和一座或几座陪都共同组成的都城体系。辽有五京：上京、中京、南京、东京和西京；金在中都之外亦有五京：上京、东京、北京、西京和南京；元代则是两都制：大都和上都。因而本书上篇尝试对这三代的都城体系作一探讨，一方面，这三个朝代的都城体系形制与功能各不相同，都不仅仅是军事重镇那么简单；另一方面，也是更重要的，北京城在此三个都城体系中，经历了从陪都（辽南京）到首都（金中都），从地区性国家的首都（金中都）到一个横跨欧亚的大帝国之首都（元大都）的变化，也就是说城市在体系中的地位随着相应的国家疆域、政权组织方式以及经济结构等的不同而有所不同，城市内部空间结构也随之做出适应性的变化。这种政治地位的变化对于城市的各方面影响也将是上篇重点关注的内容。

接下来的章节则尝试对城市本身进行解剖。所选取的角度在城市的生长过程中，既在社会层面也在形态层面上发生着影响。

都城之首要职能为一国之政治中心、权力中心，其政治层面是首先必须关注的，所包含的具体内容有宫殿、中央官署与礼制建筑。它们在城市中的位置，布局方式，及其相互之间的空间关系构成了都城城市形态的核心，与别的形态要素相比，它们又是相对稳定不变的。因此，在向来的都城史研究中，宫殿制度等是最受关注的部分，研究成果也多，但是这些成果主要关注的是建筑形制。本文则试图在城市的背景中，将此三者作为国家与皇帝权力及其运作在城市中的载体与象征，作为一个整体来研究其本身的变化脉络以及对于城市社会空间与形态的影响。

第二个关注的是经济的层面。首先要说明的是，经济问题并不等同于商业问题，而是涵盖了更广的范围，如城市的经济角色定位和生活与生产的供需等，牵涉到城市每一个社会阶层的人物。经济对于城市的影响，更多的是一种潜在的推动力，换言之，决定了城市的日常生活是如何可能的。而相对的，商业行为的影响则会较多地反映在城市的形态上，比如市场的分布，以及市场与交通的关系往往决定了城市发展的生长核与延伸轴，从而架构出城市生长的基本结构。

辽金元三代是公认的佞佛时代，尤其是帝室本身对于佛教的态度更是推动了各个阶层的宗教热情，佛教的信仰连接起社会的各个阶层，佛教的势力与世俗社会之间环环相连，从某种程度上也成为一种整合社会的力量。到了元代，由于统治者对于宗教信仰的宽容态度，除了佛教，其余各教也都在社会上有了合法的立足之地，其中特别突出的是道教。各个教派对于中央政治经济资源的争夺以及社会各阶层对于寺院道观建造的积极资助，使得都城之中寺观林立，一些存留至今的寺

---

① 关于这一过程，侯仁之先生（1979）曾有这样的论述："问题的另一方面，是北京城在封建社会时期的后半之日趋重要。这主要是因为唐代中叶以后，东北边外的游牧部族，随着唐朝内部阶级矛盾以及统治阶级内部矛盾之日趋激化，也加强了对中原的劫掠和入侵，其中最重要的就是契丹。事实证明，来自这一方面的游牧部族，前后相继，势如潮涌。自有史以来，中国的东北方，从未遭遇过如此连续不断的进攻力量，而北京所在，作为华北平原北方的门户，也正是游牧部族入侵所首先要占领的地方。实际上正是汉族与游牧部族之间的矛盾，在东北边方急剧发展的形势下，北京城在全国范围内的重要意义，才日益增加起来。在这一过程中，北宋之开封，南宋之临安（杭州），作为全国性的政治中心，曾先后和北京形成了相互争夺的局面，但却未能取得胜利。结果，北京终于代替了长安，而成为封建社会时期后半全国最重要的政治中心。……这一转变过程中，具有象征意义的一件事，就是安禄山起兵蓟城，打破长安。……这一事件，标志了封建社会时期长安城的日趋没落，和北京城的日益重要。在北京城的历史上，算得是一个即将到来的巨大变化的征兆了。"

观,仍是城市中的重要地标。因此宗教无论是作为社会力量还是形态要素都对城市产生着重要的影响,是辽金元时期北京城市历史分析中无法忽略的层面;也构成了本文下篇第三章的内容。

城市当中最大量的则是居住区,居民、基层的居民管理组织以及街巷的划分方式最终构成了城市的基本肌理,但是与此有关的史料相对来说较为欠缺,因此在下篇的最后一章尽可能的对此问题提出了一些想法,希望能为以后的进一步研究奠定一定的基础。

另外,贯穿于文章中的另一个潜在的思考,则是城市形态的问题。如所周知,无论是辽金时的旧城,还是平地新建的大都城,都是典型的中国式的方格网城市,方格网的特点从形式上来说,四向均质,无密度差异,无方向性;但是,如同将从以上几个层面的分析中所看到的,真正充斥在这些方格网中的城市的具体内容,有着自己的分布与变迁规则,方格网只能为其提供一个基本的生长骨架,而各个社会空间的不规则分布与方格网之间的互动,以及城墙、城门与道路这些外部要素的限定,才真正决定了城市的内部空间。因此,本文在最后的小结中也将试图对此问题略作一分析。

在编排上,为了保持史料的原真性,以让读者自行判断笔者是否有曲解史料或断章取义之处,但又不想占用正文篇幅,因此将较为重要的几段文献全文作为附录,其余文献史料则尽量完整的置于注解中。

以上这些层面的探讨分析,不可能穷尽城市历史的所有方面,只能说从几个特定的角度来描述出了一些城市变迁的景象。历史现象中不存在"若 p,则 q"的公式,历史研究与写作的范式也总是随着时代的变化而变化着,我们也许能无限地接近真实,但所谓的绝对的历史的真实这种东西是不存在的。因此,本文的研究目的也并不打算推论出城市历史的发展规律或是诸如此类的教条,倘若通过阅读本文能增加人们对于城市的丰富多彩的认识,那么目的也就算达到了。

上篇　区域角度的解读

——京城体系与体系中的京城

2　辽之京城体系

辽之立国，若不计北辽与西辽，自太祖至天祚帝亡(916—1125 年)，前后总计 209 年。在此期间，契丹以西拉木伦河(潢水)流域为根据地，东拓西扩南展，占据了东起高丽，西至阿尔泰山的广阔领土，而石晋所献之幽云十六州，东到渤海湾，西至黄河河套转弯处(图 2-1、图 2-2)，不仅使契丹获得了防御中原的所有战略据点，而且也使它深深地介入了中原各政权之间的复杂关系之中。契丹国在这两个世纪里成为东亚地区举足轻重的一支政治力量。

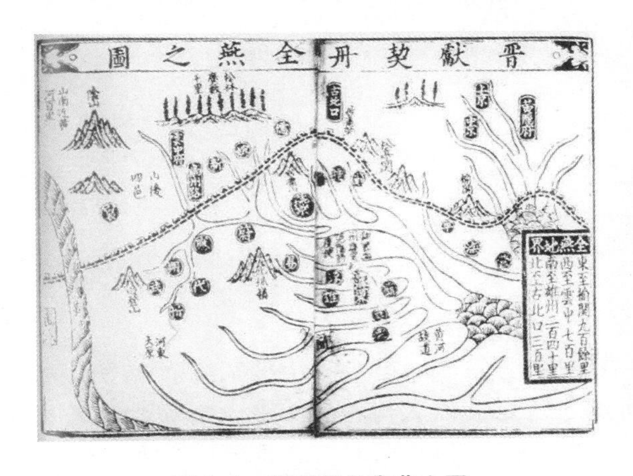

图 2-1　晋献契丹全燕之图

引自：(宋)叶隆礼《契丹国志》(李诚，2005)

图 2-2　幽云十六州

引自：郭沫若，1990：32

这两百年间，中原地区历唐末、五代之梁唐晋汉周及北宋，总的趋势是将地方之军政权收归中央，向真正的集权转化，而同时辽之国家体制始终没有形成如中原地区封建国家的集权式政体，只是部族军事政治联合体(陈其泰，郭伟川，周少川，1998)，尤其在疆土扩充之后，契丹境内包含了多种经济生产方式和民族，契丹统治者并不试图将其融合为一，仅仅是加入监督以及在经济上形成征贡关系，并未颠覆这些地区既有的社会状况，即所谓“因俗而治”，形成了北南两套系统，分管契丹与汉人事务。在中央，北面官以北南宰相府与北南枢密院为尊，南面官之权则集中于中书宰相(即政事令)(拉施特，1992)[204-205]；地方上以部族制管理契丹本部民及降服于契丹的各游牧部族，对于渤海、汉等农业人口，则借用中原的地方行政管理制度，形成以五京为首的府、州、军、县的城市体系(傅海波，崔瑞德 1998)[87-90]。

2.1　五京的建立

《辽史・地理志》：“太宗以皇都为上京，升幽州为南京，改南京为东京，圣宗城中京，兴宗升云州为西京，于是五京备焉。”此五京的设置自太宗会同元年(938 年)至兴宗重熙十三年(1044 年)，历一百年方始完备，这一过程与辽之政治体制及社会经济的发展进程密切相关(图 2-3)。

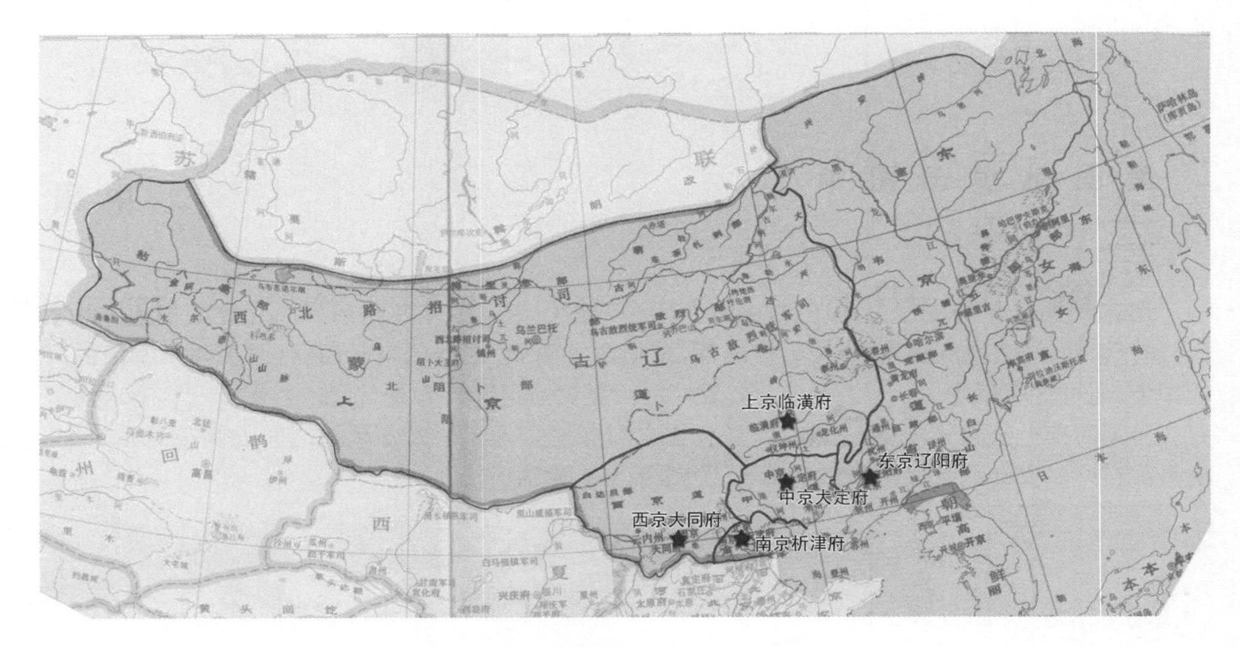

图 2-3　辽之疆域及五京分布图

底图来源：辽、北宋时期全图(谭其骧，1991)[51-52]

2.1.1　营建皇都

契丹本族，追逐水草，四时游牧，不需要固定的城池居室，筑城一事来源于汉文化的影响。契丹历史上记载的最早的城当为太祖伯父于越述鲁所建之越王城①，太祖所建的第一座城则为龙化州②，二者皆为安置战争中俘掠的人口而建，前者所居是游牧人口，后者是农耕地带的汉人。在契丹本土以城郭置汉移民成为一种固定的政策应是始于太祖重臣，来自燕地的韩延徽的建议，《辽史・韩延徽传》："乃请树城郭，分市里，以居汉人之降者。又为定配偶，教垦艺，以生养之。以故逃亡者少。"(脱脱，等，1974)[1231]这些城池与汉地的城市有着根本的区别。中原地区的城市本质在于分化与聚集，一方面是职业的、财富的、社会地位的分化，另一方面则是分化后的不同的非农业社会成分在同一地点的聚集，这些城市是从匀质的农业地景中自然分离的结果，所坐落的地方或是资源丰富，或是交通便利，城郭与市里只是外在的物化表征。但在移植到契丹之后，城中的主要居民却是以农为生者，城市的选址或是与契丹历史相关的有纪念意义的地点，或是皇陵所在，或是适合垦殖的区域(韩茂莉，1999)[43-47]。城郭与市里转化为管理与控制农业人口的手段，同时自身也成为与农业文明相联系的一种文化象征。正是在这种情形下，辽太祖耶律阿保机于神册三年(918年)为自己的大本营修建了城墙，并以之为皇都，也即以后的上京。而对于占人口大多数的游牧人口仍是按部族分而统之。也因此，辽太祖的皇都与作为中原封建王朝政治中心的都城有着本质的差别。

上京主要的城市建设集中在太宗天显年间(926—938 年)。会同元年(938 年)由皇都改

① 《辽史・地理志》："越王城。太祖伯父于越王述鲁西伐党项、吐浑，俘其民放牧于此，因建城。在州东南二十里。户一千。"(脱脱，等，1974)[443]

② 《辽史・太祖本纪》："(唐天复二年 902 年)秋七月，以兵四十万伐河东代北，攻下九郡，获生口九万五千，驼、马、羊、牛不可胜纪。九月，城龙化州于潢河之南，始建开教寺。(明年)三月，广龙化州之东城。"(脱脱，等，1974)[2]

名上京①。天显元年(926 年)“平渤海归,乃展郛郭,建宫室,名以天赞。起三大殿:曰开皇、安德、五鸾。”(脱脱,等,1974)[440]辽上京遗址在今内蒙古巴林左旗林东镇南,但今天考古发掘出的城址,已是经过扩建的了,上京在太祖时的形制,已不可能复原。

《辽史·地理志》记上京:

“城高二丈,不设敌楼,幅员二十七里。门,东曰迎春,曰雁儿;南曰顺阳,曰南福;西曰金凤,曰西雁儿。其北谓之皇城,高三丈,有楼橹。门,东曰安东,南曰大顺,西曰乾德,北曰拱辰。中有大内。内南门曰承天,有楼阁;东门曰东华,西曰西华。此通内出入之所。正南街东,留守司衙,次盐铁司,次南门,龙寺街。南曰临潢府,其侧临潢县。县西南崇孝寺,承天皇后建。寺西长泰县,又西天长观。西南国子监,监北孔子庙,庙东节义寺。又西北安国寺,太宗所建。寺东齐天皇后故宅,宅东有元妃宅,即法天皇后所建也。其南贝圣尼寺,绫锦院、内省司、麴院,赡国、省司二仓,皆在大内西南,八作司与天雄寺对。南城谓之汉城,南当横街,各有楼对峙,下列井肆。东门之北潞县,又东南兴仁县。南门之东回鹘营,回鹘商贩留居上京,置营居之。西南同文驿,诸国信使居之。驿西南临潢驿,以待夏国使。驿西福先寺……”(脱脱,等,1974)[441]

考古发掘所见的城址②,城市朝向并非正南北向,而是偏向西南。北为皇城,其南墙即外城的北墙,南城又称汉城。南北二城差异明显。从功能上来说,北城作为皇城,城中除了宫城之外,还集中了官署、贵族住宅和重要的国立寺院,南城则相当于外郭,是普通民众生活的区域,也是主要市场的所在,城内居民:“有绫锦诸工作、宦者、翰林、伎术、教坊、角骶、儒、僧尼、道士。中国人并、汾、幽、蓟为多。”(脱脱,等,1974)[441]城墙的建造也是北城防卫性高于南城,北城高三丈有楼橹,南城高二丈且无敌楼。从形制上来说,皇城明显受汉地都城的影响。主要表现在,一是宫城南门与皇城南门之间的大街将城市分为左右两部分,分属两个县管辖,这是受长安城的影响(杨宽,1993)[428]。二是城门的名字。大内南门承天门与长安宫门名同,大内东西门东华西华也是中原都城宫城东西门惯用之名。而皇城城门所用之拱辰乾德之类也往往见于中原都城。相比之下,南城的城门名如雁儿、西雁儿,显然相当的俚俗(图 2-4,图 2-5)。

皇城的另一个特点是保留契丹习俗,宫城内宫殿朝向一如其帐幕,仍为东向(确切地说是东南向)。《旧五代史·外国列传》:“天佑末,阿保机乃自称皇帝,署中国官号。其俗旧随畜牧,素无邑屋,得燕人所教,乃为城郭宫室之制于漠北,距幽州三千里,名其邑曰西楼邑,屋门皆东向,如车帐之法。”(薛居正,2003)[1827]《辽史·地理志》亦言:“宋大中祥符九年,薛映记曰:……又至承天门,内有昭德、宣政二殿与毡庐,皆东向。”(脱脱,等,1974)[442]。

至于与契丹东向习俗大相径庭的内城南门承天门,则是在接受燕云十六州之后,为受晋使之册礼而开辟的(脱脱,等,1974)[440]。

2.1.2 三京的设置

分设不同的首府(京)以管辖不同的地域,是从太宗开始的政策。

---

① 《辽史·地理志》:“太祖取天梯、蒙国、别鲁等三山之势于苇甸,射金龊箭以识之,谓之龙眉宫。神册三年城之,名曰皇都。天显十三年,更名上京,府曰临潢。”(脱脱,等,1974)[438]

② “辽上京遗址在今内蒙古巴林左旗林东镇南,周围约 14 千米,与文献所说幅员二十七大体相合。分为南北两城,北即皇城,南为汉城,汉城北墙即是皇城南墙。皇城略做长方形,南北长 2000 米,东西宽 2200 米,南墙被水冲毁。东西北三面各有一门,门外有简单的瓮城,城外每隔九十步筑有马面。中部小山岗上为大内所在,有围墙,大内中部有东西向横贯小路,通向皇城东西两门。小路以北,正中为一处台地,前为矩形,后为圆形,即主要宫殿所在。……大内以北,为禁苑所在。大内正南 200 米处,有一矩形台地,尚留有石狮一对,当即承天门遗址。……承天门南有大道直通汉城,当即正南街。汉城遗址多被破坏,东西横街尚留有残迹,两侧有狭小的建筑遗址,横街西端有方形高台,可能即是‘看楼’的基址。大内西北多空旷之地。”(杨宽,1993)[429-430]

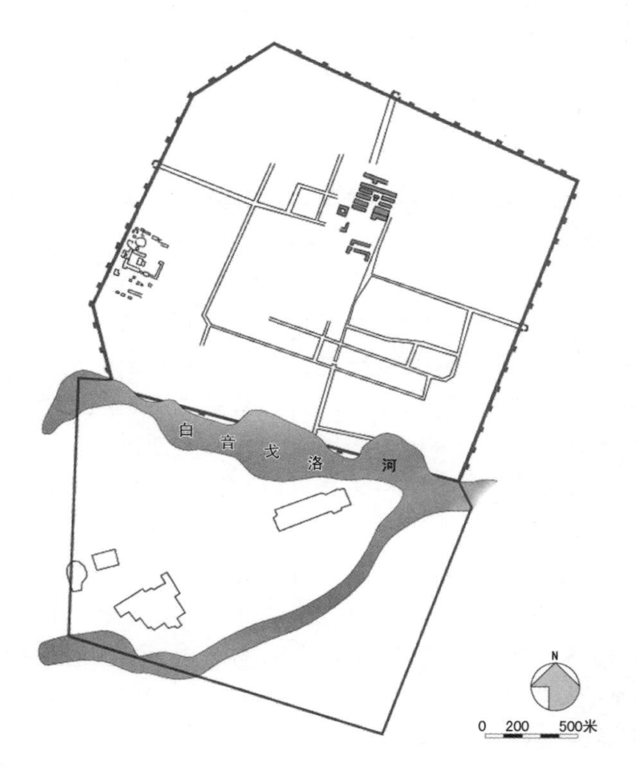

图 2-4　辽上京城址图

底图来源：辽上京临潢府城址图(杨宽，1993)[429]

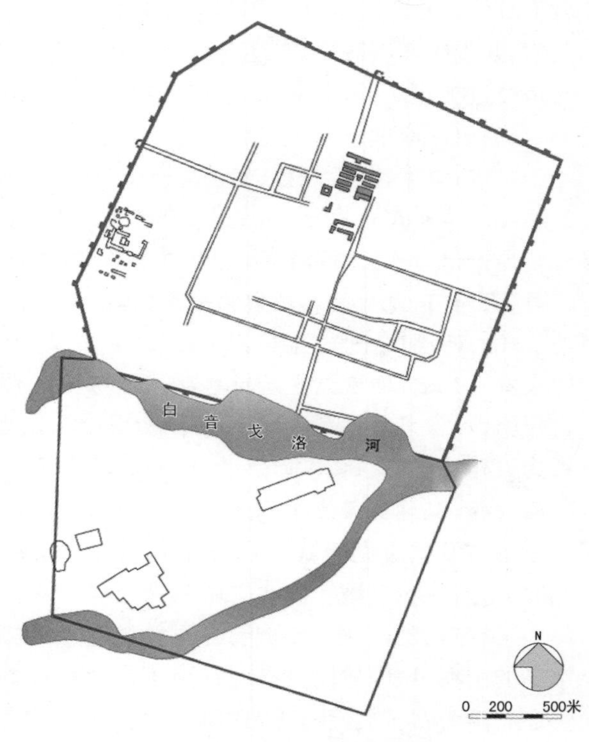

图 2-5　辽上京城复原示意图

内城中虽然有南向的承天门，但是内城宫殿的布局还是东向的，东门和连接的东门的道路应该是内城的主要通路。官署、仓库、寺院、贵族住宅基本集中在大内西南。

太宗时发生的最重大事件当属石晋割献燕云十六州，时距渤海之灭仅十二年。这使得契丹控制下的民族与经济成分都是前所未有的复杂，人口数量也骤然增多，已不可能用惯有的移民方式来加以统治。因此，太宗在接纳了燕云十六州之时，也同时接纳了唐的地方行政区划方式，以京城辖军、府、州、城，“冠以节度，承以观察、防御、团练等使，分以刺史、县令，大略采用唐制。”(脱脱，等，1974)[812]并将之正式推广到契丹本土。分别以上京(太祖时之皇都)、南京(太祖时之幽州)和东京(渤海辽阳故城)作为契丹本土、长城以南汉地以及原渤海国的首府。

辽南京继承了原唐幽州城，城市格局、居民里坊都未加改动，皇城亦沿用了原来的子城，偏居于西南隅，这些在第一章中都已述及。

辽东京城在辽阳故城基础上修葺而成，其制据《辽史·地理志》(脱脱，等，1974)[456]：

“城名天福，高三丈，有楼橹，幅员三十里。八门：东曰迎阳，东南曰韶阳，南曰龙原，西南曰显德，西曰大顺，西北曰大辽，北曰怀远，东北曰安远。宫城在东北隅，高三丈，具敌楼，南为三门，壮以楼观，四隅有角楼，相去各二里。宫墙北有让国皇帝御容殿。大内建二殿，不置宫嫔，唯以内省使副、判官守之。大东丹国新建南京碑铭，在宫门之南。外城谓之汉城，分南北市，中为看楼；晨集南市，夕集北市。街西有金德寺，大悲寺，驸马寺，铁幡竿在焉；赵头陀寺；留守衙；户部司；军巡院，归化营军千余人，河、朔亡命，皆籍于此。”

最终，太宗所调整的政治体制奠定了“以国制治契丹，以汉制待汉人”的二元原则。大抵说来，中央有北面朝官与南面朝官；地方上北面管理游牧人口，王族(包括遥辇、国舅及渤海王族)分宫帐，一般民众则分部族。大部族如奚六部，以大王领之，通常则是节度使分领，下设石烈，类似于汉之县；南面农业人口则分为几京道，京有京官，管理地方事务的为留守司、都总管府，所领之州以节度使领之，下分刺史、县令。对照起来看，游牧人口的分部族与农业人口的分三京道在管理模式上又是一致的。

换言之，太宗一方面将中原的地方行政管理方式推广至契丹地区，另一方面将契丹建国初期太祖所实行的将部族分而统之的策略应用在农业人口中。因而太宗时三京的设立应该说是对变化了的社会经济状况在政权组织层面上的一种响应，也是整个中枢机构重组的一个组成部分。①

2.1.3 五京备焉

辽之西京是最后一个被置为京城的，兴宗重熙十三年(1044 年)为防御西夏升云州(即大同)为西京。该年四月，党项等部与山西部族节度使屈列五部叛入西夏，九月以皇太弟重元、北院枢密使韩国王萧惠将兵西征，十一月班师。当月即改云州为西京(脱脱，等，1974)[231]。西京所设边防官诸司皆为控制西夏(脱脱，等，1974)[747-748]。由此也可看出京城设置在军事上的含义。

西京城沿用了唐云州之城。辽以城北的元魏宫垣旧地作为宫阙所在。《辽史·地理志》载西京："敌楼、棚橹具广袤二十里。门，东曰迎春，南曰朝阳，西曰定西，北曰拱极。元魏宫垣占城之北面，双阙尚在。辽既建都，用为重地，非亲王不得主之。"(脱脱，等，1974)[506]城中的华严寺用于供奉诸帝御容(脱脱，等，1974)[506]。

而先前圣宗统和二十五年(1007 年)中京的建设则是一件更引人注目的事件。尤其是建造的时机与城市的形制，"统和二十五年(1007 年)春正月，建中京"。(脱脱，等，1974)[163]"择良工于燕、蓟，董役二岁，郛郭、宫掖、楼阁、府库、市肆、廊庑，拟神都之制"。(脱脱，等，1974)[481]此处的神都指的是什么呢?

宋人路振《乘轺录》载中京制度(贾敬颜，2004)[60-61]：

"契丹国外城高丈余步，东西有廓，幅员三十里。南门曰朱夏门，凡三门，门有楼阁。自朱夏门入，街道阔百余步，东西有廊舍约三百间，居民列廛肆庑下。街东西各三坊，坊门相对，……三里至第二重城门。城南门曰阳德门，凡三间，有楼阁，城高三丈，有睥睨，幅员约七里。自阳德门入，一里而至内门，内阊阖门凡三门，街道东西并无居民，但有短墙，以障空地耳。阊阖门楼有五凤，状如京师，大约制度卑陋。东西掖门去阊阖门各三百余步。东西角楼相去约二里。是夕宿于大同驿，驿在阳德门外。驿东西各三厅，盖仿京师上元驿也。"

根据考古资料，中京城址在今内蒙古自治区宁城县大明城老哈河上游北岸之冲积平原上。遗址外廓东西约 4200 米，南北约 3500 米。外墙南墙之正中，应为朱夏门遗迹，其北 1400 余米处，有一马鞍形遗迹，应为阳德门遗址，当中有一大道相通。道路用黄土、灰土及砂粒铺垫，路面略呈弧形，宽 64 米，道路两侧并有排水设施，用石板及木料铺盖水沟。外城南部地区，为辽代坊市所在。经普查钻探后，得知当时街道的分布情况，在大道两侧各有南北向之经路三条，东西向之纬路五条，其中最宽者达 15 米，窄者为 4 米，东西两面布置对称，井然有序。在大道两侧之水沟旁，发现有石头墙基，与大道平行，可能为坊市外墙。

中京内城位于外城之正中偏北部分，平面呈回字形，东西距外城各约 1000 米，北距外城 500 米，南距外城 1400 余米。自阳德门遗址向北 500 米发现地下藏有一门址，应为阊阖门遗址。两者之间有大道相连，宽约 40 米，大道两侧未探出有建筑遗迹。在阊阖门遗址之南八十米，大道与一条东西向之大路相交叉，路宽约 15 米，其两端向东西伸出约 180 米，向北转入皇城中。自阊阖门遗址向东西各 180 米处，城墙各有一豁口，宽约 15 米，应为东西掖门遗址。

阊阖门北有大道一条，宽约 8 米(这个 8 米，似乎有误，阊阖门以北的大道按说应该是宫城内南

① 《辽史·百官志》："至于太宗，兼制中国，官分南、北，以国制治契丹，以汉制待汉人。"(脱脱，等，1974)[685]

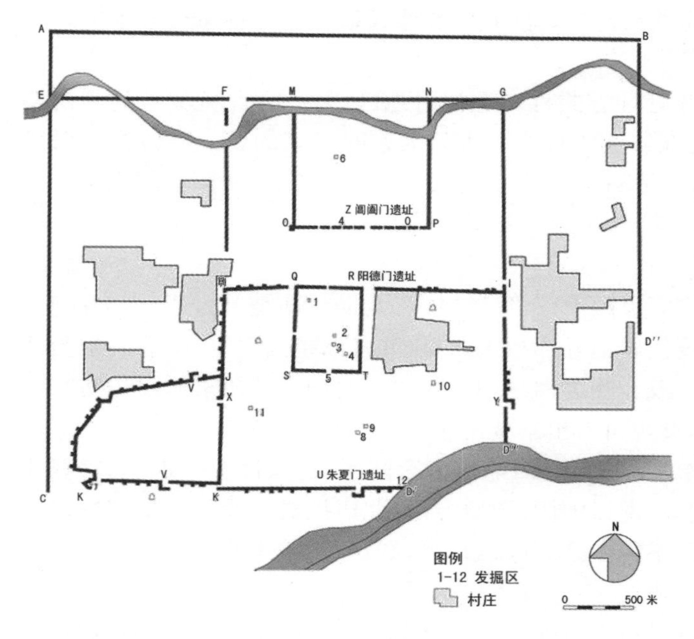

图 2-6　辽中京城址图

F、G、H、I 四点之间为内城；M、N、O、P 四点之间为皇城

底图来源：昭乌达盟大明城发掘地区示意图（辽中京发掘委员会，1961）[35]

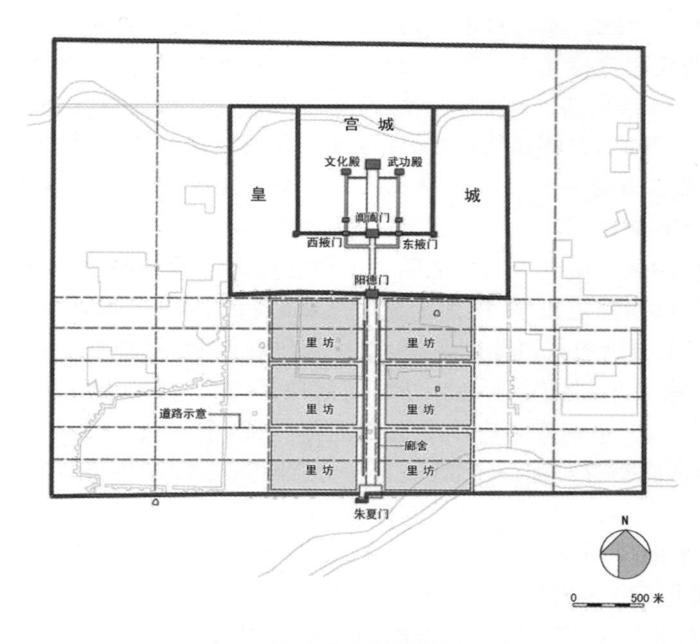

图 2-7　辽中京复原示意图

北中轴线的主要大道，何以比外城的干道 15 米还窄？现复原图中是按照 80 米画的），约至北部正中，至一大型建筑遗址前为止。自东西掖门向北亦各有大路一条，直通北部，长约 400 米。在距东掖门址约 80 米处，发现有建筑遗址一处，疑为武功门，北端有一大型建筑遗址，似为武功殿。西掖门向北 80 米疑为文化门，北端似为文化殿。文化殿遗址与武功殿遗址之间有一条宽约 8 米的大道相连（图 2-6）（辽中京发掘委员会，1961）。

结合考古数据和文献的记载，我们现在对中京已经可以做一个大致的复原（图 2-7）①，从图中可看到几个特征：

A. 皇城在北部，宫城、皇城北墙重合；

B. 宫城、皇城、外城三重城墙；

C. 皇城的南北向轴线，同时也是整座城市的南北向轴线；

D. 外城和内城之间中央大道两旁有廊舍以及沟渠（辽中京发掘委员会，1961）；

E. 外城部分是整齐的里坊。

这其中 A、C、E 近于隋唐长安城的某些特征（图 2-8），B 与 D 则近于宋东京汴梁（图 2-9）。而路振又言中京阳德门外的大同驿是仿汴京的上元驿，结合中京建造的背景，可以认为中京的形制结合了汴梁与长安这两座中原重要都城的特点。

因而，中京建造的意义可以从两个方面来认识。一方面，中京地区本为奚人的传统居住地，中京所在地本身也是奚王的牙帐地，辽初奚六部还是由奚王直接统治，颇类似于东丹国的自治，但在契丹的逐渐改编下，至圣宗时奚王府已等同于辽朝政府的一个机构。而在统和十二年（994 年）和统和十四年（996 年），

① 杨宽先生著作 437 页之辽中京大定府结构图，似乎没有注意到考古报告后半部分关于城址内有几道墙是筑于元明等朝，而将其一起画入了结构图中，这是读此著作时应该注意的。

圣宗再次对奚政权进行了改编，剥夺了奚王的民权与军权，从而将奚人地区彻底纳入辽王朝的控制之下。十年之后又营建中京，显然使契丹在该地有了一个重要的据点。

另一方面，中京营建的前三年，即1004年(辽统和二十二年，宋景德元年)辽宋双方签订了澶渊之盟，宋使1008年至辽，即在中京被接见。澶渊之盟之后直到辽被金灭，辽宋之间一直维持了南北对峙的局面，陈述先生将此期情形总结为在经济文化等各方面的南北竞争(陈述，1989)，而这种竞争的结果从客观上说是扩大了中国文明的影响范围，如《剑桥辽西夏金元史》所指出的，这也是一个将中国的周边地区纳入中国政治文化规范的过程。这个规范，也包括了都城的形制：中京的总体布局不仅表现出汴梁的影响，同时也可看到长安的痕迹，从当时的情形来看，为与中原地区的统一政权宋朝廷抗衡，契丹国需要一个能与宋汴梁相比的都城，由此中京也成为显示契丹国力的一种象征。

总的来说，辽之五京中，西京和南京继承了原有的城郭，上京和中京是新建的，其形制明显受到了汉地城市的影响。东京则是在原有城郭基础上修葺而成(脱脱，等，1974)[456]，因此城郭的布局应仍其旧。

上京和中京作为新建的城市，明显地模仿了中原地区的都城，从上京的部分模仿长安，到中京的结合了唐长安与北宋汴梁的特点，模仿对象的变化是和中原地区政治形势的变化相适应的，由此也可看出，辽，或者说契丹国，虽然已是一个独立的国家，但仍然处在以中原文化为中心的文化圈的深刻影响之下。这一点在其后的大金国中更加明显，并且同样表现在都城的形制之中。

另一方面，由于上京与中京是建立在契丹地区的城市，城市的居民分为截然不

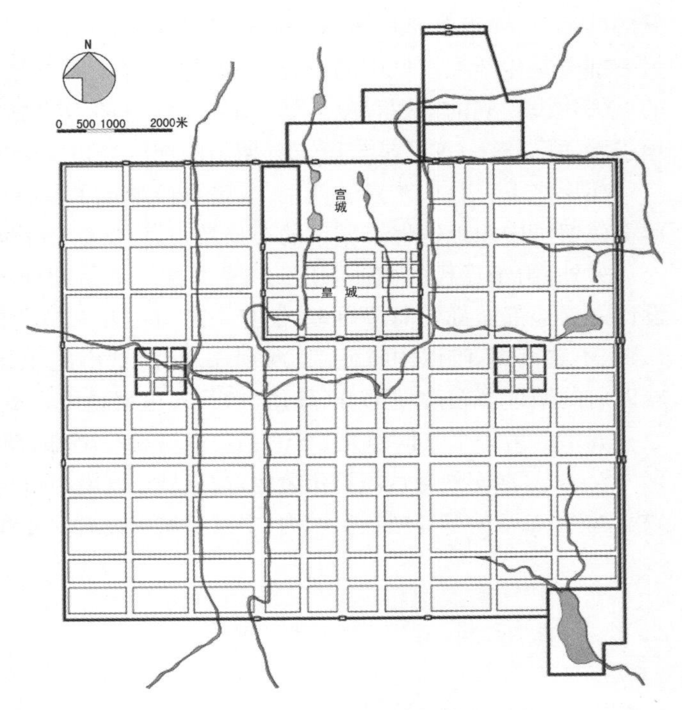

图2-8　唐长安简图

底图来源：唐长安水系及城市分析图(郭湖生，1997)[42]

图2-9　北宋汴梁简图

底图来源：北宋东京城平面实测图，开封城区汴河位置实测图(刘春迎，2004)[114,72]；北宋东京城市结构图(郭黛姮，2003)[22]

同的两部分，一部分是捺钵时会来到皇城中的契丹王室贵族，以及居住在皇城中的僧侣、官吏等；另一部分是生活在汉城中的居民，基本属于汉人等被迁移而来的被征服民族。因此，皇城和外城的城郭建设受到的重视程度显然不同，皇城是防卫设施非常完善的城堡，外城则仅仅是筑起了一道围墙而已，这一点又是与唐宋时期中原地区城市完全不同的地方。

相形之下，南京、东京和西京，或是直接继承了原有的城市，或是在原来的基础上修葺而成，因此都保留了中原地区地方城市的布局特点，内城居于外城一隅，内外城墙的防卫设施皆很完善。

另外，由于辽代的捺钵制度，京城本身并不是朝廷的常住地。相应地，在五京之中，宫城的建设比之汉地都城都要简单得多，仅有一二组主要大殿。平时也只有留守人员，像东京就是“大内建二殿，不置宫嫔，唯以内省使副、判官守之”。城市的主要活跃部分都在外城，如中京，元明各代缩减以后的城址都在南城部分（陈述，1989），也就是说宫城毁弃之后，外城仍然能保持活力。

五京的另一个共同点是，无论主要京城还是陪都，都设有御容殿，或在皇城内，或在寺院中。上京为天雄寺，奉安烈考宣简皇帝遗像，在皇城东南隅；东京御容殿在宫墙以北，奉让国皇帝像；南京，奉景宗、圣宗二帝的御容殿在皇城内；中京皇城中设有祖庙和景宗、承天皇后御容殿；西京为华严寺。

2.2 五京体系

2.2.1 五京与捺钵地

在逐步设置诸京的同时，契丹依然保持着“春水秋山，冬夏捺钵”的习惯①，捺钵期间，朝廷的主要官员，尤其是中枢之契丹官员均与皇帝同行，并在冬夏两季在住坐地商议国家大事，汉地之事仍交汉官处理②。因此，契丹国虽有五京之设，以上京为皇都，且设置了主要的中央机构，但真正的中央政府实际是随着皇帝宫帐的转移而转移的，其中又以冬夏两季的所在，特别是冬季的所在地尤为重要，道宗寿隆三年（1097 年）曾下诏：“每冬驻跸之所，宰相以下构宅，毋役其民。”（脱脱，等，

图 2-10 卓歇图（局部）

此图描绘契丹族可汗率部下骑士出猎后歇息饮宴情景

---

① 《辽史·营卫志》：“秋冬违寒、春夏避暑、随水草、就畋渔，四时各有行在之所，谓之捺钵。”（脱脱，等，1974）

② 《辽史·营卫志》：“皇帝四时巡守，契丹大小内外臣僚并应役次人，及汉人宣徽院所管百司皆从。汉人枢密院、中书省唯摘宰相一员，枢密院都副承旨二员，令史十人，中书令史一人，御史台、大理寺选摘一人扈从。每岁正月上旬，车驾启行。宰相以下，还于中京居守，行遣汉人一切公事。除拜官僚，止行堂帖权差，俟会议行在所，取旨、出给诰敕。文官县令、录事以下更不奏闻，听中书铨选；武官须奏闻。五月，纳凉行在所，南、北臣僚会议。十月，坐冬行在所，亦如之。”（脱脱，等，1974）[375-376]

1974)[310]这说明在冬季的住坐地点，政府高级官员都是建有住宅的。那么，设置五京的意义何在呢？仅仅是作为农业地区的首府吗？“五京”与“捺钵”仅仅是代表“国制治契丹，以汉制待汉人”的二元制原则的两个互不相干的平行体系吗？在仔细分析历代辽帝的四时驻跸地点之后，我们发现，在契丹国家的政治生活中，捺钵地与京城深深地契合在一起。

根据《辽史・本纪》所记载的辽帝捺钵地点和次数，每一代皇帝除了会去传统的捺钵渔猎地之外，都还有一些自己的特定区域，所以有很多地点是只有某一个皇帝幸临过一次的，不考虑这些较为分散的地点，仍可以看出辽代的历代皇帝的捺钵地点相对来说比较集中于某几处（表 2-1，图 2-11）。

表 2-1　捺钵地点统计表（太祖至天祚皇帝）

四　季	根据捺钵次数做的分组		
	第一组(≥16)	第二组(≥8，<16)	第三组(≥4，<8)
春水主要地点	鸭子河（混同江），鸳鸯泺，鱼儿泺	春水，春州，南京，潢河	长泺，土河，东幸，长春宫，延芳淀，瑞鹿原*，乾陵，长春河*，大鱼泺*，山榆淀*
夏捺钵主要地点	炭山，永安山	散水原*，木叶山，南京，沿柳湖*，拖古烈*，祖陵，庆陵，纳葛泺*	凉陉，上京，频跸淀*，怀陵，特礼岭*
秋山主要地点	秋山，藕丝淀，黑岭*	庆陵，南京，平地松林，赤山，沙岭*	木叶山，怀陵，上京，怀州，中京，祖陵
冬捺钵主要地点	中京，藕丝淀	南京，中会川*，木叶山	干陵，上京，太祖庙，西京，显州，辽河

附注：

1）关于捺钵地点，傅乐焕先生在其《辽代四时捺钵考五篇》中有详细论述，大意为①捕鹅于春水，钩鱼于混同江，春水之地主要为长春州之鱼儿泺，即今之月亮泡，有时也指鸳鸯泺；②秋山则为庆州西地诸山总称；③冬季所住，包括中会川、藕丝淀、木叶山均为广平淀一带（傅乐焕，1984）[36-72]。

2）地名后带*的表示不清楚该地点确切地对应于现在的什么地方。

3）每一代皇帝除了会去传统的捺钵渔猎地之外，都还有一些自己的特定区域，所以有很多地点是只有某一个皇帝幸临过一次的，这些地点未列于此表中。

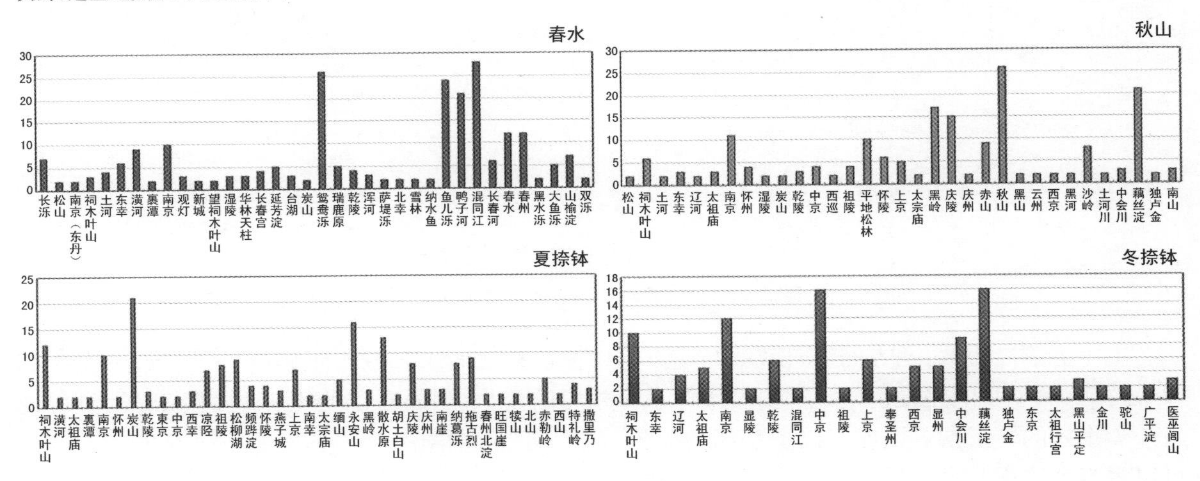

图 2-11　辽四季捺钵地统计图

图中竖轴表示捺钵次数，横轴为捺钵地点。根据《辽史》相关记载整理统计制作（脱脱，等，1974）

首先，大部分的捺钵地点都围绕在上京周围，其次，第一组出现频率最高的地点基本属于传统的巡幸捺钵地点，因此我们比较关注第二、第三组地点的分布规律，尤其是冬夏两季，从图中可以看到，夏季的地点还是比较集中于上京附近，南京是独立成组的，而冬季的地点相对要均匀一些，分布在上京、中京、南京、西京及东京附近，并以上京和中京最为频繁，南京次之（图 2-12）。

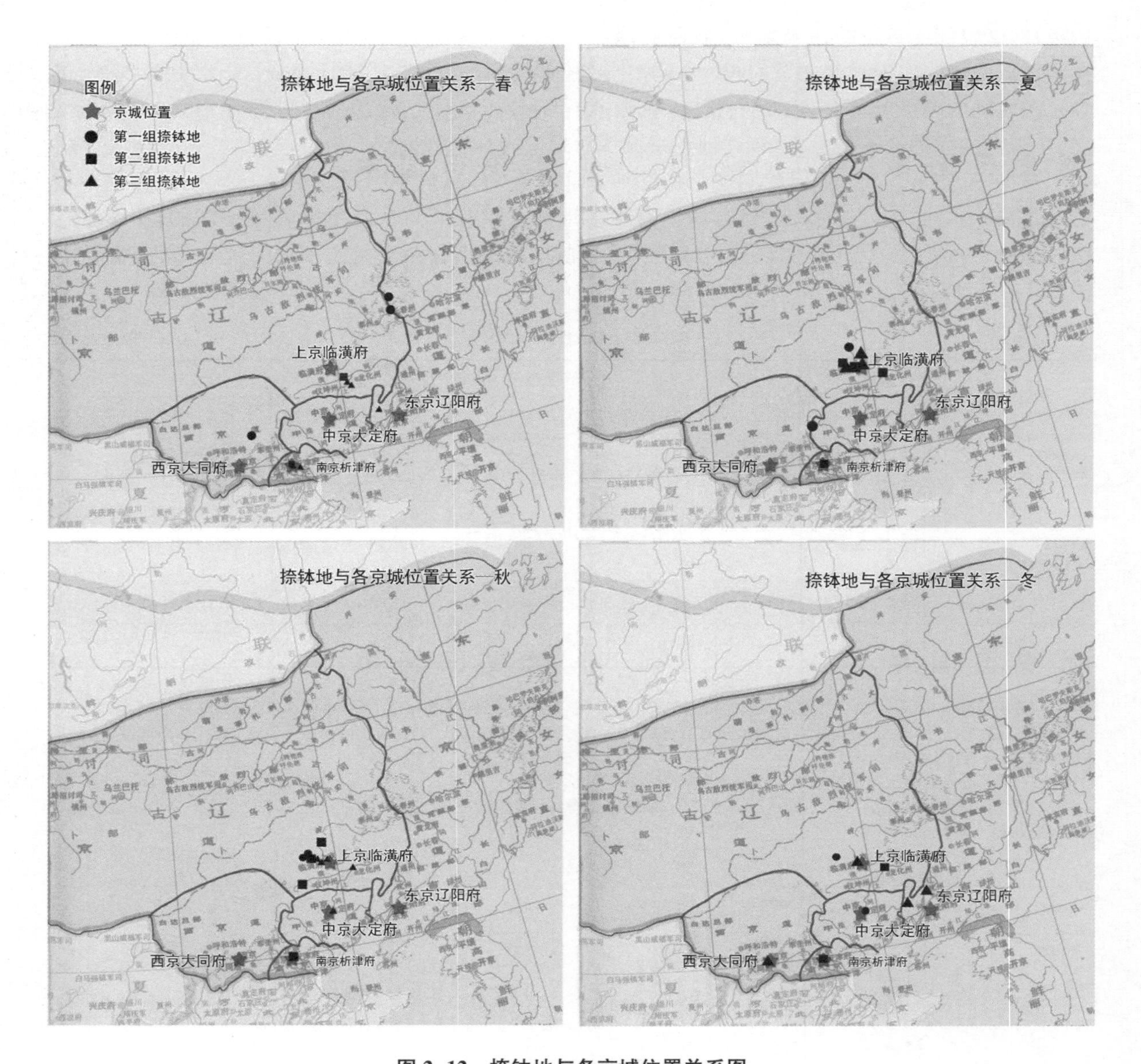

图 2-12　捺钵地与各京城位置关系图

底图来源:辽、北宋时期全图(谭其骧,1991),根据表 2-1 数据制作

由于澶渊之盟后,北方的契丹政权与南方的中原政权之间由和战不定到维持了将近一百年的和平时期,而中京的建设也使辽国内城市体系有相应的变化,因而在辽的历史上,圣宗时期可以说是一个重要的转折期。因此又以圣宗朝为分界,前后期分别作出统计(图 2-13,表 2-2,表 2-3)。可以观察到这样几个结果:

首先,圣宗前之太祖、太宗、世宗、穆宗、景宗五朝(916—982 年,共 67 年)的捺钵地点与后期(982—1125 年,共 143 年)比较总的数量较少,巡幸的绝对次数也大大少于后期(虽然一部分原因是后一时期延续时间较长,但前后期捺钵次数的比例也仍大于延续时间不同所造成的差异);其次,前期春夏秋冬无论哪一季,除了皇都上京附近外,南京始终占据了显要的位置,而到后期,南京的地位有所削弱,特别是夏季的地点中,已无南京,但在秋冬季,依然形成中京、上京和南京三个中心区域,而突出的是中京地位的凸显。

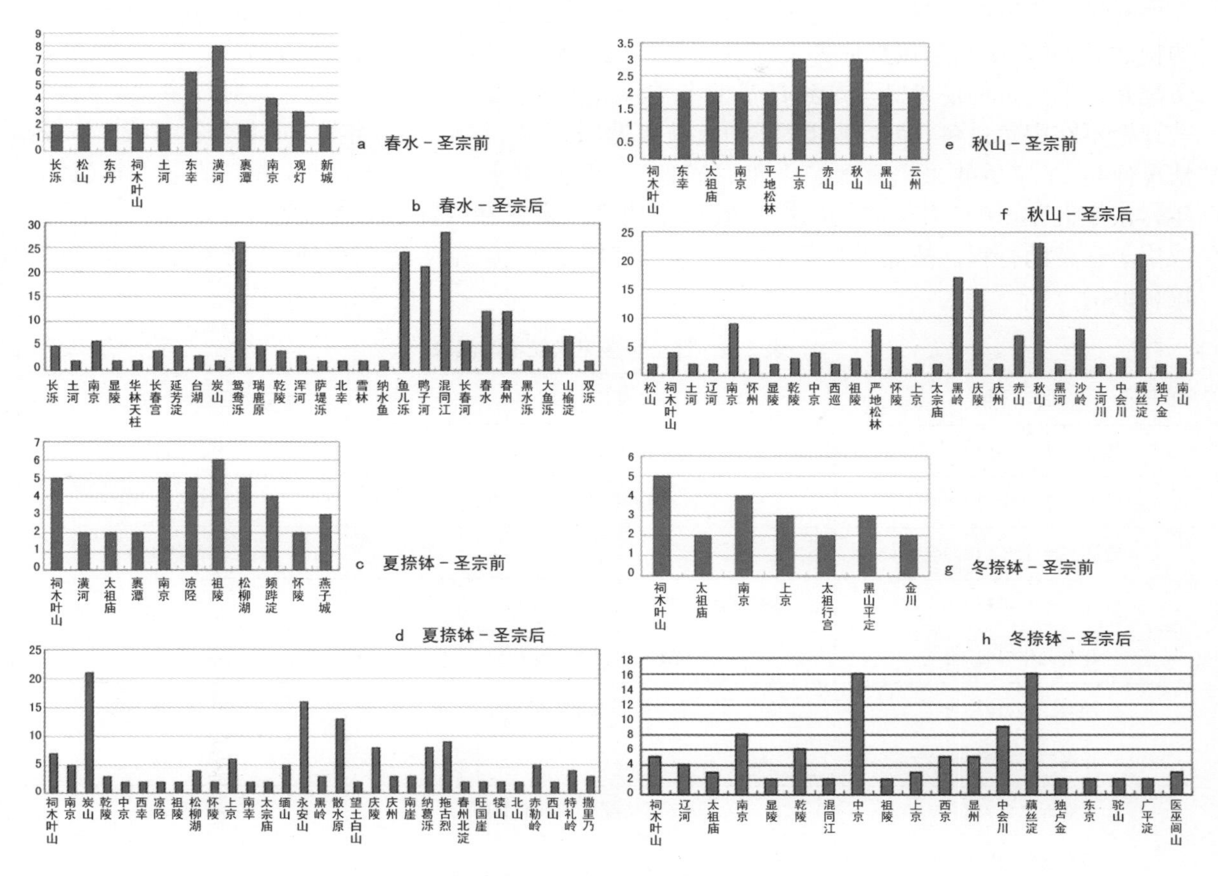

图 2-13 辽圣宗前后捺钵地统计图

图中竖轴表示捺钵次数，横轴为捺钵地点。根据《辽史》相关记载(脱脱，等，1974)整理统计制作

表 2-2 捺钵地点统计表(圣宗前)

季 节	根据捺钵次数做的分组	
	第一组(≥4，<8)	第二组(≥2，<4)
春水主要地点	南京	观灯，褭潭，新城
夏捺钵主要地点	祖陵，木叶山，南京，凉陉，沿柳湖，频跸淀	燕子城，潢河，太祖庙，褭潭，怀陵
秋山主要地点		上京，秋山，木叶山，东幸，太祖庙，南京，平地松林，赤山，黑山，云州
冬捺钵主要地点	木叶山，南京	上京，黑山平淀，太祖庙，太祖行宫，金川

表 2-3 捺钵地点统计表(圣宗后)

季 节	根据捺钵次数做的分组		
	第一组(≥16)	第二组(≥8，<16)	第三组(≥4，<8)
春水主要地点	鸭子河(混同江)、鸳鸯泺，鱼儿泺	春水，春州	山榆淀，南京，长春河，延芳淀，瑞鹿原，大鱼泺，长春宫，干陵
夏捺钵主要地点	永安山	散水原，拖古烈，庆陵，纳葛泺	缅山，赤勒岭，特礼岭
秋山主要地点	秋山，藕丝淀，黑岭	庆陵，南京，平地松林，沙岭	赤山，怀陵，木叶山，中京
冬捺钵主要地点	中京，藕丝淀	中会川，南京	干陵，木叶山，西京，显州，辽河

有学者认为中京对辽帝而言只是接见使者时的暂住地。但从文献所记使者历次谒见辽帝的记载看，驻跸中京与接见使者之间并无必然的联系。以圣宗时的记载为例（表 2-4），其实际情况是候见辽帝的使者必须赶到辽帝的冬季捺钵地才行，虽大多数情况下其时辽帝在中京，但若辽帝不在中京过冬，使者便也不在中京被接见，如开泰二年（1013 年）与开泰九年（1020 年）的情况便是，圣宗后的兴宗重熙二十年（1051 年），重熙二十三年（1054 年），道宗清宁六年（1060 年），咸雍九年（1073 年）等亦是这种情况，宋使见辽帝或在靴淀（即广平淀一带），或在云中，全取决于辽帝的行程。故路振即言："契丹今改其国号大辽，见宋使无常处，不皆在中京也。"（路振，1985）[698-699]

表 2-4　辽圣宗接见宋使者时间表

时　　间	使臣行踪	辽圣宗行踪
统和二十五年(1007 年)	宋抟见圣宗于中京	是年十月圣宗驻跸中京
统和二十六年(1008 年)	十二月路振见圣宗于中京	是年十月圣宗幸中京
统和二十七年(1009 年)		十二月如中京
统和二十八年(1010 年)	是冬李迪等贺生辰正旦久候中京明春始得见	
开泰元年(1012 年)	是冬王曾见圣宗于中京	十月如中京
开泰二年(1013 年)	是冬晁回见圣宗于长泺	十月驻跸长泺
开泰三年(1014 年)		十月幸中京
开泰五年(1016 年)	是冬薛映等见圣宗于上京	
开泰七年(1018 年)		十一月幸中京
开泰八年(1019 年)		十一月幸中京
开泰九年(1020 年)	是冬宋绶见圣宗于木叶山	十月如中京
太平元年(1021 年)		九月幸中京
太平八年(1027 年)		九月幸中京

注：本表根据辽代四时捺钵考五篇（傅乐焕，1984）附表制作。

由此可知，在政权的运作过程中，传统的捺钵地点与京城契合在一起，尤其是在冬季重要的议事季节，京城显示出了其在国家政治生活中的重要地位。在契丹国以游牧为主体的政治结构中，京城不可能成为中原都城意义上的政治中心，但却在对农业人口的管理中，在体制上提供了支撑。而换一个角度来看，也可发现多个京城的设置也正是与契丹这种中央政府随皇帝宫帐四时捺钵地的转移而转移的状况相适应的。

因而尽管辽政权以二元制为原则，但这种二元分立并非是两个互不相干的体系的并列。"捺钵"与"五京"成为两个相辅相成的体系，游牧和农业这两种性质截然不同的社会经济成分以及相关的人口以这样的方式统一在一个国家之中。

2.2.2　五京体系

由前文之分析也可看出，五京固然都有政治、经济与文化中心的涵义（王德忠，2002）[77-90]，但地位与职能并不相同。诚如《辽史·百官志》所言："辽有五京。上京为皇都，凡朝官、京官皆有之；余四京随宜设官，为制不一。大抵西京多边防官，南京、中京多财赋官。"（脱脱，等，1974）[801] 这也需要分为两个阶段来讨论。

从会同元年(938 年)到统和二十五年(1007 年)的七十年间,辽国境内是三京并峙的局面。其中上京作为契丹的老家,太祖的发祥之地,有木叶山和祖陵,其在精神上的中心地位是毋庸置疑的,以后辽各代皇帝的陵墓也都在上京附近,因而上京同时也是契丹国的政治首都,太宗虽将其名称改为上京,但其皇都的地位并未改变。

南京和东京分别治理着燕山以南之汉地以及原渤海国的移民。与上京一起,各具职责,分工明确,又通过辽帝的捺钵被联系在一起,形成一个京城体系。

圣宗后中京和西京的营建和设立首先当然是对太宗时三京体系的补充与完善,同时中京地位的突显也表明了这一时期京城体系的调整。

中京建造的意义。一方面如上文所述,标志着对奚地统治的确立并与中原的都城相比拟,同时中京在圣宗以后冬季捺钵地中的重要性也进一步表明它的地位实际上已类似于皇都上京。谭其骧先生曾经论证过辽后期的迁都中京(谭其骧,1985)[284-296]。但由于辽的政权运作方式的特殊性(详见上节),辽之京城与汉地都城所起的作用、承担的职能并不能相提并论,汉地都城这种政治文化经济中心在某一地点的绝对集中对辽国来说是不存在的,反之,这样的职能被一系列各有所长的中心所代替,而朝廷也跟随辽帝的宫帐而移动。中京应该说是圣宗在辽国腹地建立的另一个中心。对中京的重视,并不等同于将上京下降到其余两京的辅助性地位,故此才会有谭文中提到的争论,其实论证中京为都的史料与论证上京的史料是同样成立的。上京作为契丹的根本之地,其象征意义与凝聚力都不可取代。皇族被贬谪者囚于上京的记载(谭其骧,1985),正面的说固然说明圣宗以后辽帝更多的活动于中京,反之也证明上京地位不同于其余三京的特殊性。确切地说辽后期的京城是以中京与上京为首,以南京、东京、西京三京为辅的体系。西京的建立无论在政治上还是军事上都是对南京和东京的一个补充,同时在经济上也成为与南京类似的税收来源。

那么,圣宗又为什么要在上京之外再设一个都城呢?

中京所在地是契丹境内从事农业活动自然条件最好的区域。中京的建设与随之而来的州县设置以及农业人口的移入,加速了该地区的全面开发,使之成为辽本土内最重要的经济地区,故此与南京一样“多财赋官”。中京的建立表明了宋辽签订盟约之后的长期和平年月中,契丹国的国务重心从军事活动向经济活动的转移。如果说上京是契丹的政治之都的话,那么,中京便是契丹的经济之都了。

在这个京城体系之中,南京所具有的地位仅次于上京与中京。

首先,在军事政治中南京是对宋防御的中心。尤其是在圣宗之前,辽宋之间尚处于战争状态,南京在辽代地理上的边防位置就尤显重要。《辽史·百官志》言:“南京都元帅府。本南京兵马都总管府,兴宗重熙四年改。有都元帅、大元帅。南京兵马都总管府,属南面。有兵马都总管,有总领南面边事,有总领南面军务,有总领南面戍兵等官。南京马步军都指挥使司,属南面。侍卫控鹤都指挥使司,属南面。燕京禁军详稳司,南京都统军司,又名燕京统军司。圣宗统和十二年复置南京统军都监。……已上南京诸司,并隶元帅府,备御宋国。”(脱脱,等,1974)[746-747]

从太宗会同元年(938 年)石晋割燕云十六州,到圣宗统和二十二年(1004 年)订下澶渊之盟,辽和其南方的政权之间战争不断,初期以辽的进攻为主,如太宗的灭晋,而继任的世宗、穆宗与景宗,或无意,或无力,对疆界以南的中原土地并不发生兴趣,南北之间的战争基本上是由于中原政权试图收复燕云十六州而引起的。但无论是哪一种情况,南京都是重要的前沿据点。这也是前期诸帝频频临幸南京的重要原因。太宗会同六年(943 年)伐晋,冬季至南京议事进兵,“十二月丁未,如南京,议伐晋。命赵延寿、赵延昭、安端、解里等由沧、恒、易、定分道而进,大军继之。"(脱脱,等,1974)[53]第二年四月稍停战事,先回南京,然后去夏季捺钵地清暑,"夏四月癸丑,还次南京。辛未,如凉陉。"(脱脱,等,1974)[54]至圣宗统和初年(983年)的宋辽战争中,南京同样也是辽帝亲征的驻跸地点(脱脱,等,1974)。

另一方面在经济上,南京则是农业经济高度发达的燕云地区的首府,是辽朝廷的税收来源,《辽史·食货志》言:"南京岁纳三司盐铁钱折绢。"(脱脱,等,1974)[926]相比之下,东京并不对国家的经济收入做出贡献,略言加赋,便引起了动乱。《辽史·食货志》:"先是,辽东新附地不榷酤,而盐曲之禁亦弛。冯延休、韩绍勋相继商利,欲与燕地平山例加绳约,其民病之,遂起大延琳之乱。连年诏复其租,民始安靖。"(脱脱,等,1974)[926]从官职的设置中也能看出其中的差别。上京设盐铁使司,东京设户部使司,而南京则不仅有三司使司,还有转运使司。

总而言之,辽在一百年间陆续设置京城,统和二十五年(1007年)前三京并立;重熙十三年(1044年)以后五京共存。前一阶段中,上京具有最高的地位,既是政治中心,也是契丹的精神中心;南京与东京则分治汉地与渤海故地,其中南京因应着辽宋局势及其所处地区发达的农业经济,又有着重要的军事与经济地位。

后一阶段,随着辽之国家建设中心的转移,中京成为五京中最重要的都城,不仅成为实际上的政治中心,也与南京一起成为辽重要的经济中心。上京作为契丹发祥之地,仍保持了精神上的象征地位。新设之西京则担负着防御西夏的军事重任,同时也为辽政权提供重要的经济支撑。因而辽之数座京城形成一个分工不同又相互关联的京城体系。这一京城体系在不同阶段的变化也与国家政治经济的变化息息相关。同时,作为辽之二元分化的政治体制的一部分,辽之京城体系又与捺钵制度互相呼应,将农业和游牧统一在一个国家之中。

2.3 辽南京

在京城体系逐渐建立的过程中,辽南京不仅在区域中所处的地位发生了变化,城市的性质、城市的面貌也在悄然改变。

与唐之幽州相比,辽南京尽管仍然是幽云十六州的有限地区的中心,城市规模布局也都没有大的变动,但是由于在宏观上被纳入了国家的京城体系之中,城市的性质由地方治所上升为一国之陪都。从区域中的地位来说,原来的幽州城是国家的东北边镇,大抵是倚南防北的态势,被划入辽国的疆土之后,情形完全反转,成为辽的南部边镇,倚北防南,这种随着所属相对区位的不同而表现出来的截然不同的情势,充分证明了侯仁之先生对这一区域所作的总结性判断,即当中原势力强大时,这个区域就是防备北方的重镇,当北方势力强大时,这个区域又是北方政权南进的跳板,是南北双方的必争之地;这个地区被纳入北方的势力范围之后,与北方草原地区的经济与交通联系也得到加强。但是,由于辽代疆域范围有限,南京还仅仅处于南部边防的位置,这座城市在区位上联系南北的特点还未能得到充分的表达。

从城市建设方面来说,作为辽之设在农业地区的陪都,南京城市形制与居民的里坊管理等都一仍幽州之旧,城市居民的构成也没有发生大的变化。陪都之设对于城市建设的影响主要体现在两个方面,一是入辽以后,由于社会普遍的佛教信仰,在各地都有佛教寺院的兴建,各个京城中更是有众多的由国家或贵族支持的大型寺院。南京城中不仅新建了大量的佛教寺院,对于前朝留下的寺院也常常大加修葺,如悯忠寺,即今之法源寺。而且由于辽代帝室颇信佛教,供奉皇帝像的御容殿也往往和寺院结合,因此作为国家政治中心之一的南京,城中不少的寺院与国家或者王室关系密切,它们或是由国家资助建造,或是由大贵族舍宅而成(参见附表"寺院宫观状况一览表”),再或者,就是与王室活动密切相关。例如统和十二年(994 年)四月“以景宗石像成,幸延寿寺饭僧”。(脱脱,等,1974)[144]这些大量兴起的大型寺院应该说是南京成为陪都之后城市景观中的一大特色。

二则是和捺钵相关的不定时的巡幸,每到这个时候,城市中便会临时增加大量的王室贵族与军队,根据文献记载判断宫城中较为稀疏的宫殿,或者也与捺钵时的搭建帐幕有关;对应于这种不定时的巡幸的,还有城中有贵族的赐宅,这些赐宅又常常被舍为寺院。

3　大金国的京与都

在金的历史上，除中都大兴府外，也曾建立了五座京城：上京会宁府、东京辽阳府、北京大定府、西京大同府和南京开封府，按《金史》的观点，此为仿辽而设①。但是这些京城的设置在意义和功能上果真同辽五京相似吗？中都本身的区位特点发生了什么变化？中都和各京之间又是什么关系？

3.1　集权过程中的京、都建置

金，起于辽之东北的按出虎水（金水），1115 年建国，1234 年灭于蒙古，前后 120 年，约为辽之一半，但却先后灭辽与北宋，臣高丽、西夏和南宋，是当时东亚诸国中毋庸置疑的政治中心。

1113 年金主完颜阿骨打起兵反辽，1115 年（即收国元年）于会宁府称帝，是为金太祖。其后于收国末年占东京道，天辅四年（1120 年）五月克上京，六年（1122 年）正月取中京，四月陷西京，十二月降燕京，十年之间即以破竹之势灭了契丹国。继而于天会四年（1126 年）攻占宋之汴京，北宋亡。1142 年宋金和议"宋使曹勋来许岁币银、绢二十五万两、匹，画淮为界，世世子孙，永守誓言"。（脱脱，1975）[78]在此之前，其东之高丽、西之西夏均已臣服于金，由此，金成为东亚地区的一支主要的政治力量，并与南宋隔淮河南北对峙几近一百年。在这个征服的过程中，金的政权组织也从部落联盟向国家转化着。

但是，真正进入稳定的体制建设，完成政权的封建集权化，却是在宋金和议之后的和平时期才能实现的。这一过程始于熙宗（1135—1149 年在位），成于海陵（1149—1161 年在位），而完善于世宗（1161—1189 年在位）与章宗（1190—1208 年在位）。所谓的政权组织的建设，本质上是中央权力和皇权的集中与加强，具体表现在官制和行政建制的调整和确立上，伴随着这一过程的则是都城的建设与形制的完善。张棣《金虏图经》的一段记载颇为形象地道出了这一过程：

"金虏有国之初，都上京，府曰会宁，地名金源。其城邑、宫室类中原之州县廨宇，制度极草创。居民往来或车马杂遝，皆自前朝门为出入之路，略无禁犯。每春正击土牛，父老士庶无长无幼，皆观看于殿之侧。主之出朝也，威仪体貌止肖乎守令，民有讼未决者，多拦驾以诉之，其野如此。

至亶始有内廷之禁，大率亦阔略。迨亮弑亶而自立，粗通经史，知中国朝著之尊，密有迁都意。继下求言诏，……时上书者多陈京师僻在一隅，官艰于转输，民艰于赴诉，不若徙燕以应天地中会，与亮意合，率从之。即日遣左相张浩、右相张通古、左丞蔡松年，役天下军民夫匠筑室宫于燕。会三年而有成。贞元四年（按：当作元年），亮率文武百官，驾始幸焉，遂以渤海辽阳府为东京，山西大同府为西京，中京大定府为北京，东京开封府为南京。燕山为中都，府曰大兴。改元，以赦告天下，京邑始定焉。"（宇文懋昭，1986）

由这段记载也可看出，在金之京与都的制度变迁过程中，熙宗与海陵实为两个重要的关键点。

---

① 《金史・地理志》："袭辽制，建五京，置十四总管府，是为十九路。"（脱脱，等，1975）[549]

3.1.1　熙宗以前

官制在熙宗以前基本上是以女真和汉人两分来组织，女真之勃极烈适应部族组织，汉官则仿辽南院，女真贵族居于权力的上层，其与君主间的等级区分并不严格①。而在对宋战争的过程中，实权是在掌握兵权的东西路元帅处。但熙宗即位后，即除去权臣，在礼仪上严格君臣的区别，废除女真勃极烈制，采用汉制的三省六部，三省中又以尚书省为最尊②。通过中枢机构的重组，大大削弱了曾在部落联盟制度下有着重要影响力的女真贵族，在体制上确立了皇帝的至高无上之地位。

在行政建制上，熙宗以前，金主对于被征服的辽的国土，在行政制度上是因袭的，除了南京曾归还北宋，故为燕京之外，辽其余几京皆予以保留，即辽之上京、中京、东京、西京地名皆仍其旧，而以平州为南京。其实质上的政治中心，金太祖登基之地的京师会宁府在形式上并没有得到足够的重视，在文献中这一时期的记载往往以上京一词同时指称临潢府和会宁府(王可宾，2000)[84-90]。而“其城邑、宫室类中原之州县廨宇，制度极草创。居民往来或车马杂遝，皆自前朝门为出入之路，略无禁犯”。(张博泉，1984)许亢宗宣和年间出使金国，相当于“始正君臣之礼”的天辅后，其京师虽已颇具规模，有“皇城”的分别，然亦简陋无法与中原相比③。

北宋既灭(1126年)，熙宗即位后，行政与政治制度各方面都进行了调整。于天眷元年(1138年)“以京师为上京，府曰会宁，旧上京为北京”(脱脱，等，1975)，从而强调了京师的地位，使两个上京不再相混。这样就形成了上京会宁府、北京临潢府、东京辽阳府、西京大同府与南京平州的格局(图3-1)。

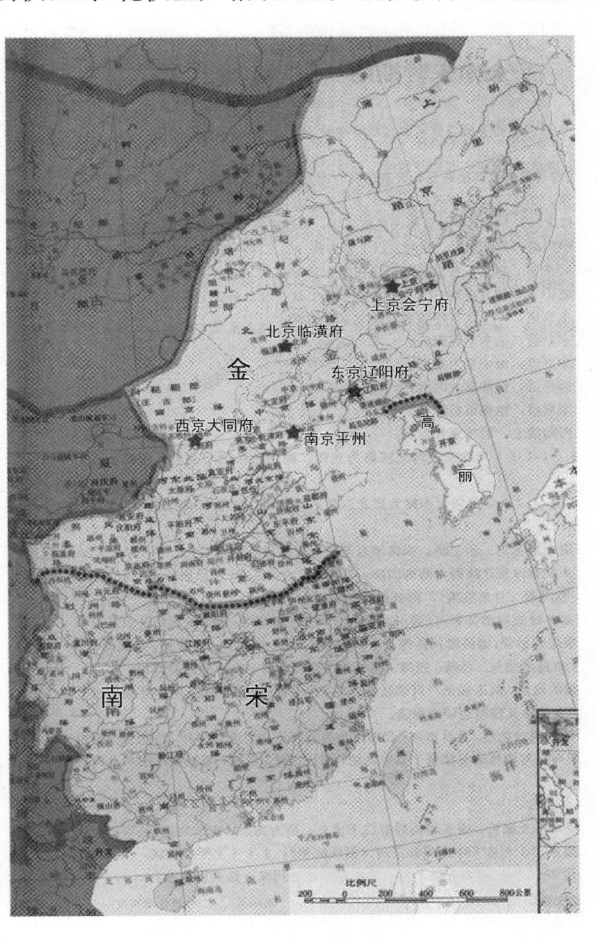

图3-1　金宋对峙形势图

底图来源：金南宋时期全图(一)(1142年)(谭其骧，1991)[53-54]

① 《金史·撒改传》：

“太祖即位后，群臣奏事，撒改等前跪，上起，泣止之曰：‘今日成功，皆诸君协辅之力，吾虽处大位，未易改旧俗也。’撒改等感激，再拜谢。凡臣下宴集，太祖尝赴之，主人拜，上亦答拜。天辅后，始正君臣之礼焉。”(脱脱，等，1975)[1614-1615]

② “废除女真勃极烈制，改用辽、宋官制，兼采唐制，设尚书、中书、门下三省。在皇帝下设三师(太师、太傅、太保)，并领尚书省事。尚书省设尚书令，尚书令待管大事，不管细事，其位最尊。”(张博泉，1984)[129-130]

③ 许亢宗《宣和乙巳奉使行程录》：

“……有阜宿围绕三四顷，北高丈余，曰皇城也，至于宿门，就龙台下马，行入宿围西，设毡帐四座，各归帐歇定，客省使副使相见就座，酒三行，少顷，闻鞞鼓声入，歌引三奏，乐作，合门使及祗班引入，即捧国书自山棚东入，陈礼物于庭下，传进如仪，赞通拜舞、抃蹈讫，使副上殿，女真首领数十人班于西厢，以次拜讫，贵近者各百余人上殿以次就座，余并退。其山棚，左曰桃源洞，右曰紫极洞，中作大牌，题曰翠微宫，高五七丈，以五色绦间结山石及仙佛龙象之形，杂以松柏枝，以数人能为禽鸣者吟叫山内，木建殿七间甚壮，未结盖，以瓦仰铺，及泥补之，以木为鸱吻及屋脊用墨，下铺帷幕，榜额曰乾元殿。阶高四尺许，阶前土坛，方阔数丈，名曰龙墀。两厢旋结架小苇屋，幕以青幕，以座三节人。内以女真兵数十人分两壁立，各持长柄小骨朵以为仪卫。日役数千人兴筑，已架屋数千百间，未就，规模亦甚伟也。……”(徐梦莘，1999：第四册)

同时，熙宗时对中原行政礼仪制度的接受所导致的京师建设的中原化，也为其后海陵等帝的举措奠定了基础。

所谓礼仪制度，一为朝会之礼，明君臣上下内外之分，“出则清道警跸，入则端居九重，旧功大臣非时莫得见”(宇文懋昭，1986)[151]；二为宗社之礼。宗社者，宗庙社稷也。宗庙之设，作为汉文化影响的产物，虽然并非起于熙宗时①，但至熙宗，在庙制与祭祀上都渐成制度。故此《金史》言：“皇统间，熙宗巡幸析津，始乘金辂，导仪卫，陈鼓吹，其观听赫然一新，而宗社朝会之礼亦次第举行矣。”(脱脱，等，1975)[691]

相应的，君臣等级与礼仪制度并非只是抽象的观念，而是体现在日常活动的细枝末节中。当金之君臣接受了中原的这一套礼仪时，他们也就必然同时接受表现这种等级制度及容纳这些礼仪活动的空间形式，也即都城的形制。上京的城市与宫殿建设都模仿了中原之都城，尤其是北宋东京汴梁。不过熙宗的营建宫殿，修建太庙社稷与大内扩建，依然非常粗率，故《大金国志》言：“规模虽仿汴京，然仅得十之二三而已。”要等到海陵时方将此种模仿发挥到极致。

至于被征服的宋地，金起初对之并没有政治上的野心，仅以掠夺为目标，故当汴京陷落之后，金帅驻于城外，金兵扎于城上，并未进城，只是一味地搜刮财物。在掳掠了钦、徽二帝及人员财物北还之后，留下了傀儡皇帝张邦昌，后又立伪齐刘豫，此皆未将中原土地置于征服者的直接管辖之下。

熙宗于天会十五年(1137年)废了刘豫，在汴京设行台尚书省②。所谓行台尚书省，是中央尚书省之派出机构，其下与尚书省一样，亦设左右丞相、平章政事、左右丞、参知政事及各部，只是皇统二年(1142年)规定品级皆下中台一等。行台尚书省在汴京的设置，一方面是将中原土地直接纳入了金的朝廷管辖之下，但另一方面，行台品级高于一般的地方政府，有一定的自主权，这也说明在熙宗时以汴梁为中心的原北宋地区，还有着相对的独立性③。

3.1.2 海陵以后

熙宗之后，海陵继续加强中央集权的统治机构，主要是在宋地废除行台尚书省，将开封府改为与其余诸京平等的南京，在中央则将三省并为一省，使整个中枢机构更为集中与有条理④，而这一系列措施最终也确立了京师的独尊地位。

海陵天德二年(1150年)废除原来的北京，将其改为临潢府路，贞元元年(1153年)迁都燕京，“改燕京为中都，府曰大兴，汴京为南京，中京为北京”。(脱脱，等，1975)[100]正隆二年(1157年)削上京号，“十月壬寅，命会宁府毁旧宫殿、诸大族第宅及储庆寺，仍夷其址而耕种之”。(脱脱，等，1975)[108]。自此，金的都城体系大致定型：中都大兴府，北京大定府，南京开封府，西京大同府与东京辽阳府，后来世宗时又恢复会宁府为上京，从而形成一都五京的格局(图3-2)。

诸京的调整本身即是海陵加强中央集权的措施之一。上京的废弃固然是对女真贵族势力的彻底打击，而原辽上京临潢府京号的被削，可说是在制度上对亡辽故地的有意忽视。虽然辽后期

① “金国不设宗庙，祭祀不修。自平辽后，所用宰执大臣多汉人，往往告以天子之孝在乎尊祖，尊祖之事在乎建宗庙。若七世之(庙)未修，四时之祭未举，有天下者可不念哉。金主方开悟，遂立太庙。”(宇文懋昭，1986)[473-474]

② 《金史·熙宗本纪》：“(天会)十五年十一月丙午，废齐国，降封刘豫为蜀王，诏中外。置行台尚书省于汴。”(脱脱，等，1975)[72]

③ 天眷初年曾将行台移于燕京，是由于在达懒的主持下，金曾短期的将黄河以南之地归于宋，达懒因谋逆被诛之后，宗弼(即兀术)即分兵四道南征，再次占领了(黄)河南之地，最后于皇统二年(1142年)与宋和议，以淮河为界。

④ 《金史·百官志》：“海陵庶人正隆元年罢中书门下省，止置尚书省。自省而下官司之别，曰院、曰台、曰府、曰司、曰寺、曰监、曰局、曰署、曰所，各统其属以修其职。职有定位，员有常数，纪纲明，庶务举，是以终金之世守而不敢变焉。”(脱脱，等，1975)[1216]

已将重心从上京移到中京(参见上节),并且上京城本身也在辽金的战争中遭到极大破坏,但是作为契丹圣地木叶山与西拉木伦河所在的临潢府,其对于契丹人的意义不下于会宁府对于女真人的意义。

而在都与诸京的关系上,诸京城也是被大大削弱了。

海陵天德二年(1150 年)改诸京部署司为都总管府,自是凡路皆设总管府。金制各路下还辖有散府,诸京主管则称为留守,尽管有这些称呼上的不同,但是各京留守与府尹的品级与职责却是相同的。按《金史·百官志》载府尹职责:"尹一员,正三品。掌宣风导俗、肃清所部,总判府事。余府尹同。兼领本路兵马都总管府事。"诸京留守司"留守一员,正三品。带本府尹兼本路兵马都总管。""诸总管府谓府尹兼领者。都总管一员,正三品。掌统诸城隍兵马甲仗,总判府事。"由此可见,在行政等级上金之诸京路的留守府与诸路总管府之间并无等级与职能分工上的差别。中都是皇帝常年居留的唯一政治中心。

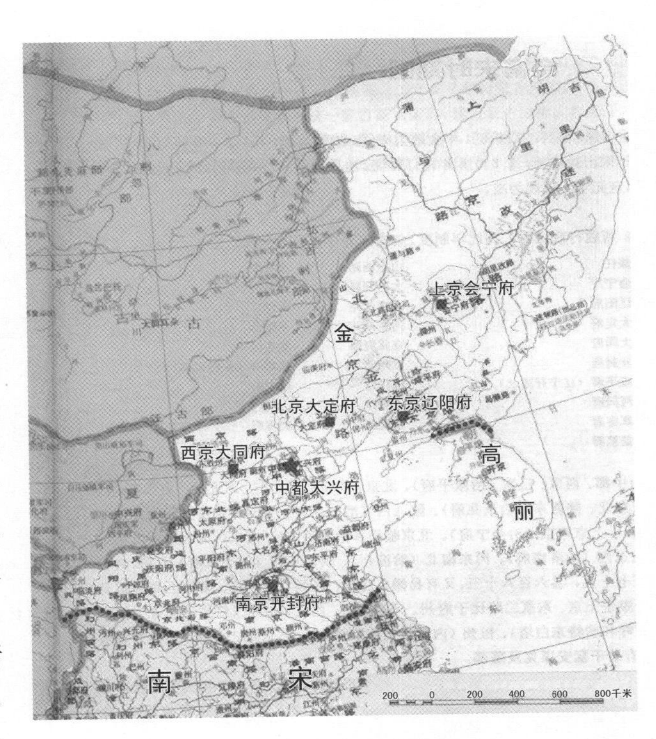

图 3-2 金海陵以后疆域及五京分布图

底图来源:金南宋时期全图(二)(金章宗泰和八年、宋宁宗嘉定元年)(谭其骧,1991)[55-56]

因而尽管《金史》言金之五京(此是加上了世宗恢复的上京)乃仿辽而设,但其性质却与辽有本质的不同。

辽境内多种社会经济方式和制度并存,辽之五京作为农业地区的管理方式与捺钵制度相配合,是政权组织的重要部分。辽之国土按照被征服时的不同性质分为五个区域,以五京分而领之(比如中京为奚族的中心,东京则以原渤海人为主)。各京之间虽有等级的区别和分工的不同,但总的来说是一个互相联系的体系,各京留守都有独当一面的权力,而中央政府则随皇帝的捺钵而转移。

与辽不同的是,女真族的社会经济生活本就以渔猎农耕为主①,不像契丹族的游牧,并无保持多种制度和社会经济方式的需要,因此在征服辽与北宋后迅速向封建制农业社会转化,一方面将本部之猛安谋克移入原辽境内的农业地区以及中原地区,另一方面将政权改造为符合这种社会经济基础的汉化的中央集权形式。这种政权方式首先是定居的、基于地域的,这就要求所有的机构与政府成员集中于一个固定的地点;其次,该政权的集权性质与以诸京,或是任何别的方式分割权力的形式也是不兼容的。金都城的加强及诸京的削弱正与这种中央集权相适应。

简言之,在金一都五京的设置中,只有中都始终发挥全国性政治经济中心地位的作用,也是中央政府政令所出之处,其余五京职能与普通的总管府或散府并无不同,更多的是对亡辽制度的一种模仿,其而失去了辽五京的功能意义。②

---

① 《金史·后妃列传》:"景祖昭肃皇后……农月,亲课耕耘刈获,远则乘马,近则策杖,勤于事者勉之,晏出早休者训励之。"(脱脱,等,1975)[1500]

② 金代皇帝仍有春水秋山夏捺钵的活动,但同样是对辽帝游猎生活的模仿,失去契丹随水草而居的本意。(劳延煊,2003)

3.2 上京与中都的建设

在金代的诸京中，上京的建设是值得讨论的。不仅因为金代其余诸京都沿用前代城市，更重要的是，上京作为金代前半期的主要都城，如前文已经提到过的，已经体现出了中原地区都城形制的影响，应该说金上京是在辽中京之后、金中都之前模仿了汴京的另一座都城。

而金中都，从城市个案研究的角度固然应该讨论从辽南京到金中都之间的变迁，但是倘若放在都城建设的脉络上考察，在都城体系中，辽南京只是陪都，辽中京与金上京却是辽中后期及金前期重点建设的都城，从各方面看都受到汉地都城，如北宋汴梁的影响，金中都作为金上京之后重点建设的都城，情形与辽中京及金上京颇为接近①。因而我们显然更应该讨论辽中京、金上京对于中都的影响。

3.2.1 金上京

上京始建于太祖时，但形制简陋。太宗天会二年（1124 年）令卢彦伦经画建设，天会三年（1125 年）许亢宗使金所见即为此次建设之结果（徐梦莘，1999：第四册）。金上京主要的建设时期则是在熙宗朝。天眷元年（1138 年）四月，熙宗命“少府监卢彦伦营建宫室……十二月癸亥，新宫成。…天眷二年九月丙申，初居新宫。”（脱脱，等，1975）[72,73,75]。皇统六年（1146 年）又进行了第二次扩建（段光达，2007）[148-152]。正隆年间（1156—1160 年）海陵迁都，毁上京宫室及宗室住宅，至世宗时又重建，并为城墙包砖。

《金史・地理志》记金上京：

“其宫室有乾元殿，天会三年建，天眷元年更名皇极殿。庆元宫，天会十三年建，殿曰辰居，门曰景晖，天眷二年安太祖以下御容，为原廟。朝殿，天眷元年建，殿曰敷德，門曰延光，寢殿曰宵衣，书殿曰稽古。又有明德宫、明德殿，熙宗尝享太宗御容於此，太后所居也。凉殿，皇統二年构，门曰延福，楼曰五云，殿曰重明。东庑南殿曰东华，次曰广仁。西庑南殿曰西清，次曰明义。重明後，东殿曰龙寿，西殿曰奎文。时令殿及其门曰奉元。有泰和殿，有武德殿，有薰风殿。其行宫有天开殿，爻剌春水之地也。有混同江行宫。太庙、社稷，皇统三年建，正隆二年毁。原庙，天眷元年以春亭名天元殿，安太祖、太宗、徽宗及諸后御容。春亭者，太祖所尝御之所也。天眷二年作原庙，皇統七年改原庙乾文殿曰世德，正隆二年毁。大定五年复建太祖庙。兴圣宫，德宗所居也，天德元年名之。兴德宫，后更名永祚宫，睿宗所居也。光兴宫，世宗所居也。正隆二年命吏部郎中萧彦良尽毁宫殿、宗庙、诸大族邸第及储庆寺，夷其址，耕垦之。大定二十一年复修宫殿，建城隍廟。二十三年以甓束其城。有皇武殿，击毬校射之所也。有云锦亭，有临漪亭，为笼鹰之所，在按出虎水侧。”（脱脱，等，1975）[550-551]

上京城的遗址在距今哈尔滨市阿城区南 2 千米处的阿什河畔，分为南北两个部分，之间有一道界墙，南城东西长 2148 米，南北宽 1523 米，面积约 330 万平方米；北城东西长 1828 米，南北宽 1553 米，面积约 280 万平方米；南、北城均为长方形，南城为横向排列，北城为纵向排列，横竖衔接，连为一体，整体平面呈曲尺形。整个城墙周长 10 873 米，有马面 89 个，瓮城 7 处，城门 9 个，并引按出虎水为护城河环绕，夯土版筑的城墙现存残垣高约 3～5 米，颓基 7～10 米；皇城坐落在南城内西部，东西长 645 米，南北宽约 500 米，面积约 33 万平方米，沿中轴线前后排列的 5 座大殿遗址尚

① 如果再扯远一点，在郭湖生先生的“汴梁体系”中，辽中京与金上京都是值得研究的对象。中国古代的都城，从汴梁开始，以汴梁为模式，亦掺杂着长安与洛阳这样的范本，在北方有辽中京、金上京与金中都，南方则有南宋的临安，对于汴梁的模式都既有模仿也有改动，形成南北两条线索。直到元统一了南北，才又归结为元大都至明清北京的这样一线发展的都城形制。

存，前四殿两侧由长约380米、宽约11米的“千步廊”相连。皇城南门两侧有两个高约7米的土阜，对峙而立，两大土阜间又有两个小土阜，各高约3米。大小土阜间是皇城南门的3条通道，正中为午门，两侧为左右阙门（图3-3）（段光达，2007）。城址外南有祭天坛址，北为地坛址，西为社稷坛址和金太祖陵（伊葆力，2006；潘谷西，2001）。

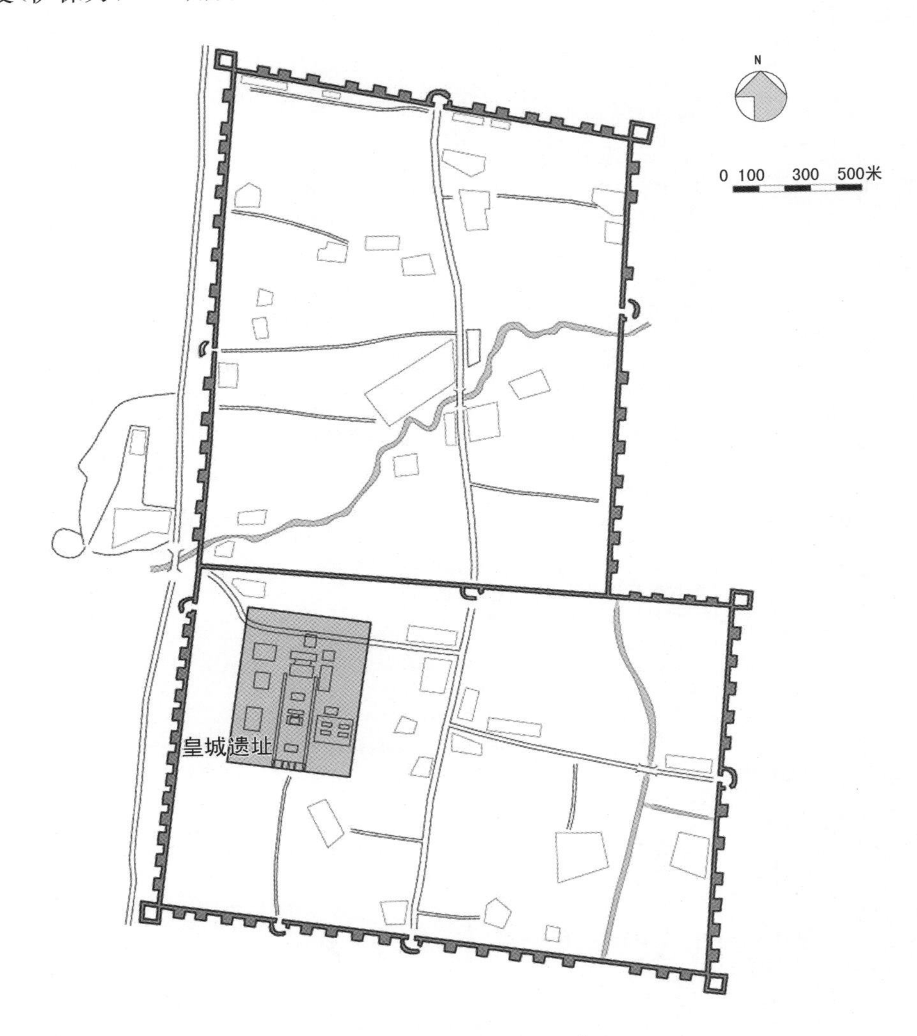

图3-3 金上京城址示意图

底图来源：金上京会宁府遗址图（1964年阿城县博物馆绘制）（景爱，1991a）

从发掘的遗迹遗存判断，南城的西部为皇宫，东部为贵族居住区；有一条小河穿越北城，从北城北门到界墙的门之间有一道南北大道，这条大道和河构成北城的基本骨架，考古发现的作坊店铺遗址都在这条南北大道的两侧，因而北城为主要的居民居住区（景爱，1991a）。

皇城位置在南城之西北，地势较高。关于皇城的布局，海陵毁掉宫室之后夷其地为耕地（景爱，1991a）[58]，《金史·地理志》等记载又语焉不详，虽有世宗的重建，但是世宗并无必要将上京的宫室全部重建，比较合理的推测是按照原有布局，但只修复主要几组大殿，并且文献记载也并未说完全按原样修复。现在的遗迹是世宗重修过后的规模，要据其对海陵以前的上京宫城作完整的推断似乎比较困难，反而是《大金集礼》中有关海陵迁都之前的诸项礼仪的记载能提供一些线索。

表 3-1 《大金集礼》所见之金上京部分宫殿

帝名	时间	仪式名称	内　　容	分　　析
熙宗	天会十四年（1136 年）	正旦	正旦，帝谒太皇太后宫贺，御乾元殿受百官朝贺	乾元殿为大朝殿
熙宗	皇统五年（1145 年）	增上太祖尊谥	前期有司供张辰居殿神御床案，少府监钩盾署设燎薪于殿庭西南……仪鸾司设小次于辰居殿东厢	庆元宫辰居殿有西厢
海陵	天德二年（1150 年）	册礼	宣徽院帅仪鸾司设座于殿中间，设册宝幄次于大明殿门外，设群官次于大明门外	大朝殿为大明殿
			其日质明奉册太尉、奉宝司徒（贞元仪奉册太师、奉宝太尉）读册中书令、读宝侍中以次应行事官，并集于尚书省，奉迎册宝由元德正门入至大明门外（贞元仪通天正门入至大安门外）	宫城正门名元德，尚书省在宫城以外。入宫城门即到大明殿
			捧册官……由西偏门入至西阶下册宝褥位之西，……阁门官引文武百僚分左右入于阶下砖道，东西相向立	
海陵	天德二年（1150 年）	册图克坦（为皇后）	十月九日勤政殿发册，泰和殿受册，前一日，仪鸾司设座勤政殿南向，设群臣次于朝堂	皇帝主殿为勤政殿，亦为常朝殿，皇后主殿为泰和殿
			设册使副位于殿门外之东，……又设册宝幄次二于殿后东厢……册使副立于东偏门……主节奉节立于殿下东廊横阶道北	勤政殿有东西厢及东西廊
			以册宝少住于泰和门……有司宿供张泰和殿设皇后座……皇后常服……至泰和殿后阁……皇后……至阶下望勤政殿御阁所在……退立于西朵殿	泰和殿侧有朵殿，后有阁。勤政殿亦有阁
			（后谢太庙）车出元德东偏门……命妇妃嫔以下自殿门外上车由左掖门出，从至太庙门外……后就东神门外幄次下廉	宫城正门元德门有三个门洞；东西又有左右掖门
海陵	天德二年（1150 年）	册太皇太妃	……有司检照宋哲宗刘太后……皇太后……设永寿永宁宫导驾……寿安宫（太皇太后）导从……	皇太后宫名永寿永宁宫；太皇太后宫名寿安宫
海陵	天德二年（1150 年）		候二太后礼毕，于泰和殿发册	
			其日质明，应行事官……于尚书省引导册宝进入内由萧墙东门至勤政殿东廊下幄次内权至……	
海陵	天德四年（1152 年）	册命仪	发册在武德殿，有太子宫	

综上所述，在海陵时期，上京宫城正门为元德门，下有三个门洞，东西有左右掖门；入元德门为大朝殿大明殿，大明殿门名大明门；常朝殿（皇帝主殿）名为勤政殿；寝殿（皇后主殿）为泰和殿。泰和殿的布局为大殿两旁有东西朵殿，后有阁，成为工字形，殿后有东西厢，殿前有东西廊，形成院落，殿庭中有砖道，因此可知主要宫殿应该都是这样的格局，与山西省繁峙县岩山寺南殿金代壁画相似（傅熹年，1998）。太庙在宫城外太祖陵上；尚书省在宫城外，方位不详。而熙宗初即位时的大朝殿仍为许亢宗所见的乾元殿，很可能海陵即位后改了宫城中的殿名。《金史》记录了乾元殿在熙宗时被改为皇极殿，而海陵时的这些殿名在《金史》中丝毫不见痕迹，于杰、于光度先生也因此将勤政殿错归入了中都（于杰，于光度，1989），或者是因为海陵作为刑余之人而受到的历史写作的歧视？

从现存的遗址看，皇城中央有一系列台基址，两侧向南向北各有一条夯土遗迹，应该是廊庑的台基，它将宫城分为东中西三路。中路最南面是四座土阜，当为三门道的门阙基址。向北在中轴线上有四处台基址，其中一和三规模较小也较矮，应为殿门，二和四则都呈工字形，应是两处主要宫殿（景爱，1991a）[52-56]：大朝殿和常朝殿，即海陵时的大明殿与勤政殿。大朝殿按许亢宗所见，面阔七间，两侧再加朵殿，若按法式标准柱网及一尺等于 0.3 米换算，大致能与第二台基址相合。从规模上看，第四台基址比第二台基址大，可以容下一座九间大殿，这似与通常的做法有些不同。至于第四台基东北的台基址或者是寝殿泰和殿。

东西两路的基址，似乎还难以下判断。景爱先生以东路南面含有两两成行四个台基址的东向院落为庆元宫（景爱，1991a），颇有疑问。庆元宫毁于正隆年间，后世宗大定二年（1162 年）在庆元宫原址上建了九间大殿作为太祖皇帝庙，殿名为世德（张玮，等，1999：第 6 册）。此外并不见其他建设的记载，这又与基址的平面不合，难以遽下定论。

至于皇城和外城的关系，皇城偏于一隅，四边并不与外城墙平行。皇城的平面布局与外城之间没有形成图形上的联系，无论是朝向还是中轴线都自成一体，这种做法更接近于同时期中原地区的地方城市而不是都城。

3.2.2　金中都

燕京在被定为首都之后，紧接着而来的就是展筑城郭与大建宫室。皇城因此从偏居一隅转变为位于城中，这在绪论中都已述及了。

改建后的中都宫城，纵向分为东、中、西三路，横向又被东华门和西华门之间的横路分为南、北两个部分。中路南端为宫城南门应天门（原称通天门），过应天门往北，为大朝殿大安殿，其北为常朝殿仁政殿，大朝殿和常朝殿之间为东西向的横路，从仁政殿再往北就是后寝部分。东路入左掖门，有太后宫和太子宫，过太后宫和大安殿之间的夹道就到了东华门和西华门之间的横路，往西可到仁政殿门前，往东有集禧门，出集禧门为内省，再东为东华门，北为一组次要殿宇；西路右掖门内有鱼藻池，但由于使者未曾到过，因此文献中也语焉不详。宫城以西为御苑同乐园。①

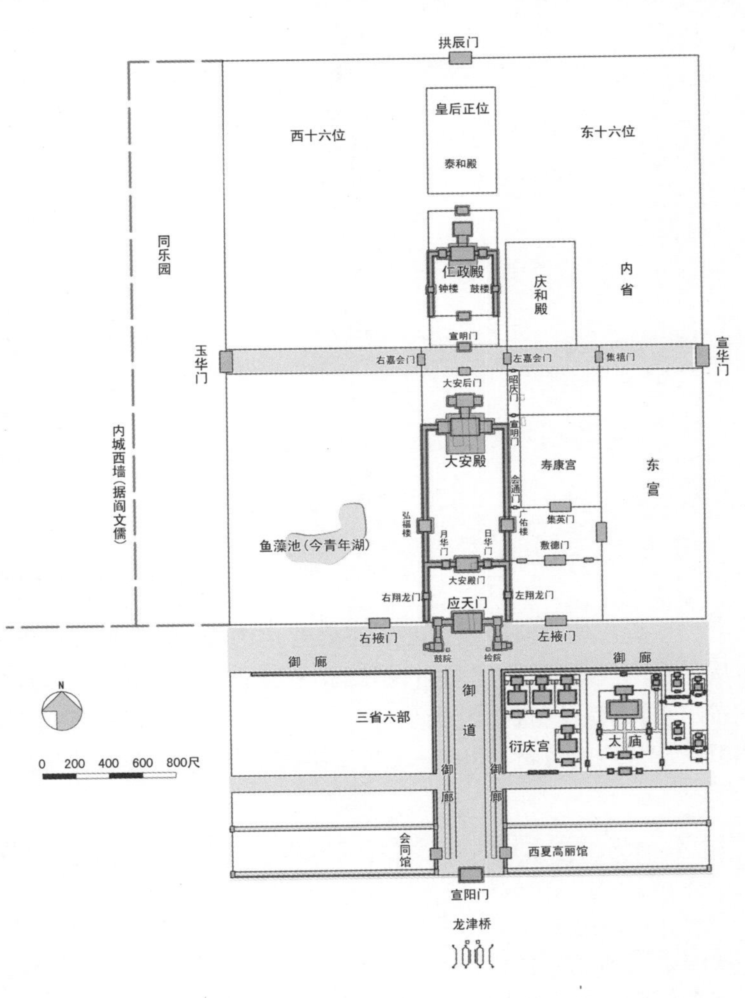

图 3-4　金中都宫城格局示意图

应天门以南为御街千步廊，千步廊南端的中轴线为宣阳门与龙津桥，东千步廊以东为太庙、球场，西千步廊以西为尚书省六部。宫前置有登闻鼓，百姓都可以到达，因此应天门前的宫前广场与城市道路相通（图 3-4、3-5）。

① 复原的主要依据为宇文懋昭撰《大金国志》，张棣的《金虏图经》，楼钥《北行日录》，范成大《揽辔录》以及《金史・地理志》中的相关记载，原文见附录。

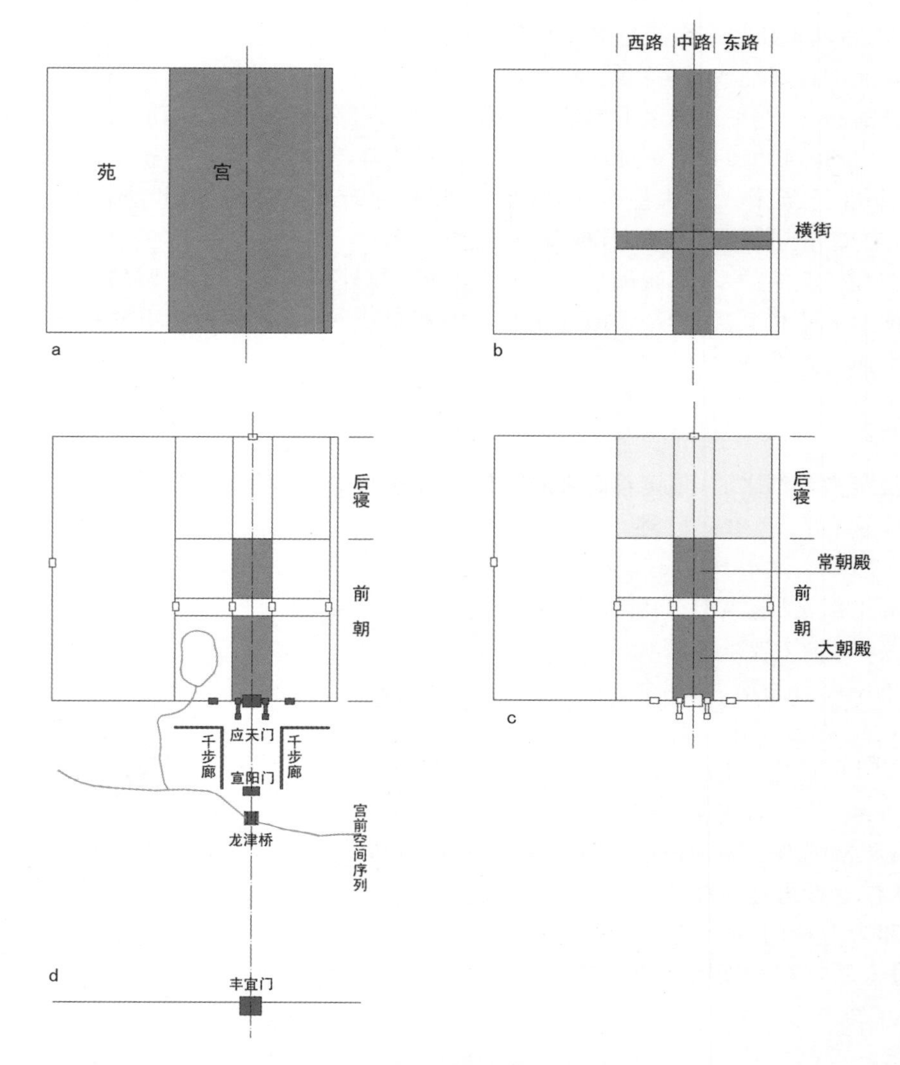

图 3-5　金中都宫城空间结构分析

一般都认为海陵模仿北宋汴梁营建中都，具体而言从外城南门到宫城门的宫前空间序列，即从丰宜门经龙津桥、宣阳门、御廊杈子到应天门及左右掖门，是模仿了汴梁从南薰门经龙津桥、朱雀门、御廊杈子、宣德门及左右掖门这一序列。但在宫城内部，金中都的大朝殿与常朝殿的位置关系以及宫殿的数量、功能分工与汴梁宫室都大不相同，关于这一点在下一章还要展开。

3.3　从陪都到首都：中都的政治地位与区位特点

放在区域的大范围来看，中都之所在，无论是作为唐时之幽州还是作为辽时之南京，都因其地处国家边陲，远离政治中心，而只能成为一个边防的重镇，地区性的中心，这种状况至金以中都为首都而有一根本性的改变，中都地区第一次成为一个独立国家的政治中心，并从此开启了北京建都之历程。

这一政治中心的确立首先是一个动态的过程。

熙宗以前金的主要政务是对宋战争及其后统治的建立，在此过程中，云中（属今大同）和燕京由于其地理位置处于东北和中原之间而变得极为重要，并和黄河以南的汴梁一起成为新征服地区的三个统治中心，也正是在这一征服的过程中，燕京控扼南方的区位优势逐渐变得清晰。

在熙宗设行台尚书省之前，金对汉地的统治是以元帅府及汉人枢密院来实现的。从天会三年（1125年）十月至天会五年（1127年）四月的金宋全面战争时期，都元帅府设于上京，但具体事务则由东西两路军的主帅负责，至“天会四年（1126年）六月，统领汉人枢密院的右路军统帅宗望擢任右副元帅，原汉人枢密院改称燕京枢密院；大约与之同时，左副元帅宗翰之下新设立云中枢密院。两枢密院分属左、右元帅府，辅佐两路女真将领治理所占领的汉地政务。原来都元帅府下分兵统领的军事体制，进而发展成为在中原分地而治的军政统辖体制。”（程妮娜，1999）。

黄河以北的地区可以太行山为界，分为两大区域，云中和燕京即分别为此东西两路的统治中心，时人亦以云中、燕京之枢密院为东西朝廷①。傀儡皇帝刘豫则将伪齐的都城建于汴梁。因而，云中、燕京和汴梁成为金新征服地区的三个中心，故在天会十一年（1133年）的科举中“分三路类试，自河以北至女真皆就燕，自关西至河东就云中，自河以南就汴，谓之府试。”②

其后随着左副元帅宗翰权力的扩张与衰落，先有天会七年（1129年）的两枢密院合并于云中及天会十年（1132年）都元帅府由京师迁至云中。待熙宗于天会十三年（1135年）正月即位，三月即将宗翰调回中央，即所谓“以相权易兵权”。在此前后，枢密院也迁回燕京（李涵，1989）。同时，废除了刘豫之后，又在汴梁设行台尚书省，总的来说，仍是云中、燕京与汴梁三足鼎立的局面。

汴梁本就是北宋的都城，在被征服的土地上继续发挥经济与政治中心的作用不足为奇，而燕云地区则在此过程中由辽之边防重镇转变为金人控制新占北宋领土的政治中心，从而显示出其由于地处南北通道而具备的控扼南方（此处之南方指北宋之黄河流域的土地）的能力。

中都作为全国的政治中心地位的确定是在海陵之后完成的。

海陵的迁都当然是确立了中都政治中心地位的关键性事件。迁都的原因陈高华先生在《元大都》中有极简明清晰的阐述③。通过此次迁都，海陵以极端的方式完成了国家发展中心的南移④。对于努力向中原王朝学习的金国来说，今长城一线以北的那些地区无论在政治上还是在经济上，重要性都无法和黄河流域相比拟。此后世宗虽对海陵时的种种政策有所矫正，恢复了会宁府上京的名号，修复了宫殿，但却从未考虑过将都城迁回上京。

世宗即位（1161年）后即改变了海陵的南侵政策，与宋和议，将重心转向国内，金获得较长的稳定发展时期。金国各区域的政治经济与军事各方面在稳定发展中逐渐出现分化。在这一大的区域分化发展的背景中，中都之区位特点亦逐渐显现。

金的国土以今长城一线及黄河为自然分界线，大概可分为三个区域。金以上中下三等区分府

---

① “东路斡里雅布建枢密院于燕山，以刘彦宗主院事，西路尼堪建枢密院于云中，以时立爱主院事，金人呼东朝廷西朝廷。”（徐梦莘，1999；第九册）

② 见天会皇统科举条（宇文懋昭，1986）[508]

③ “其中有政治原因，也有经济原因。从政治上说，金朝与南宋以淮河和大散关为界，北方广大农业区都归于金朝的统治之下。比起辽朝来，金朝的疆域要大得多。金朝的首都上京会宁府，远在东北，对中原农业地区进行统治有很多不便之处。为了进一步加强对淮水以北广大地区的控制，完全有必要将政治中心往南迁移。从经济上说，上京处于松花江流域，土地贫瘠，为了供应统治者和官僚机构的消费，必须每年从华北、中原等农业区征调大批物资。……”（陈高华，1982）[12-13]

④ 不过对于海陵，中都并非他的终极目标，深受汉文化影响的海陵一心希望的是能占据整个中国大陆，从而成为中原皇朝的正统接班人，偏于一隅的燕京是不能令他满意的。贞元元年（1153年）海陵迁至中都，贞元三年（1155年）“即阴有南征之志，乃谋迁都汴京”（宇文懋昭，1986）。“正隆元年冬，修复汴京大内，遣左丞相（张浩）领行台尚书省督其事，……乃下诏，略曰：‘朕祗奉上元，君临万国，属从朔地，爰出幽都。犹跼蹐于一隅，非光宅于中土。顾里道所在，有因有循；权变所在，有革有化。大梁天下之都会，阴阳之正中，朕惟变通之数，其可违乎？往岁卜食相土，宜建新都，将命不虔，烬于一炬。第川原秀丽，卉物丰资，朕夙有志焉。虽则劬劳，其究安宅。其大内规模，一仍旧贯，可大新营构，乘时葺理。’……”（宇文懋昭，1986）[194]。正隆六年（1161年），海陵迁至汴京，并准备大规模南伐。可以想象，倘若海陵没有被弑，并真能“立马吴山第一峰”的话，位于黄河中游的汴梁会取代中都成为金的首善之都。

州，上等府州主要分布在长城以南和黄河以北以东的广大区域之间（图 3-6），这与金史所载之人口的分布规模也大致契合（图 3-7），这说明金的主要经济区域是在黄河以北的地区，即河东南北路、

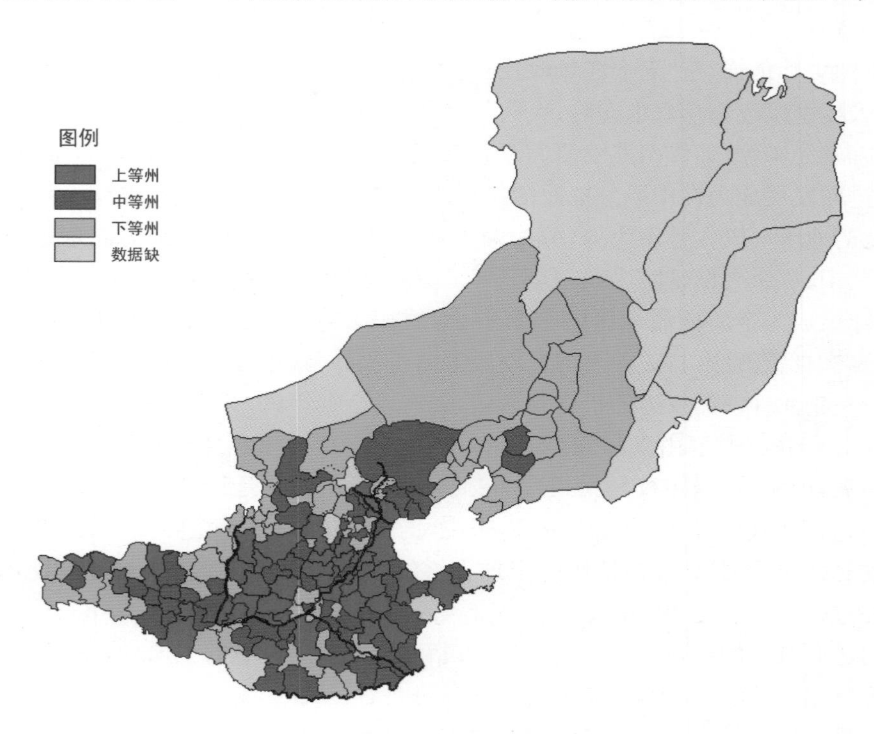

图 3-6　金代府州等级分布图

根据《辽史》相关记载绘制。底图来源：谭其骧，1982：46－58

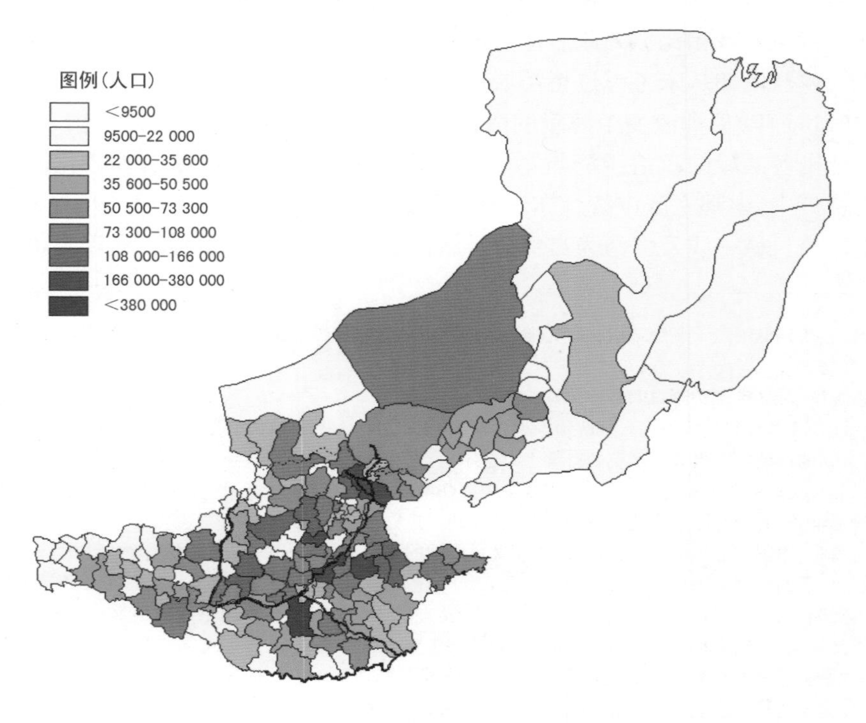

图 3-7　金代人口分布图

根据《辽史》相关记载绘制。底图来源：谭其骧，1982：46－58

河北东西路、山东东西路及大名、中都、西京等路。而中都四十万人口的粮食供应也主要依靠这一地区(韩光辉,1994)。

长城一线以北,是原辽的土地,向来以牧业为主,只有中京是良好的农业区。这个区域,从海陵迁都起在政治上就已经不重要了,而经过金中期的发展,它在经济生活中也已远远次于长城以南、黄河以北的地区。至于在军事,或者说在地缘政治关系上,金统治者显然也从未意识到最后的致命威胁是来自北方,因此金的军事防御重点偏在宋金边界,沿淮河,以及黄河、渭水设置防御州,形成南方的两道防线(图 3-8)。在北边,则主要依靠分布在泰州、应州、桓州地带的契丹人。

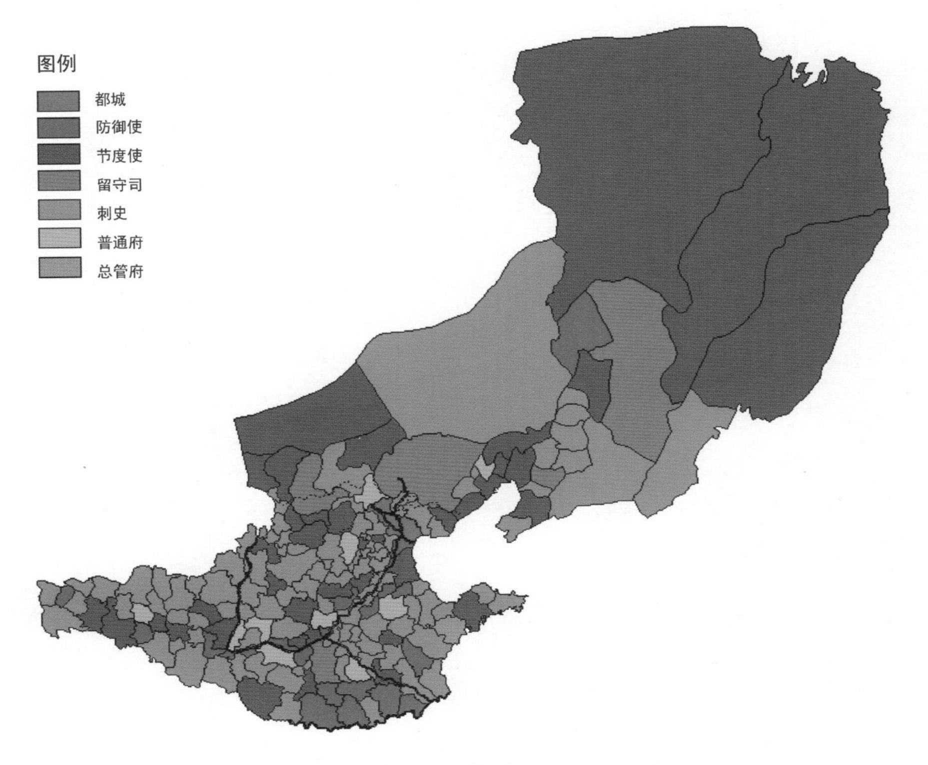

图 3-8 金代府州类型分布图

根据《辽史》相关记载绘制。底图来源:谭其骧,1982

黄河以南的区域,如前所述,靠近宋金前线,黄河以西又与西夏接壤,经济发展受到政治军事条件的制约,这一带无论是府州等级还是人口规模均以中下为主。

由此可见,在金的区域关系中,由于北方地域在发展过程中渐趋次要,中都的区位与其说是沟通了南北,不如说是坐北朝南,其政治和经济上的控制力都是面向南方黄河流域的。金人对这个区位关系也已有着明确的认识,世宗时的大臣梁襄在谏世宗巡幸金莲川疏中即言:“燕都地处雄要,北倚山险,南压区夏,若坐堂隍,俯视庭宇,……亡辽虽小,止以得燕故能控制南北,坐致宋币。……居庸、古北、松亭、榆林等关,东西千里,山峻相连,近在都畿,易于据守,皇天本以限中外,开大金万世之基而设也。”(脱脱,等,1975)[2134]直到元代建立起横跨欧亚的大帝国之后,北京小平原的位于南北农牧交界地带,沟通南北的区位特点才被充分地表现出来,此是后话。

另一方面,相对于金的主要经济区域来说,中都的地理位置是偏于一隅的。金以前的各朝,由于经济重心的向东(即黄河中下游)和向南(长江流域)的转移,主要都城,从长安、洛阳到汴京,离漕粮供应区都有一定的距离,但是各都城的位置都没有离开过主要经济区的黄河流域,并且能形成以都城为中心向四周辐射的交通网。相形之下,金中都不具备这样的优势,它的位置基本上处于漕粮运道的终端,但是它可以凭借其政治地位所获得超经济特权从南方的各路获得滋养都城中庞大消费人口的资源。因而中都的建都同时也开启了中国都城史上政治中心与经济中心南北分离的局面。此后随着元明清各朝对都城位置的继承和经济中心的继续南移,这种分离的模式也就变得越来越明确。

4　元代的两都制

4.1　两都制与时巡

元朝的都城制度以上都与大都并立的两都制为特点。元代两都制的确立过程及其相互关系与辽代的五京体系及金代的一都五京都不同，一方面元代两都制是在忽必烈统治初期就确定了的决策，不像辽金的都城体系都有较长的逐渐形成的过程；另一方面元之两都都是重要的统治中心，既不像辽的五京体系那样与捺钵成为互补的两套系统，也不像金那样仅以一都为首，其余陪都明显居于次要地位。

中统元年(1260 年)，忽必烈即位为大汗，这时候的蒙古帝国与前四汗时期的状况已大不相同，虽然忽必烈即位为蒙古大汗，但是他的实际势力范围已不能达到所有的蒙古汗国，从此以后形成钦察汗国、伊利汗国、察合台汗国与元朝中国并行的局面(图 4-1)(傅海波，崔瑞德，1998)，原先的政治中心哈剌和林显然不能满足农业地区占据了一半的元的统治要求。为此，忽必烈调整了都城的设置。中统四年(1263 年)，忽必烈升"潜邸"开平为上都，第二年，以燕京为中都。在两座都城中，中都(后改称大都)是主要的，上都是陪都。这也表明了元代的政治生活重点是在农业地区，而非漠北兴起之地(图 4-2)。

图 4-1　蒙古帝国形势图　1294 年

底图来源：Mongol Empire at the Death of Kublai Khan，1294.（STAVRIANOS L S，2004）[192]

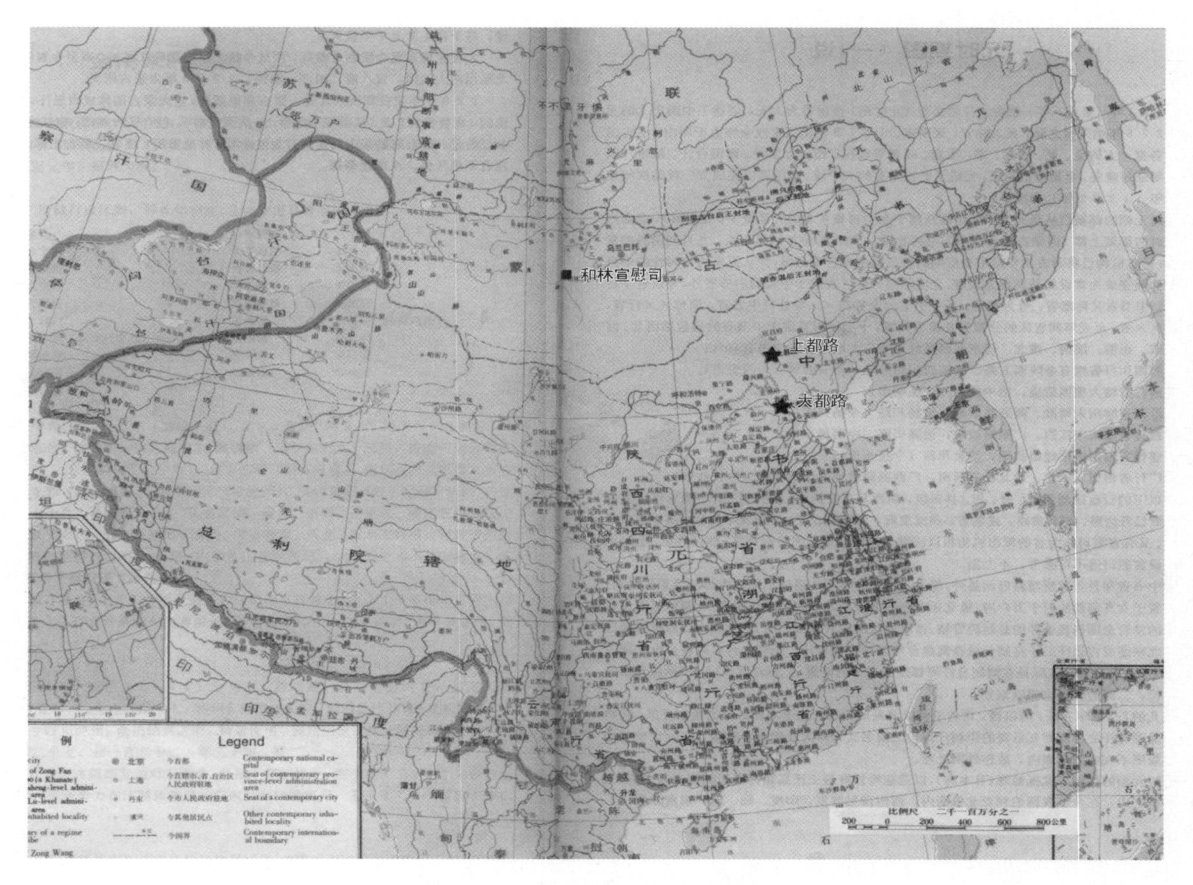

图 4-2　元朝疆域及大都上都位置图

底图来源:元时期全图(一),1280(谭其骧,1991)[57-58]

燕京,早在 1217 年木华黎攻打金国时,就以燕京和大同为进攻的据点,在以后的对于中国北部的治理过程中,燕京也同样是统治的中心,这一过程几乎是金初期燕京扮演角色的重演。等到忽必烈时期,决定以对于定居的农业国家的治理作为国家政治生活的中心时,很自然的,燕京再次被选作了都城,并且最初的名称也沿用了金的名字:中都。其后,在中都旧城的东北建立了一座新的都城,并命名为大都。

开平之成为上都,首先当然是由于这里是忽必烈为藩王时的驻扎地,即所谓"潜邸"所在,但是与金代那些近似于摆设的陪都不同,元的上都在元朝的政治生活中有着实在的不容忽视的重要性。陈高华先生在《元上都》中是这么说的:"上都的气候是理想的避暑场所,地理位置在政治上军事上都具有特殊重要性。上都所在地区是连接漠北蒙古兴起之地与'汉地'的交通枢纽,东西又都是蒙古宗王的封地……从军事上来说,每逢漠北或辽东发生叛乱,大批军队和物资从'汉地'北调时,上都是最重要的集散地。而当汉地发生动乱时,草原的蒙古军队往往先在这里集中,然后南下镇压。"(陈高华,史卫民,1988)[2]

因此,自忽必烈时代起,就形成了元帝每年差不多一半时间在上都(夏季),一半时间在大都(冬季)的时巡制。

出巡的时间,据《析津志》所记:"车驾自四月内幸上都……九月车驾还都,初无定制。或在重九节前,或在节后,或在八月。"(熊梦祥,2001)[205]但实际上,世祖忽必烈从大都起行的时间基本上在(农历)二月,偶尔在三月,从未推迟到四月,以后诸帝的巡幸时间基本上是从三月到九月(陈高华,史卫民,1988)[59]。随行人员,除了帝室、蒙古宗王和护卫军队以外,中书省、枢密院、御史台这三大主要中央机构，以及掌理皇族及蒙古各投下词讼等公事的大宗正府札鲁忽赤（断事官）、负责农田水利的大司农、统管释教僧徒及吐蕃地区的宣政使、掌供帝后饮食的宣徽使以及集贤院、翰林国史院、蒙古翰林院、太常仪礼院、典瑞院、太史院、太医院、将作院等机构的正职官员，都在随行之列。留守大都的通常只有中书省的一名平章政事以及枢密院副使一名（陈高华，史卫民，1988）[59]。事实上整个中央决策机构都一起北上了。虞集亦言上都："大驾岁幸，中外百官咸从；而宗王、藩戚之朝会，朝集冠盖相望……"（虞集，1999：卷 18，贺丞相墓志铭）这一时期，大都和上都之间的驿路通常都很忙碌，因为很多事务需要驰赴上都做决定，而地方事务，比如刑狱处理的周期也受此影响，所谓"十月一日务开，三月一日务停"（胡祗遹，1999）[603-606]。

元代的这种时巡与两都，很容易让人联想到辽的捺钵与五京，但二者之间的相似仅仅是形式上的。在辽代，五京与捺钵是互相独立又相辅相成的两个体系，两种制度。捺钵的地点与五京的所在地虽然有重合的地方，却不是必然一致的，中央政府的所在地随着捺钵地点的转移而转移，也因此辽代的京城，无论是主要的上京和中京，还是作为陪都的东京、西京与南京，在城市布局中，都没有安排固定的中央政府官署所在地。

元代则与此不同，时巡是两都制所带来的结果，时巡本身就意味着是在两座都城之间的周期性迁移。上都留守司的品级与大都相同，其职掌主要就是管理宫廷事务及元帝巡幸的一切事务，而且其主要官员很多由中书省的左右丞、平章政事来兼任。（叶新民，1983）[79-92]都城中也都如中原地区传统的都城一样，集中了中央政府的官署。上都在中统元年（1260 年）即设立了中书省①，位于宫城的南部（陈高华，史卫民，1988）[109]。除此之外，元朝中央政府主要机构都在上都设有分支机构。（叶新民，1983）而大都城中，中书省、枢密院以及御史台等，在刘秉忠的规划中，便早已定下地界，设置周全。

由两都所带来的时巡，由于牵涉到大量人口周期性的迁移，也对大都的城市生活造成周期性的影响。

元帝北巡时，除了王室成员、蒙古贵族，以及为王室服务的机构，整个中央政府都随元帝北上。因而在此期间，大都作为首都的政治功能不再发挥主要作用，这个职能随着时巡的队伍转移到了上都，各地的政务几乎都要驰驿至上都决定。故此《析津志》言："是已各行省宣使并差官起解一应钱粮。常典，至京又复驰驿上京飞报，住夏宰臣多取禀于滦京。两京使臣交驰不绝，声迹无间，直至八月中秋后，车驾还宫，人心始定。"（熊梦祥，2001）[218]大都的宫城也是处于留守状态："太液池……西为木吊桥，……中阙之，立柱，架梁于二舟，以当其空，至车驾行幸上都，留守官则移舟断桥，以禁往来。"（陶宗仪，1997）[256]

在时巡的三月到九月间，大都城中的上层社会几乎都消失了，城中除了留守官员和大都路的地方官员之外，剩下的就只是平民工匠僧道之属。时巡队伍规模庞大，人数众多，鄂多立克在其《东游记》中说"君王出巡时随身通行的人数，那很难相信和想象。保卫君王的那些队伍中的军士数目，是五十土绵（tuman，蒙语之一万）"②，《析津志》亦言有数十万众，虽不确切，但从整个队伍入

---

① "遂于中统元年夏四月戊戌朔，立中书省于上都。"（熊梦祥，2001）[8]

② "大可汗出巡时的次序。现在，这位君王是在一个叫做上都（SANDU）的地方度夏……当他要从一个地方出巡另一个地方时，下面是其次序。他有四支骑兵，一支在他前面先行一日程，两翼各一支，另一支殿后一日程，所以他可说是始终走在十字的中心。这样行军，各支人马都有为它逐日规定的路线，并在其停驻地获得粮草。而他身边的队伍有如下的队形：皇帝乘坐一辆两轮车……车子由四头驯养的和上笼头的大象拉曳，还有四批披戴华丽的骏马。四名诸王并行，他们叫做怯薛，保护和守卫车辆，不让皇帝受到伤害。……

他的嫔妾也按其等级这样出游；他的嗣子亦在类似的情况下旅行。

至于君王出巡时随身通行的人数，那很难相信和想象。保卫君王的那些队伍中的军士数目，是五十土绵……"（耿升，何高济，2002）[83-84]

城从平明一直到晚上来看，其规模还是很壮观的①。因之，从城市市场的角度说，这半年间奢侈品的消费市场大为收缩。“自驾起后，都中止不过商贾势力，买卖而已。惟留守司官主禁苑中贵怯薛者职。其故典，所谓闭门留守，开门宣徽。”（熊梦祥，2001）[218]

直到车驾还都，方才一切恢复原状：

“九月车驾还都……京都街坊市井买卖顿增。驾至大内下马，大茶饭者浃旬。储皇还宫之后或九日内不等，涓日令旨中书或左右丞参议参政之属，于国学开学……”（熊梦祥，2001）[205]

“……是日，都城添大小衙门、官人、娘子以至于随从、诸色人等，数十万众。牛、马、驴、骡、驼、象等畜，又称可谓天朝之盛。上位下马后，茶饭次第，一如国制，三宫亦同，各有投下。宰相数日后，涓吉日入省视朝政，设大茶饭，然后铨选。”（熊梦祥，2001）[222-223]

4.2 上都与大都的建设②

4.2.1 上都

元上都的建设始于宪宗蒙哥六年（1256 年）。蒙哥五年（1255 年），宪宗命忽必烈居于此地，第二年忽必烈即命刘秉忠择地建了一座新城，这是元代在大都之前平地新建的一座城市。其址在今内蒙古自治区锡林郭勒盟正蓝旗上都河镇东北 20 千米，滦河上游闪电河北岸金莲川草原上。

经过考古调查，已可大致了解元上都的主要格局（魏坚，2004）。元上都自外而内有三重城垣：外城、皇城与宫城（图 4-3）。

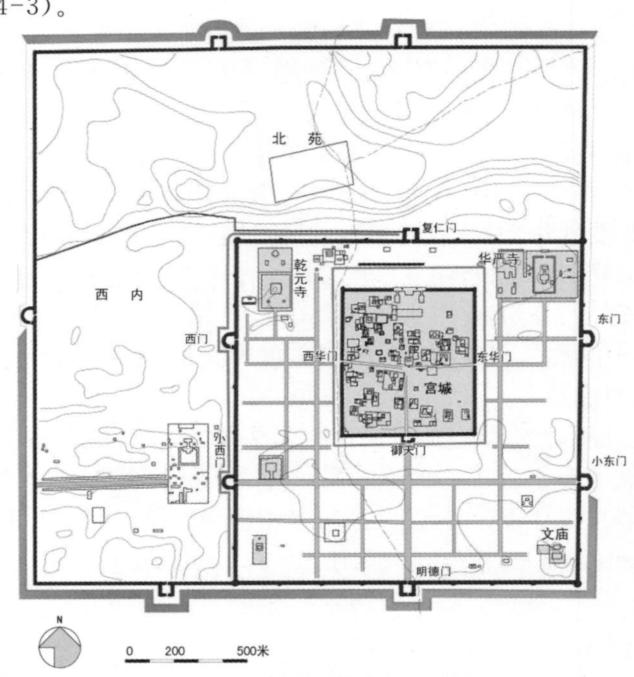

图 4-3　元上都城址示意图

底图来源：元上都城址总平面图（魏坚，2004）[81]，并参照考古数据摹绘

① “上位、储君、正宫俱入厚载门。二后、三后銮舆，一如上仪，于凤池坊南，从西入西宫。自平明入城，比及宫车及宫则晚矣。”（熊梦祥，2001）[222-223]

② 1307—1311 年元武宗还建设过元中都，因其延续时间短暂，且与元大都建设无关故在本书中不予讨论。可参见陈高华（1998）

皇城近方形。东墙长1410米，西墙长1415米，南墙长1400米，北墙长1395米。皇城城垣有六门，南门明德门。东西城门分别为东门、小东门、西门、小西门。北门为复仁门。南北墙正中各开一门，门外为长方形瓮城。东西墙对称各开二门，门外为马蹄形瓮城。皇城四角建有高大台墩，其上为角楼。四墙外侧筑有马面，每面墙六个。西墙和北墙北门西侧有明显河沟痕迹。

皇城内主要街道为联系宫城南门与皇城南门的中央南北大街与联系皇城南部东西二门的东西向大街，均宽25米；中央南北大街的东西两侧各有一条宽15米的南北向大街。街道分布基本对称。

皇城四隅分别有四组建筑，东南角孔子庙，建于至元间（1264—1294年），扩建于皇庆间（1312—1313年）。西北角乾元寺，东北角大龙光华严寺皆为世祖所立。

宫城为上都主要建筑。东墙长605米，西墙长605.5米，北墙长542.5米，南墙长542米。宫城有三门，分别位于东、南、三墙中部，门外不设瓮城。南门为御天门，东门是东华门，西门是西华门。南门外东西两侧，环绕城门有两排曲尺形建筑。宫城四角建有圆形台墩。环绕宫城四墙外侧，有一条壕沟。

宫城内街道主要为与三门相对的丁字大街。宫城内南北中轴线两侧不对称分布有40余处大型建筑基址（魏坚，2004）[22]。丁字大街正对一座方形基址应为上都主要宫殿大安阁所在；北墙正中为一高大的夯土基址，中间大殿呈凸字形，两侧为向前突出的对称工字形建筑，当为穆清阁。此外大安阁基址东北的大型台基有可能是水晶殿（图4-4）。

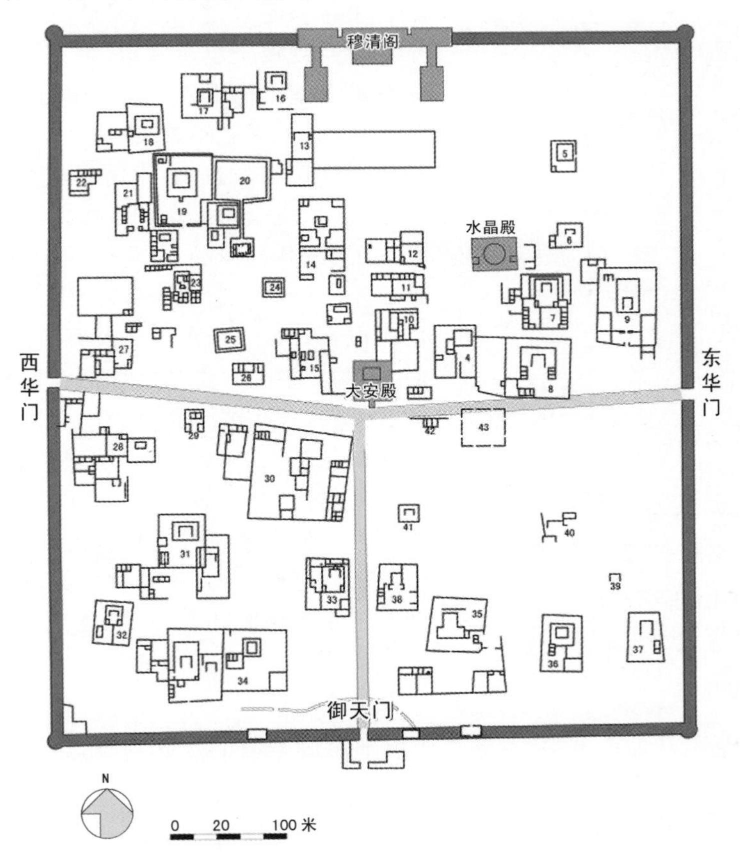

图4-4　元上都宫城遗址图

底图来源：元上都城址总平面图（魏坚，2004）[83]，并参照考古数据摹绘

外城基本呈正方形，除东墙长2225米外，其余三墙皆长2220米。其中东墙接皇城东墙北端向北延伸，长815米，南墙接皇城南墙西端向西修筑，长820米。墙体无马面角楼等设施。自西门北侧225米处，有一基本为东西向的隔墙与皇城北门瓮城西墙相接。外城共有四门，北墙两门，南墙一门，外筑长方形瓮城。西墙中部一门，外筑马蹄形瓮城。外城四周有护城河围绕。外城西门可能叫金马门，南门为昭德门。

外城西部的南侧，有纵横交错的街道和整体的院落遗址。皇城西门外有两条通向外城西门和西墙下的东西大街，其间还有几条南北街道，建筑基址一般分布在靠近街道处。皇城南侧西门外有一处较大院落。外城隔墙北部为一道东西向高岗。①

外城西部的北侧可能即文献所称建有棕毛殿②的西内，为举行"诈马宴"之处；而东西向隔墙以北当为北苑。

上都的布局明显表现出中原城市的影响，宫城中央的主要建筑大安阁，建于至元三年（1266年），即忽必烈即位为大汗之后。国家的重大典礼都在大安阁举行。大安阁与宫城南门及宫城北墙的穆清阁构成明显的中轴线，这种追求中轴线的选址方式显然与仪式化的追求相适应而与其他殿组不同。宫城内部的其他宫殿布局都各自成组，以围墙围起，相互之间并未形成严整的几何关系，也与以大安阁为中心的中轴线无关。皇城外的西内以棕毛殿为主，并保留大片空地以用于帐幕的搭建。这些又体现出浓厚的蒙古特色。

上都城市的另一个特点是，皇城与苑囿占据了城中的大部分面积，同时城外四面都形成了关厢。上都初建时，忽必烈只是一个藩王，不可能以都城的形制与规模来建造城市，城市主要部分都用来为忽必烈的王室机构服务。而城市居民在城门以外的地区发展，形成了繁盛的关厢。

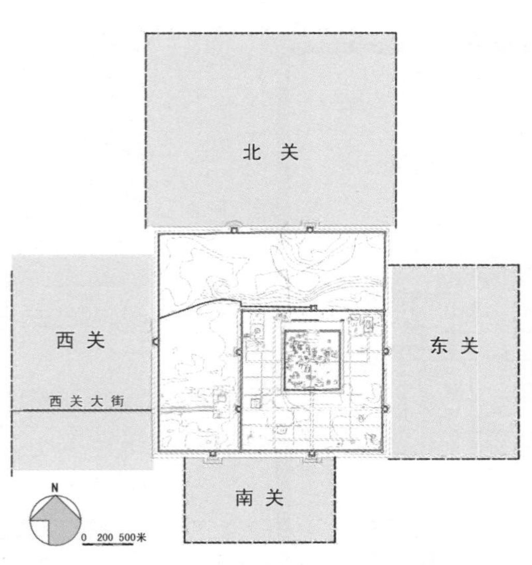

图4-5 元上都关厢范围示意图

底图来源：根据《元上都的考古学研究》（魏坚，2004）相关论述绘制

根据考古发掘，元上都皇城东墙东门和小东门外为东关，东西宽约1300米，南北长约2000余米。南关在元上都南侧护城河以南的闪电河两岸，河之北岸遗迹较丰富。西关遗址分布较密集区域为外城西门向西南。偏南处有一条东西向大街与皇城小西门外大街相对，长约1000米，直通至城西铁藩杆渠旁。北关在外城北墙外，东西宽约2500米，往北近2000米为东西向的龙岗（魏坚，2004）[26-30]。从遗迹遗存判断，西关可能是主要的商业区，设有马市、羊市、牛市、人市；东关北部似为王公贵族、官员和朝觐者帐幕聚集之地，南侧为百姓杂居之地；南关遗址中主要是酒店和客栈；北关有两处驻军院落遗址③（图4-5）。

4.2.2 大都

在蒙哥汗去世后的汗位争夺中，总理漠南汉地军国重事的忽必烈以燕京为军事基地，借助南

---

① 并且根据魏坚的看法，外城应是在上都皇城和城外西关关厢形成之后加筑，可能是为了拱卫位于皇城西、北两面西内和北苑而构筑。

② 研究者一般认为棕毛殿是帐幕形式的宫帐。

③ 见魏坚（2004）[32]，陈高华、史卫民在《元上都》一书中也已经指出上都西关与南关大抵应是平民与商人组成，东关邻近皇城，应与前来觐见的王公将部众安排在此有关（陈高华，史卫民，1988）。

部汉地粮食物资赢得了战争。当其即位之后，欲以中原汉地为其政权的重要依托时，燕京地区在金中都时期所体现出来的连接南北的区位特点及控扼南方的能力再次显现出来，因此，忽必烈一开始就在燕京分立行中书省，至元元年（1264 年），又以燕京为中都，并着手在城中设置中枢机构以及太庙等①。在这段时间中，虽然忽必烈的宫廷通常驻扎在城外的琼华岛，但中都城市实际上履行着都城的职能。

但四年以后，即至元四年（1267 年），忽必烈又决定在中都旧城东北建设一座新城，即大都。这其中的原因，前辈学者都已做过分析，并且以侯仁之先生的水系说最有影响（见第一章）。以当时的情形而论，诚然忽必烈自己每次到燕京都并不住在城内，而是驻扎在中都东北琼华岛的金离宫，而燕京一旦被置为都城，就意味着大量蒙古贵族、军队、匠人以及官吏的涌入，这些人中，蒙古贵族军队都还保留着居住帐幕的习惯，需要宽广的场所，他们带来的大量马匹也还有着一个饮水的问题，在这种状况下，显然建设一座适合征服者居住的新城是明智的选择，这座新城的建设，主要用于安置与征服者有关的新迁移来的人口，因此，在至元九年（1272 年）宣布新城为大都之后十三年，即至元二十二年（1285 年），才又发布关于从旧城迁居到新城中的人的资格的诏书，在其间的十几年中，中枢机构、蒙古贵族、军队与相关的匠人们应该都已经迁入了新城。之后又过了三年，才对大都的街道坊门命名（孛兰肸，等，1966）[2]，表明这时新城中的居民已经基本稳定了。

随着宫殿以及政府主要人口迁往新城，原中都旧城所具有的都城的职能自然被消解，政治中心以及相应的经济活动与文化活动都集中到新城之中，但是旧城并未被刻意的废弃，仍处于自发的生长状态，成为大都新城外围的重要聚落，旧城之中聚集了大量的寺院道观，旧城的居住者主要为平民与未入仕途的读书人（详见下篇）。

大都之修建大致开始于至元四年（1267 年）的正月，先筑城墙，包括皇城墙和外城墙；至元八年（1271 年）建宫城墙；至元十年（1273 年）开始建宫殿。至元十一年（1274 年）建东宫，即隆福宫。至至元二十年（1283 年），城内之修建基本完成（表 4-1）。

表 4-1 元大都修建过程简表

时间		建置管理	城墙	宫殿（宫城）	礼制建筑	中枢机构	寺庙宫观	水利漕运
中统二年 1261	十月		修燕京旧城					
	九月				奉迁祖宗神主于圣安寺	诏以忽突花宅为中书省署		
	十二月			立宫殿府，专职营缮				
中统三年 1262	八月							郭守敬请开玉泉水以通漕运
中统四年 1263	三月				初建太庙			

① 根据《元史·本纪》，中统四年（1262 年）三月初建太庙，至元三年（1266 年）十月太庙成。并且自至元元年（1264 年）到至元十六年（1279 年）间，几乎每年的十月左右，世祖从上都回来之后，都有享太庙的记载，但这段时间中，至元四年（1267 年）以前尚未开始建设大都，而大都的太庙又是在至元十七年（1280 年）才建成，因此这一期间的太庙所指应是在中都城中的太庙。而在大都城中重建的原因很可能是因为原来的太庙修得不好，至元八年（1271 年）九月，至元十六年（1279 年）六月两次发生太庙殿柱朽坏。因此，本纪中关于太庙有至元十七年（1280 年）"十二月，甲午，大都重建太庙成，自旧庙奉迁神主于祏室，遂行大享之礼。"的记载。

续表 4-1

时间		建置管理	城墙	宫殿(宫城)	礼制建筑	中枢机构	寺庙宫观	水利漕运
至元元年1264	二月			修琼华岛				
	八月	改燕京为中都						
至元二年1265	正月	徙匠户炮手赴中都						
	十二月			渎山大玉海成,敕置广寒殿				
至元三年1266	四月			五山珍御榻成,置琼华岛广寒殿				
	十月				太庙成,定为八室			
	十一月							濒御河立漕仓
	十二月			诏修筑宫城				凿金口,导卢沟水以漕西山木石
至元四年1267	正月		城大都	立提点宫城所				
	四月			新筑宫城				
	九月			作玉殿于广寒殿中				
至元五年1268	十月			宫城成				
	十一月		免南京、河南两路来岁修筑都城役夫					
至元六年1269	十月	定朝仪服色						
至元七年1270	二月			以岁饥罢修筑宫城役夫		置尚书省署	筑昭应宫于高梁河	
	六月				立籍田大都东南郊			
	十二月						建大护国仁王寺于高梁河	
至元八年1271	二月			发中都、真定、顺天、河间、平滦民二万八千余人筑宫城				
	五月			修佛事于琼华岛				
	十一月	建国号曰大元						
	十二月					诏尚书省迁入中书省		

续表 4-1

时间		建置管理	城墙	宫殿(宫城)	礼制建筑	中枢机构	寺庙宫观	水利漕运
至元九年1272	二月	改中都为大都				建中书省署于大都		
	五月		敕修筑都城，凡费悉从官给，毋取诸民，并蠲伐木役夫税赋	宫城初建东西华、左右掖门				
	十月					初立会同馆		
	十二月						建大圣寿万安寺	
至元十年1273	三月			广寒殿册皇后与太子				
	七月				以修太庙，将迁神主别殿			
	十月			初建正殿、寝殿、香阁、周庑两翼室				
至元十一年1274	正月			宫阙告成，帝始御正殿，受皇太子诸王百官朝贺				
	二月			初立仪鸾局，掌宫门管钥、供帐灯烛				
	三月						建大护国仁王寺成	
	四月			初建东宫				
	十一月			起阁南直大殿及东西殿				
	十二月						赐太一真人李居素第一区，仍赐额曰太一广福万寿宫	
至元十三年1276	四月				修太庙			
至元十四年1277	七月	榷大都商税			太庙殿柱朽腐，命太常少卿伯麻思告于太室，乃易之			
至元十五年1278	六月							
	七月						建汉祖天师正一祠于京城	
	十月						正一祠成	
至元十六年1279	十二月						建圣寿万安寺于京城	

续表 4-1

时间		建置管理	城墙	宫殿(宫城)	礼制建筑	中枢机构	寺庙宫观	水利漕运
至元十七年 1280	十二月				大都重建太庙成，自旧庙奉迁神主于祏室，遂行大享之礼			
至元十八年 1281	二月			发侍卫军四千完正殿				
	三月					立登闻鼓院		
至元十九年 1282	二月			修宫城、太庙、司天台				
	十一月							
至元二十年 1283	六月		发军修完大都城					
	九月	徙旧城市肆局院，税务皆入大都，减税征四十分之一						
	十月		大都城门设门尉					
	十二月	定质子令，凡大官子弟，遣赴京师						
至元二十一年 1284	三月				太庙正殿成，奉安神主			
	闰五月		以侍卫亲军万人修大都城					
	六月		命枢密院差军修大都城					
至元二十二年 1285	二月	诏旧城居民之迁京城者，以赀高及居职者为先，仍定制以地八亩为一分；其或地过八亩及力不能作室者，皆不得冒据，听民作室						
	七月			造温石浴室及更衣殿				
至元二十四年 1287	十月					中书省旧在大内前，阿合马移置于北，请仍旧为宜。从之		

续表 4-1

时间		建置管理	城墙	宫殿(宫城)	礼制建筑	中枢机构	寺庙宫观	水利漕运
至元二十五年1288	四月					辽阳省新附军逃还各卫者,令助造尚书省,仍命分道招集之	万安寺成	
	五月					尚书省成		置醴源仓,分太仓之麴米药物隶焉
	八月							
至元二十七年1290	正月				造祀天幄殿			
	六月		发侍卫兵万人完都城					
至元二十八年1291	二月			营建宫城南面周庐,以居宿卫之士				
	三月			发侍卫兵营紫檀殿				
	五月			宫城中建蒲(葡)萄酒室及女工室			建白塔二,各高一丈一尺,以居咒师朵四的性吉等七人	
	七月		雨坏都城,发兵二万人筑之					
至元二十九年1292	七月		完大都城		建社稷和义门内,坛各方五丈,高五尺,白石为主,饰以五方色土,坛南植松一株,北墉瘗坎壝垣,悉仿古制,别为斋庐,门庑三十三楹			
	八月							丙午,用郭守敬言,浚通州至大都漕河十有四
至元三十年1293	三月		雨坏都城,诏发侍卫军三万人完之					
	七月							赐新开漕河名曰通惠
至元三十一年1294	四月				始为坛于都城南七里			
	五月			改皇太后所居旧太子府为隆福宫				

续表 4-1

时间		建置管理	城墙	宫殿(宫城)	礼制建筑	中枢机构	寺庙宫观	水利漕运
元贞元年1295	三月						以东作方殷，罢诸不急营造，惟帝师塔及张法师宫不罢	
	闰四月						为皇太后建佛寺于五台山	
元贞二年1296	十月		修大都城					
	十一月		以洪泽、芍陂屯田军万人修大都城					
大德六年1302	五月				太庙寝殿灾。甲子，建文宣王庙于京师			
大德九年1305	正月						帝师辇真监藏卒，仍建塔寺	
	二月						建大天寿万宁寺	
	七月				筑郊坛于丽正、文明门之南丙位			
	十一月	置大都南城警巡院						
大德十年1306	正月				营国子学于文宣王庙西偏			
	八月				京师文宣王庙成			
大德十一年1307	十一月						建佛寺于五台山	
	十二月			命留守司以来岁正月十五日起灯山于大明殿后、延春阁前				
至大三年1310	三月			建兴圣宫			建佛寺于大都城南（大崇恩福元寺）	
至正十九年1359	十月		大都十一门皆筑瓮城，造吊桥					

除了城墙宫殿和官署的建造，为解决大都的供水问题，还进行了一系列的水利工程。主要包括三项①。

① 关于大都水利工程的三段文字引自陈高华(1982)$^{38-40}$。

“一项是至元三年(1266 年),配合大都城的修建,重开在金代已经堵塞的金口的工程。目的是‘导卢沟水,以漕西山木石’,提供建筑材料。……

第二项是金水河工程。金水河是专供宫苑用的水流。它的源头是玉泉山诸泉之水,经过专辟的渠道,流入城内。……

第三项是通惠河工程。由运河和海道漕运的物资,都以通州为终点。如何把通州积贮的物资运到大都,是个很大的问题。……至元二十八年(1291 年),郭守敬在深入考察地理条件的基础上,提出更为完善的新建议。……他的建议得到忽必烈批准,……至元二十九年(1292 年)秋天动工,第二年秋天完工。……通惠河工程完成后,运粮船可由通州直达大都城内……”

作为同一个人主持设计的两座新城,大都与上都的空间格局有着明显的相似之处,都体现出中原礼仪要求与蒙古生活习俗的双重影响,同时在大都的布局中,中原礼仪得到更多的强调。大都宫城的主要殿阁(大明殿、延春阁)保持了规整的轴线,并通过宫前空间序列得到强化,但此轴线对于整个城市并不起到统领的作用。刘秉忠设计建造的大都皇城中保留有大量空地,后来营建的隆福宫与兴圣宫也仍然与上都宫城中的各组宫殿一样,各自用围墙围起,自成一组。

上篇结语　南京—中都—大都

安史之乱以后唐帝国衰落所带来的最大影响是东亚地区政治版图的重组，用句时髦的话来说是由单级政治向多级政治的转化，黄河流域的政权影响力向内收缩，相应的周边地区群雄渐起，东北的辽、金，西北的西夏，到最后是北方来的蒙古人再次将亚洲东部的土地纳入同一个版图中。这个过程带来的一个有趣结果就是原属唐帝国东北边疆边防重镇的幽州地区政治和经济的控制力愈来愈扩张。

在第二至第四章中，我们从横向讨论了各朝代的京城体系以及今日之北京城在体系中的职能地位，同时也对各个朝代的诸京形制作了考察与比较。

大致说来，在辽的五京体系中，南京作为一个重要的陪都，首先由于其地处辽宋边境，在军事上，是与宋对峙的重镇，因此在辽宋之间战争频仍时，它在政治上的重要性也凸现出来，表现在辽帝的多次巡幸上。而当辽宋之间处于和平时期时，它的政治与军事上的受重视程度也就相应地削弱；其次，在经济上，辽南京作为幽云十六州农业地区的首府，又是辽国的重要的经济中心与税收来源。但是，作为陪都，在城市建设上，辽王朝对于南京并没有太多的建树，辽南京城仍然保持了地方城市的规模与形制。

到了金代，虽然也存在一都五京的都城体系，但是陪都的重要性大大下降，中都无论从政治上还是经济上都成为中原传统意义上的封建国家首都。相应地，国家也投入了大量的人力物力用于都城的建设，不仅扩展了城市的规模，而且城市的组成布局也完全按照中原都城的方式来建造。

至于元代，由于疆土的跨越南北，因此采用了两都制，并相应地采纳了半年上都半年大都的时巡制度，两座都城中，大都是首都，不仅如金时的中都一样动用了国家的资源来建设城市，而且建造了一座规模空前的新城用于容纳征服者们。

在此基础上，这一部分试图从纵向比较辽南京到元大都之间的变化。首先讨论从南京到中都到大都的政治角色的调整，其次讨论这一过程中整个区域的经济体系的重组，最后再将各时期的城市放在都城史的脉络中略加考察。

一、政治角色的调整

在城市的变迁中，定都无疑是具有决定性意义的事件。

从辽南京到金中都，今北京地区在区域中的地位经历了一个质的变化。简而言之，是城市角色从陪都到首都的变化。

作为陪都，南京的影响力始终只是地区性的。无论是统治还是税收区域都只限于其直辖的南京道。

入金，特别是海陵以后，随着国家南部疆土的扩展、国家在周边地区政治地位的上升、中央集权政府的组织，以及政治中心的南移，今北京地区作为大金国的首都，都城的独尊地位也随之确立。金中都的地理位置在金的区域关系中，表现出倚北控南的特点，同时也是政治中心与经济中心南北分离的开端。同时该地区位于农业地区和游牧地区交界地带的政治与军事上的重要性也逐渐显现出来，而这个特点或者说优势在金以后的各代中不仅被继承，而且越来越强化。

而从金中都到元大都，中都时期已经表现出来的这些特点都被大都所继承，两者之间的差异主要是由国家的领土范围与实力的差异所造成。元代疆土空间扩大，同金代相比，向南占据了长江以南的地区，自唐末以来再一次重新统一了中国，向北则占据着广大的漠北地区。蒙古国在疆土拓展过程中的东征西讨，以及从蒙古四汗时期就开始的与欧洲基督教国家的接触，都使蒙古国成为在世界上具有威慑力与影响力的帝国，在欧亚许多国家的历史中留下了痕迹。同时元朝对外交往频繁，国家本身也包容了多种民族文化和宗教。这种多元性与国际性，以及国家的军事与政治经济实力，也使得帝国的首都大都聚集了来自欧亚各国的商人、使者。不同民族、不同文化、不同宗教聚集在一个城市之中，大都城成为名副其实的国际性大都市。

二、经济体系的重组

在北京小平原的内部，自汉代以来，经过经济开发以及与帝国东北边境的辽东地区的关系的变化，在今北京的南与北各形成了一个较为重要的聚落，北京北部的地区在历史上多以军事为主，北部昌平是通往居庸关的必经之地。自三国魏设鲜卑校尉时起，始终是北京北部的军事重镇。而南部的良乡，则是过永定河沿太行山东麓进入中原大道的第一个据点，同时由于良乡所在资源较为丰富，很早就发展出较为繁盛的农业聚落，汉在此置县即称人物俱良，故称良乡。

金元时期伴随着政治版图的重组，北京小平原内部的经济关系及其在整个区域中的经济地位与职能都起了变化。

首先是都城东部的通州的重要性的显现。在国家中水路和陆路的交通都会以都城为中心加以组织，而人流和物流也会向都城集中，在金灭北宋以前，江淮以北的这个中心是汴梁。金代以燕京为中都之后，人流和物流自然也向着京城集中，中都所需要的粮食大量依靠南部各路（中都以南）的供应（韩光辉，1994），除了漕粮，还有所谓商旅贩运，二者多由水路先到达通州（侯仁之，邓辉，1997）[57-60]，光绪《通州志・漕运》言："金都于燕，东去潞水五十里为闸以节高梁河白莲潭诸水以通山东河北之粟"，通州成为运往中都的物资的集散地，金代在通州置有丰备仓、通积仓、太仓①。通州由县升为州也是在这个时候②。这样也导致中都和通州之间物资运输需求的增加，故此金在泰和五年（1205年）改造了中都至通州的运河，即金闸河③。沟通南北的水路的改进使通州地区对于中心城市的重要性凸现。而在更大范围内也逐步演化出以中都为中心，沿各个方向交通路线分布的区域城市群（陈喜波，韩光辉，2008），也为元代的区域发展奠定了基础。

另一方面由于金代的发展重点是在国土的南部，因此中都向北的流通渠道并不重要，同时汴梁也没有失去吸引力，从金代人口分布（参见图3-7）可以看出，在金的领土上，中都和汴梁是一南一北的两个中心。

入元以后的主要变化，一个是城市涉及的经济规模迅速增大。元代的统一使得辽金以来南北物资第一次可以畅通无阻的流通，同时元代版图也空前扩大，北方草原和西亚地区的人和物同样

---

① 见民国三十年（1941）高建勋等修，王维珍等纂.（光绪）通州志.铅印本。

② "汉置此为路县，……金改燕京为中都路，置大兴府，此属大兴，天德三年改黎阳之通州为（水睿）州，以此县升为通州，领潞三河二县。潞为附郭。"（高建勋，王维珍，1941）

③ 漕运："……然自通州而上地峻而水不流，其势宜浅舟胶不行，民苦路（车奂），世宗之世议者请开卢沟金口以通漕运，后役众数年迄无成功。…大定四年八月世宗出近郊见运河堙塞，招户部侍郎曹望之责曰，有河不加浚使百姓路运劳甚，罪在汝等，朕不欲即加罪，宜悉力使漕渠通也。五年正月诏兴工浚治。…泰和初，翰林应奉韩玉请开通州潞水漕渠船运至都，又近侍局提点乌古论庆寿议开漕河，四年诏庆寿按视河成，赐赉宠之。"（高建勋，王维珍，1941）

向着大都城集中，从城市人口的变化中可以看出大都城所涉及的经济规模的扩大："至泰和七年(1207年)中都城市和中都地区总人口分别增加到40万与161万人。元代，忽必烈即位，迁都中都之初，即有大批军队、官吏、工匠迁入中都。在大都新城竣工之后，更多地'迁居民以实之'，使大都城市和大都地区户口迅速膨胀起来。至元七年(1270年)中都城区11.95万户，42万人；十八年(1281年)大都城市达21.95万户，其中新城7.95万户，南城(中都城)14万户，总人口88万人；泰定四年(1327年)21.2万户，93万人。大(中)都地区总人口，至元七年(1270年)18.4万户，62.8万人；泰定四年(1327年)达49.8万户，221万人。"(韩光辉，1994)①

北京地区自古以来即处于南来北往大道的交汇点的位置："向西南，沿着太行山东麓南北一线高地，可达中原各地；向西北，穿过居庸孔道，可上蒙古高原；向东北，出古北口可去燕山腹地；向东，紧傍燕山南麓，经喜峰口或山海关，便抵辽西、辽东各地及以远。"(侯仁之，唐晓峰，2000)[353](图Ⅰ-1)。元朝建立以后，作为一个庞大帝国的中心，陆路和水路系统都以大都为中心重新调整并建立起来，人流和物流随着这些交通路线向大都集中，同时又以大都为集散地向外流动，由此，以大都为中心，以交通路线为轴，渐次形成一个新的与全国其他地区相联系的经济区域(图Ⅰ-2)。大都在这新的体系中承担着消费与集散两种功能。

水路方面，除了继承金代的体系，元朝最重要的是大运河的开通以及海运航线的开辟，这使得南方的物资可以较便捷的方式输入大都(图Ⅰ-3)。

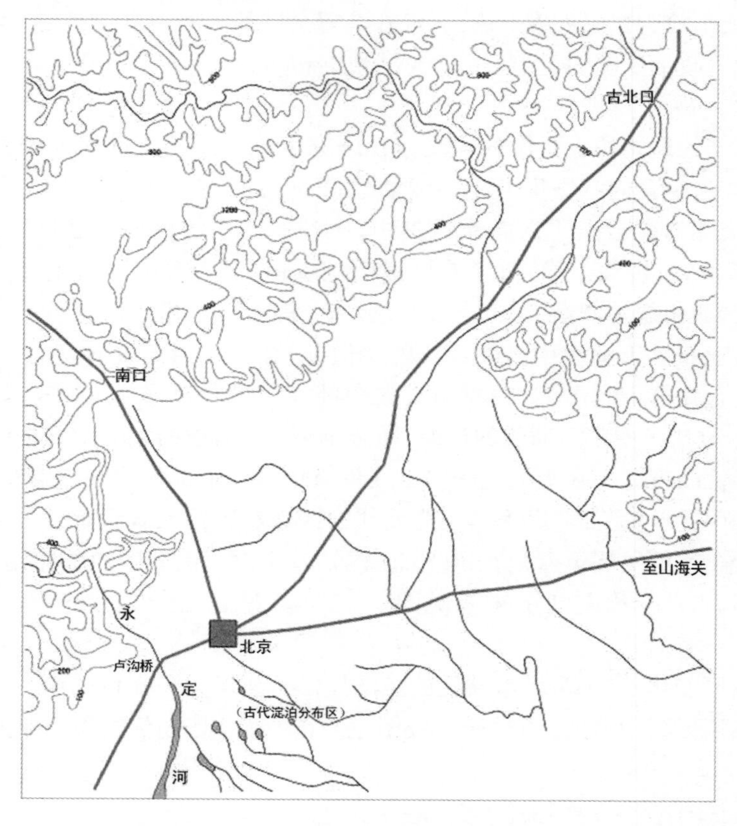

图Ⅰ-1　北京小平原古代大道示意图

引自：侯仁之，唐晓峰(2000)[29]

① 关于北京历史人口的更深入具体的研究可参见韩光辉(1996)

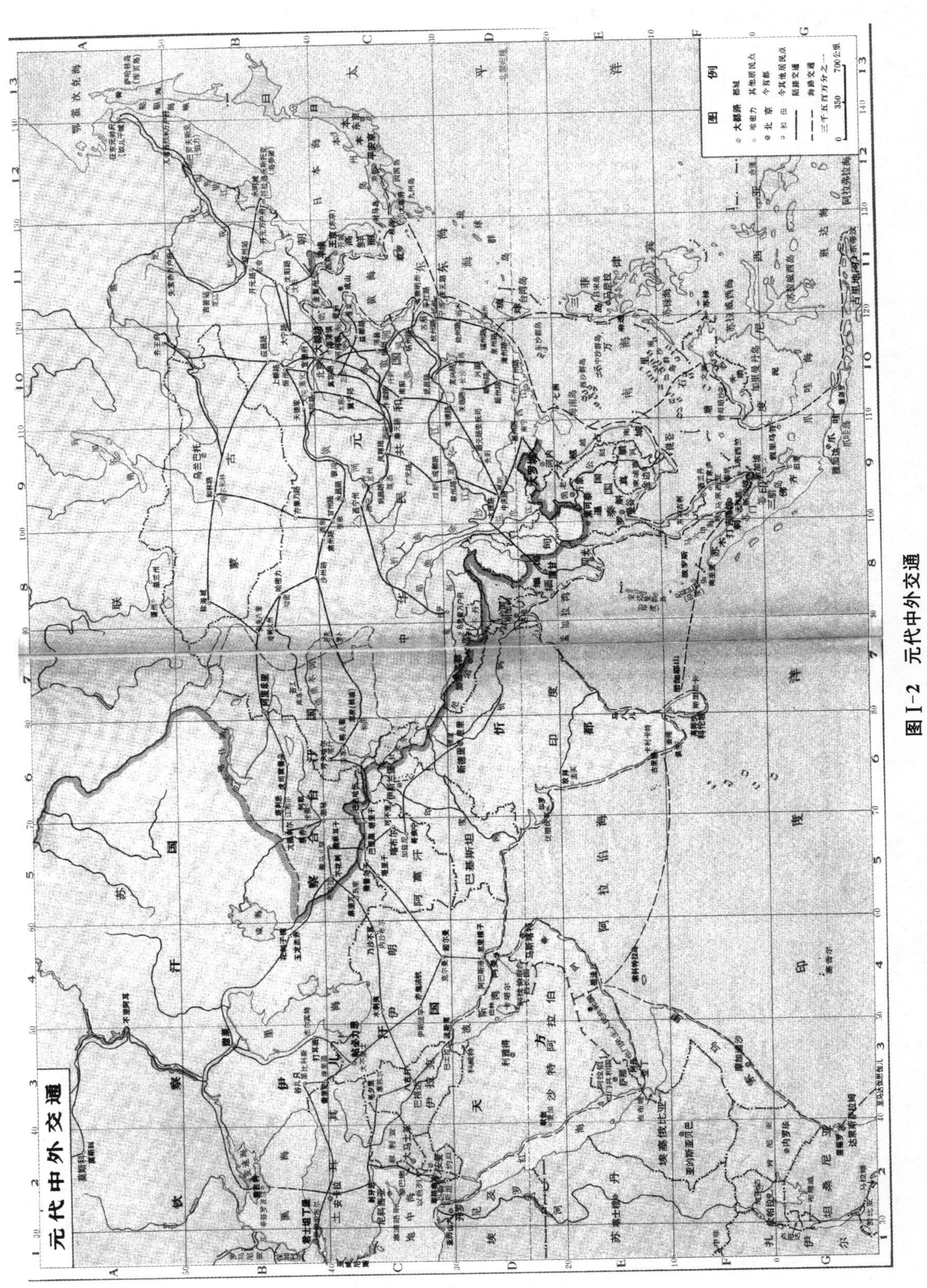

图Ⅰ-2　元代中外交通

引自:郭沫若,1990:67－68

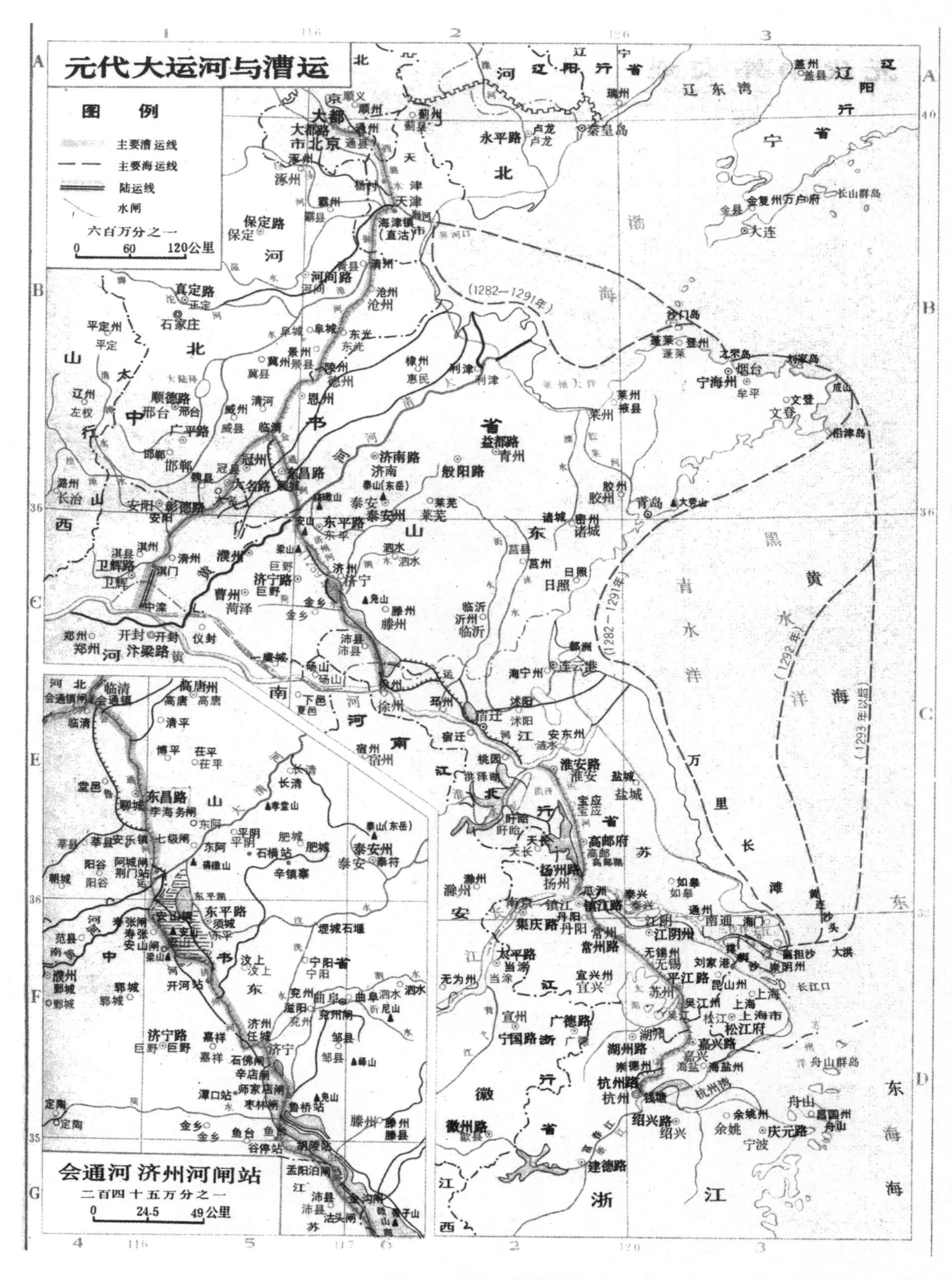

图Ⅰ-3　元代大运河与漕运

引自:郭沫若,1990:66

陆路方面，从大都往四方去的驿站有(熊梦祥，2001)[122-124]：

东路："大都西东四十里至通州，六十里夏店，一百蓟州，一百二十里至此分四路：一路正东至遵化，转东北至北京。一路东南至玉田，东北行至永平，正北至北京。一路东北行八十里遵化……"

北路与西路："大都正北微西昌平，西北八十榆林，西行至统幕分二路：一路北行至上都，一路西行至雷家站……大同"

南路："大都西南七十良乡，六十涿州，七十定兴，六十见白塔，六十五保定，至此分为二路：一路西南行九十由庆都至真定。一路正南行由蠡州至大名……"

元时大都周围这些四通八达的驿路不仅继承了前代的大道，更使得辽东、漠北和中亚、西亚地区的物资可经此地而流通。朝鲜时代的汉语教科书《老乞大》中便描述了东北之高丽商人贩马至都城，然后换成各种小商品回去的情节(汪维辉，2005)[1-50]。

漠北地区是蒙古帝国的重要组成部分，特别是上都地区，除了平时的需求，在接待庞大的时巡队伍时，上都所需粮食与日用品大多必须依靠通过大都地区转运的漕粮及商旅贩运。有元一代，从大都往北的交通线除了主要的西路与北路的驿路，还增添了辇路等多条交通路线(图Ⅰ-4)，直接促进了大都北部地区的开发。

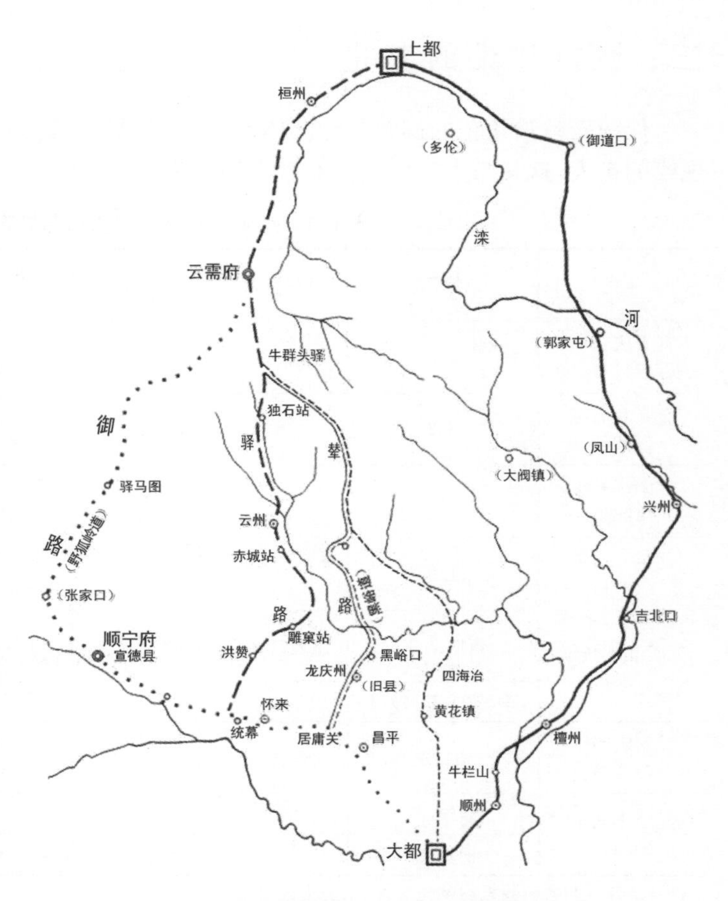

图Ⅰ-4　元大都与上都间主要道路略图

引自：侯仁之，唐晓峰，2000：364

沿着这些交通线的驻跸之地如黄堠店也发展成为集镇。

开通大运河后，东部通州的重要性更为明显，海运和河运的物资都先集中到通州，元在通州设有十二座仓廒，相比之下金代在通州只设有三座仓。至元十三年(1276年)所开的坝河，以及至元二十九年(1292年)的通惠河工程，都是为了解决通州与大都之间的运输问题(蔡蕃，1987)[39-41,120-122]。而陆路方面良乡是大都向南的第一个重要驿站，在大都地区的重要性也日益突出。

另一值得指出的现象是，在城市周边驻扎的宿卫部队所形成小规模聚落，其生活资料都要依赖周边的乡村与城市地区，因而也成为以大都为中心的区域经济网络的一部分。

阎复的"故荣禄大夫平章政事王公神道碑铭"记：

"……十六年，进侍卫军都指挥使，肇建威武营都城之南。先是，卫兵至京师，侨寓民间，靡有定居，公相近郊隙地，起庐舍，画井邑，规为屯田，俾安耕凿……资食有仓，以足军储；康济有局，以备医疾；浚渠通漕，以来商贾；僦屋取值，以佐兵须……"(李修生，1999)[296]

总的来说，在从辽南京到金中都再到元大都的这一进程中，随着政治地位的不断上升，这座城市在经济上所联系的地域也不断扩展，影响遍及大漠南北；同时在北京小平原的区域内，以大都为中心，以水陆两重交通系统引导人与物的大量流动，从而带动了周边集镇的发展，组织起一个由都市到集镇的经济网络。

三、城市建设的变化

伴随着政治角色的调整与经济体系的重组，城市建设的变化首先、也是最明显的表现为城市规模的扩大，这又与人口的增长有着密切关联（表Ⅰ-1）。

表Ⅰ-1　辽金元时期都城人口与城市居住面积表

年代	户数(万)	口数(万)	坊数	面积(平方千米)约等于	户均占地(m^2/户)	平均每坊户数
辽天庆三年(1113)	2.5	15.8	26	7(减去辽皇城)	280	961
金泰和七年(1207)	6.2	40	62	17.7(减去金皇城)	285	1000
元中统五年(1264)	4	—	—	20.2(未减去皇城)	505	—
元至元八年(1271)	11.95	42	—	20.2	169	—
元至元十八年(1281)	新城 7.95	总人口 88 万	50	52.5(减去皇城和海子)	660	1590
	南城(中都城)14	—	—	20.2	144	—
元泰定四年(1327)	21.2	93	—	—	—	—
元至正九年(1349)	新城 10	—	72	52.5	525	1388
	旧城 10	—	—	20.2	202	—

注:1. 各时期人口数根据韩光辉《北京历史人口地理》；
2. 居住面积指外城面积减去皇城面积以及大都的海子面积；
3. 泰定四年的户数不知南北城的各自的数字，因此无法计算户均面积。

从表中可以看出尽管辽南京至元大都，城市的人口与规模在不断增加，但元大都的户均面积仍远高于辽南京和金中都，大都新城的居住密度小于南城（金中都旧城）。辽南京和金中都的户均面积大致相等，也就是说，金中都的扩建面积和定为都城以后的人口增加基本上是成比例的，没有影响城市原来的密度。中统五年（1264 年）是在经过金末战乱之后，至元八年（1271 年）则是在忽必烈以燕京为中都 3 年之后，前者人口骤然下降，后者骤然增加，显然是和这个时期社会政治形势相关的非常态。至元四年（1267 年）规划建设了大都新城，按照至元二十二年（1285 年）颁布的每户允许 8 亩地（元时 1 亩为 240 平方步，1 步合 1.575 米，8 亩约合 4763 平方米）建宅的诏书来计算的话，大都新城按照设计实际只可容纳约 1.1 万户，但从表中可以看到在颁布诏书之前的至元十八年（1281 年）新城中就已经有将近 8 万户，并且此时城中还有空地，可允许南城中人继续迁入，可知所谓八亩并非是大都城中的标准住宅规模①，并且先期进入新城的人口大多数还是财力有限的平民。至正九年（1349 年）以后，新城中有 10 万户，泰定四年（1327 年）的总户数里不知分配比例，

① 姜东城博士（2007）[260-263]对北京后英房元代住宅遗址所做的复原表明主人地位较高，住宅规模达到两路二至三进的其基址才可能占地 8 亩。

但总数和至正九年(1349年)相差无几,似乎此时城市的容量才达到饱和。而户均占地仍然高于中都旧城,故时人称大都城大地广(熊梦祥,2001)[110]。

与都城之职能变化相应的是城市中建筑等级的提高与建筑规模的增加。尤其是从金中都到元大都,变化最为显著。以皇城占地面积而言,金中都与辽南京比,尽管外城面积增大,但皇城占地并无大的变化,都在1.9平方千米左右;而元大都城中皇城占地则增为约5.3平方千米。从陪都到首都,也使得城市中的官署机构大量增加。同时,国家出资建造的国立寺观不仅数量众多,而且都占地广阔(参见图1-9)。

伴随城市人口的增加,都城的政治经济地位变化也导致了城市中人口构成的改变:除帝室及为帝王服务的人员与军队,还有大量的贵族公卿与上层官僚,这批人在大都城中的宅邸构成大都城市景观的重要部分,也造成了大都新城与中都旧城户均占地的巨大差异。

更重要的是,从都城建设史的角度,辽南京到元大都并非是简单的跳跃,而是处在辽上京—辽中京—金上京—金中都—元上都—元大都这样的发展脉络中(图Ⅰ-5)。① 通过对这一脉络中辽金

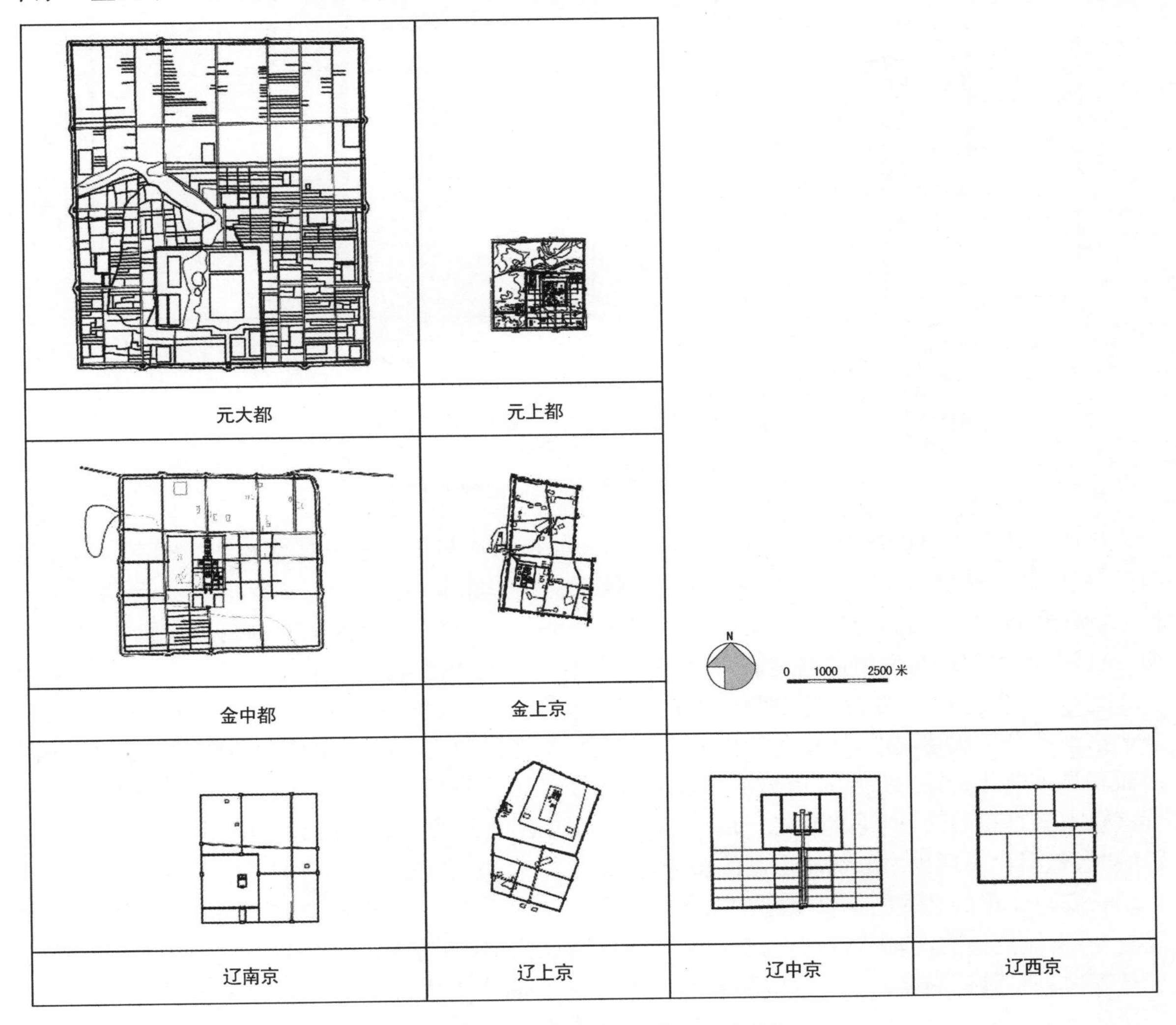

图Ⅰ-5　辽金元时期诸都城比较图

① 辽代的五座都城中以中京较有代表性,从建设的背景来说,辽南京和辽东京因为是在原有城市基础上升为陪都的,所以城市仍然保持了地方城市的形制,因此在此都城序列中不予考虑。

元各都城整体布局特征的分析，我们可以讨论两方面的问题，一是各都城与中原都城的关系；二是各都城前后的影响与继承。

自辽中京起，可供游牧民族政权参考的中原都城主要是隋（大兴）唐长安与北宋汴梁（图Ⅰ-6）。长安为先设计后建造的都城。分为宫城、皇城与外城，宫城与皇城居于整个城市北侧，且北墙与外城北墙重合；御苑在宫城北，兼有防卫宫城的功能；宫城、皇城的中轴线也是外城的中轴线；宫城南门南侧和皇城南门南侧均有东西向大道与城市道路相通，并与从宫城南门向南延伸的中央大道构成T字形的道路骨架；除此之外各城门内均为主要城市道路；城市居民管理采用封闭式的里坊制，棋盘式的道路网将城市划分为整齐的里坊。

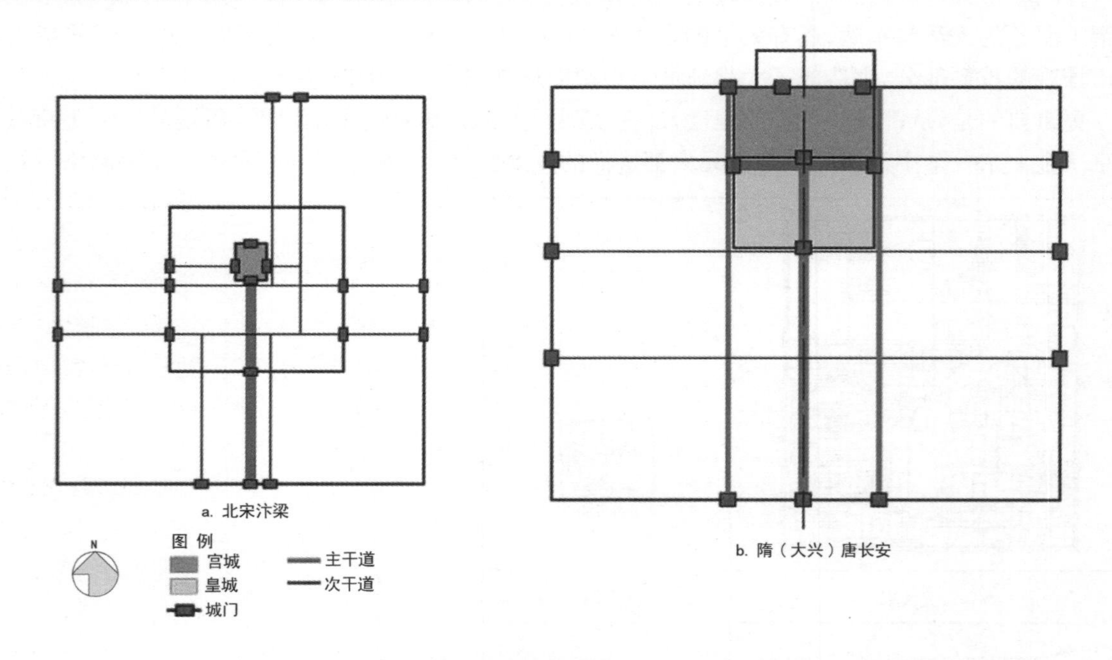

图Ⅰ-6　长安汴梁城市空间结构示意图

汴梁由地方州城扩建而来，不规则的城市形态与街道均与这一建设背景有关。城市分为皇城（宫城）、内城与外城三重城①，三城相套；御苑（艮岳）位于东北，已转变为纯粹的供游玩的皇家园林；皇城南门宣德门前向南为宽阔的御街，并直通外城南门，宣德门前的东西向街道与御街成T字型；皇城东西二门均与城市道路相通；其余各门之间也有干道相通。

辽金元三代初期的都城，特别是辽上京与金上京，一方面城市的整体布局较不规整，辽上京和金上京都不是一次建成的，城市分为南北二城，而且都还保留着一些本民族的习惯，如城市朝向西南而不是正南北；另一方面，在宫城的布局上部分模仿了中原都城礼仪性的中轴线，比如辽上京尽管宫殿本身是东向的，但仍然修建了南向的宫门以符合中原的礼制。而到了中期，或者兴建主要都城时，就明显表现出中原都城形制的影响（图Ⅰ-7）。

长安与汴梁的某些特征都在辽中京的城市结构中有所体现，辽中京皇城在北部、宫城皇城北墙重合；皇城的南北向轴线，同时也是整座城市的南北向轴线；外城部分是整齐的里坊等特征都近于长安城；而外城、内城、皇城三重城墙；外城和内城之间中央大道两旁有廊舍及沟渠等特征又近于汴梁。

① 北宋汴梁是否存在宫城、皇城二重城，以及两者之间关系如何，研究者之间尚存在分歧，可参见《北宋东京皇、宫二城考略》（刘春迎，2004）[216-226]。这个问题还有待通过考古发掘得到进一步的线索。

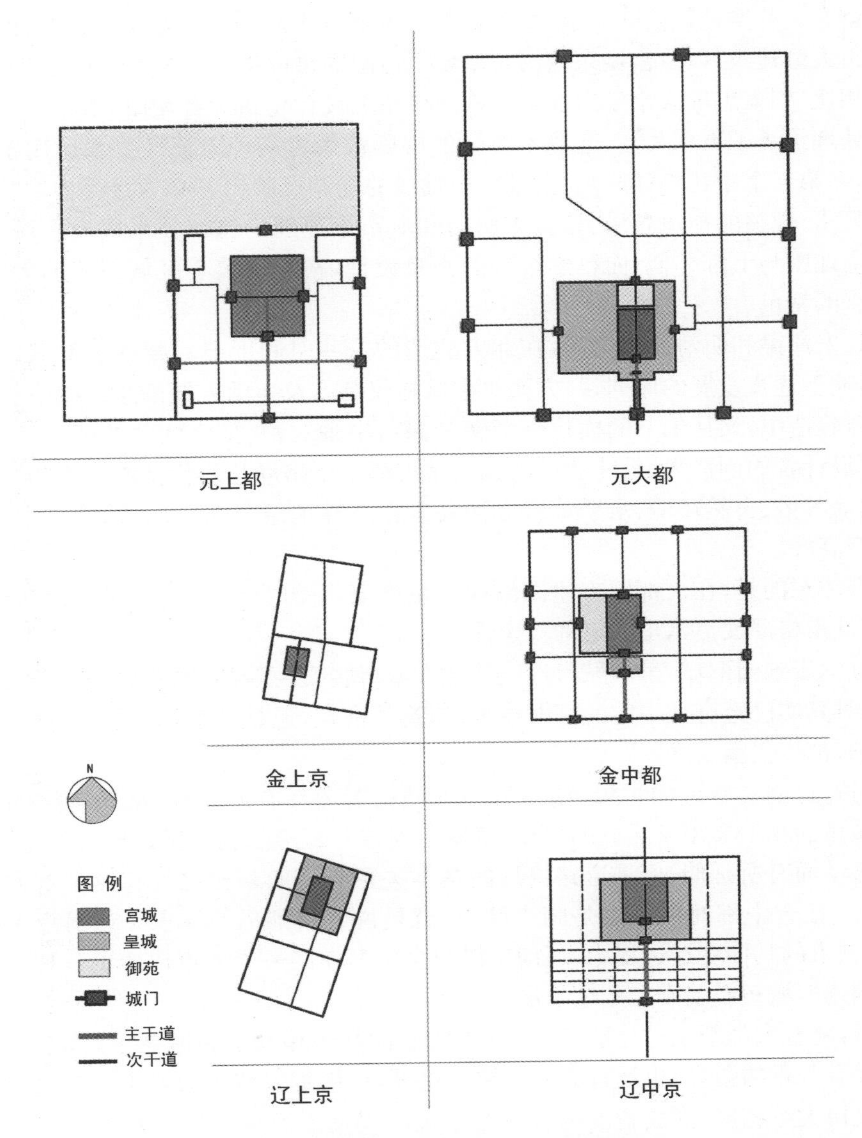

图Ⅰ-7　辽金元时期主要都城空间结构示意图

在辽南京旧城基础上改扩建而来的金中都既模仿了中原的长安与汴梁，也对金上京有所继承。其宫室分为东中西三路的格局继承了金上京的布局方式；宫城南门至外城南门之间的序列处理则来自对北宋汴梁的模仿；宫城东西门与城市干道相通也近于汴梁；而城市宫城南门外东西大道与宫城南门至皇城南门间南北大道形成的T字形广场近于长安，但与城市主干道的关系则近于汴梁，因而可说金中都宫城前的道路格局综合了长安与汴梁的特点；最后城市整体格局中三纵三横的道路网以及里坊的划分也还体现出长安的影响。

刘秉忠主持设计建造的元上都从发掘遗址看也有三重城，发掘资料称之为宫城、皇城与外城，但根据考古资料，外城很可能为后来加筑，因此刘秉忠设计的主要是宫城与皇城（魏坚，2004）[23-24]。其整体格局与前朝之都城并无相似之处，体现的是中原礼制要求、军事防御功能、蒙古生活习俗及刘秉忠个人创造的一种综合。其总体布局严整对称，宫城居于北侧中央，宫城南门御天门和内部主要殿阁大安阁、穆清阁也都沿南北轴线布局，这些都体现出对中原礼制的理解；而宫城内不同时期建造的殿宇布局既不规整，且都各有院落自成一体；此外城内大量宗教建筑的建造以及皇城外西侧的西内留有大片空地供搭建帐幕；这些特点又可从蒙古族的生活习俗中找到渊源。而在皇城四角布置四组大型建筑，以及宫城东西门与皇城干道间的错位关系都为上都独创。

和上都相比，刘秉忠等人十年后在金中都旧城东北设计建造大都城时，对于宫城、皇城及宫城轴线的序列处理给予了更多关注，起源于汴梁的御廊被作为某种象征性要素运用于宫前序列（关于这个问题，在第五章中还将详述）。这种对中轴线的强调反映出忽必烈接受中原礼仪制度，以汉法治汉地的策略；规整的街道布局、皇城东西门和城市干道间的错位关系以及宫城北侧的御苑和西侧的大片空地则与上都相似；而科学合理的水系设计，在城市核心区域保留的大片水面显然都是大都所独有的特色。

因此在长安汴梁和明清北京之间，在北方建造的这些时间上前后相继的都城，显示出一个在长安、汴梁影响下逐步发展的序列，一方面对中原礼仪制度及生活方式的接受始终贯穿于其中；另一方面在具体建造中，又从细节的模仿逐渐转为保留中轴对称、坐南朝北的朝向等关键要素的同时，充分发挥设计者的创造力，最终建设而成的元大都城市格局与前代都城均不相同，它将中原礼仪、蒙古的生活习俗、自然环境、水系等各方面要素创造性地结合在一起，达到了中国古代都城规划史上的一个高峰。

此外值得注意的是，在大都城市建设出现一系列变化的时候，延续了辽南京和金中都城址的中都旧城，其城市格局又显示出一定的稳定性。

辽南京继承唐幽州旧城，虽然城市性质从地方城市转变为陪都，也在原来的子城范围内（即皇城，在刘仁恭时其实已经有了一定的宫殿建设）建筑了宫殿，但是城市的主要部分，包括道路格局、街坊以及市场，都一仍幽州之旧。

金中都时对辽南京城垣的扩展，使皇城与外城位置关系有所改变，从居于一隅，变为位于中心。扩大的城市面积主要用于居民的居住，京城隙地被分配给随朝官员。城市的主要道路随着外城门位置的移动而有所延伸，但是道路格局的基本关系与辽南京相比没有发生重大变化，辽南京旧城的市中心，在金中都时期仍然是闹市区，也就是说金中都仍然继承了辽南京主要城市格局。总的来说，在城市的具体变迁过程中，辽南京以及金中都在同一个地点形成了一种层叠，或者更确切地说在唐幽州旧城核心基础上延续发展。

入元以后，随着大都新城的建造，都城的主要职能都转移到了新城之中，对于原中都的旧城，元统治者既没有刻意的毁弃，也没有刻意的加以建设，结果是旧城区仍处于自发生长的状态，旧城与新城中的人口大致相当，形成新旧两城并行发展的局面。但从户均占地面积看，中都旧城显然比大都新城拥挤。旧城之格局，除了金时皇城内的土地被渐渐侵占，城墙与城濠被废之外，其余主要市区仍然是辽金以来的延续。

下篇　剖　面

——关于城市诸空间体系的解读

5 关于帝制的空间技术——建筑、礼仪与空间秩序

辽金元三代本为游牧民族，都有一个在征服中从部落到国家的转变过程，在此过程中，他们学习了中原封建王朝的政权组织方式，也学习了相应的都城制度。就物质形态而言，都城制度的核心在于中央机构的长期驻扎，在于宫、城与礼制建筑这一套象征帝制的空间序列的存在。前者关乎具体的管理国家的方式，后者则意味着指导国家的一套政治规范与礼仪制度。而在都城的发展过程中，这一序列也是较为稳定的一个组成部分。因此，研究辽金元三代的都城，这种制度上的模仿所带来的与中原都城城市形制的异同是首先应该加以考虑的。其次，生活方式的差异所带来的影响在都城制度中也会有所反映。

如前文所述，辽南京作为陪都，基本承继了原来的幽州城，并未进行大规模建设，而且辽代的京城也还不是中原意义上的集中式都城，因此本章主要考察的是金中都与元大都。对于宫室制度、中枢机构及礼制建筑这几个要素，先分别讨论相关问题。最后再将其作为一个整体，置于国家礼仪的背景及城市的尺度中加以考察。

5.1 宫室制度

5.1.1 金中都宫室及其与前朝宫室制度的关系

1) 金中都宫室格局

有关金中都宫殿制度的文献记载主要见于宇文懋昭《大金国志》的“燕京制度”、张棣《金虏图经》、楼钥《北行日录》、范成大《揽辔录》、周辉《北辕录》以及《金史·地理志》。徐苹芳已证明《事林广记》中所载金中都图为南宋人根据楼钥和范成大的记载所绘(徐苹芳，1995)。1950年代与1990年代的考古调查与发掘对金中都宫殿的范围及主要建筑也有重要发现(图5-1，图5-2)(阎文儒，1959；齐心，1994；北京市文物研究所，1994)。

根据崔文印的研究，《大金国志》卷1至15的帝纪及典章制度各卷所记下限截至海陵正隆伐宋失败(宇文懋昭，1986)，因之所记燕京制度当为海陵迁都不久的制度。《金虏图经》被收录于《三朝北盟会编》，文中记内城南门由通天改为应天，根据《金史·地理志》，此门改名是在大定五年(1165年)，因此《金虏图经》记事的时间不会早于大定五年。但《金虏图经》中关于金中都宫殿的文字与《大金国志》基本相同，似是参照了《大金国志》的记载，或者是二者来源相同。

《大金国志》和《金虏图经》对中都宫殿的记载相对较为简略：入外城丰宜门后有龙津桥，桥北为宣阳门。入宣阳门有文楼武楼，文楼之东为来宁馆，武楼之西为会同馆。文武楼再往北为东西千步廊。千步廊东有太庙，西有尚书省。千步廊往北为内城(即宫城)。宣阳门三门道。中门只有皇帝车驾出入才开。

内城东门宣华门，西门玉华门，北门拱辰门(又称为后朝门)，南门通天门，通天门东西各有左掖门、右掖门，分别与通天门相距一里左右。通天门五门道。西出玉华门为同乐园。

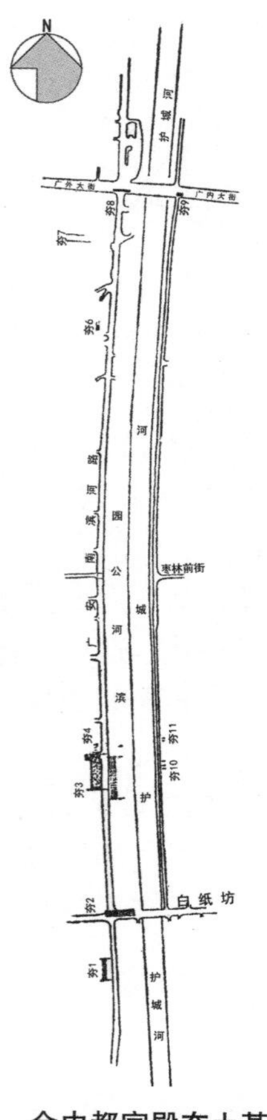

图 5-1　金中都宫殿夯土基址分布

引自:北京市文物研究所,1994:47

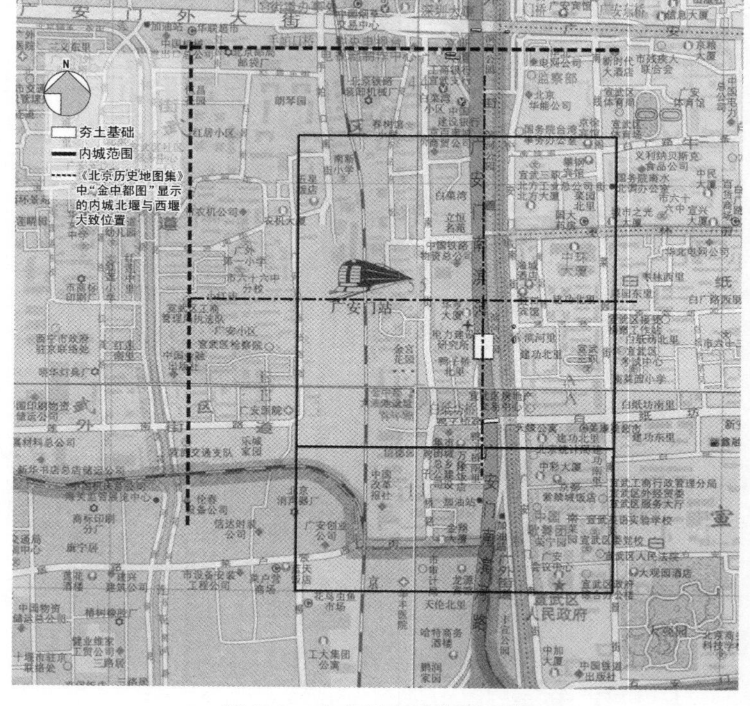

图 5-2　金中都内城范围示意

底图来源:北京市地图册(中国地图出版社,2008)

几种文献里,只有《大金国志》专门记载了内城东、西、北门的名称。而在《金史》中内城东门有称东华门者,也有称宣华门者。玉华门则不见记载。从提及东华门与宣华门的数条记录看,提及宣华门者有正隆元年(1156 年)、承安四年(1199 年)、大定八年(1168 年)、大安元年(1209 年),萧裕亦为海陵中人。提及东华门的最早时间是大安三年(1211 年)。因而很有可能大安元年至三年间,内城东门名称由宣华改为东华,相应地西门名称从玉华改为西华。

范成大《揽辔录》与楼钥《北行日录》均记乾道六年,即大定十年(1170 年)出使时事。所记详于《大金国志》和《金虏图经》。从两种记载中可推断中轴线上主要建筑、构筑物的布局,同时结合考古调查与发掘的成果,也可对主要建筑物的平面规模作出一定复原推测。

中轴线上最重要的建筑物是大安殿、大安殿门与应天门组成的一组院落(图 5-3)。

A. 大安殿

该组建筑包括主殿、朵殿、廊与大安殿门,此外东西还有两座楼。参照金代宫殿的一般配置以及相关记载,主殿后有阁(根据元旦、圣节称贺仪的记载,皇帝在大安殿举行的主要仪式结束后都会入后阁休息进膳),应与主殿连成工字殿形式,但是否就是香阁似还可再探讨①。

文献记载大安殿十一间,朵殿各五间,行廊各四间,东西廊各六十间,中起二楼各五间,东为广

① 参见傅熹年(1998)[282-313],香阁是皇帝退朝后召见大臣议事之处,从使用上说,金中都宫城中主要听政场所是仁政殿或庆和殿,在《金史》中,与香阁有关的条目都出现在世宗、章宗时,同时期日常使用及处理政务的主要殿宇是庆和殿。因而在金中都宫城中,香阁是主要殿宇的标准配置,还是仅属于仁政殿抑或是庆和殿,似都还有进一步探讨的余地。

佑楼，西为弘福楼。大安殿门九间，两旁行廊三间，日华、月华门各三间，又行廊七间，两厢各三十间，两厢中央分别有左右翔龙门，庭中小井亭二。翔龙门前是登应天门的踏道。①

根据考古资料，在今北京白纸坊桥北广安门外南滨河路鸭子桥北里31号楼发现的南北长70余米，东西残长60余米，高度5米，联为整体的夯土基址当为大安殿址；南侧白纸坊西大街与滨河西路交叉口发现的东西向夯土区，残长36米，当为大安殿门所在（北京市文物研究所，1994）。

大安殿为中都宫城中最重要的宫殿，应使用一等材；相应地该组建筑中其他建筑物等级稍低（各建筑物所用材等参见表5-1）。大安殿殿身面阔九间，进深取五间，副阶周匝，在取最大面阔的情况下，大安殿柱网平面尺度为207尺×135尺，折合公制为62.1米×40.5米，比今北京太和殿稍巨；若取标准面阔，则柱网平面尺度为172.5尺×112.5尺，折合公制51.75米×33.75米。从建筑体量、进深步架数量、每步架长度、平面权衡，以及考古所知现存夯土基址尺度等各方面综合考虑，以取标准面阔为宜。

大安门取二等材，但按楼钥记载绘出大安殿院落的宽度小于大安门东西廊间的距离，且每侧约小两个开间，因此大安殿两侧行廊各取6开间。

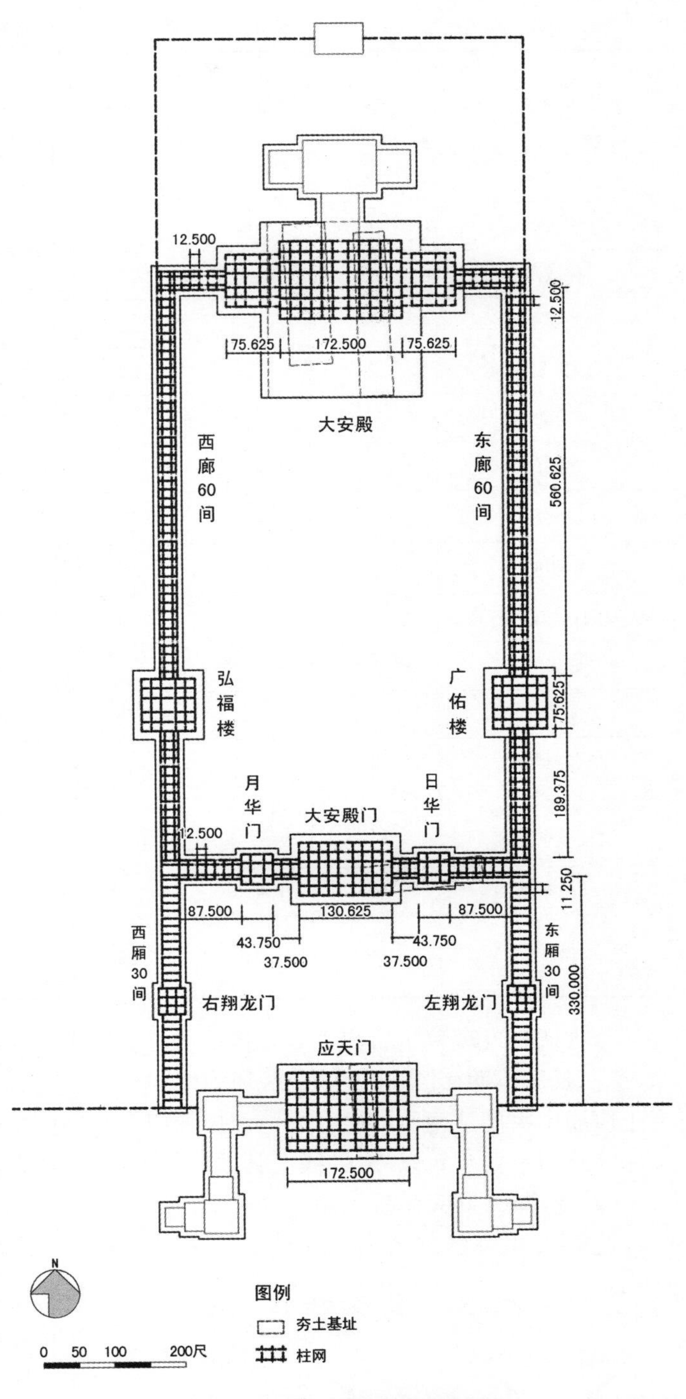

图5-3　大安殿院落平面布局

B. 应天门

应天门平面形式与山西繁峙县岩山寺南殿西壁金代壁画中所绘城门相似（傅熹年，1998）[282-313]。门楼庑殿重檐11间，体量与大安殿相似。下为五门。两侧狭楼开间数不知，“如左右升龙之制”，则狭楼形式如岩山寺南殿东壁南侧壁画所绘城门向中间升起。狭楼接东西角楼。角落各接向南的行楼，端头朵楼曲尺三层四垂，为一母阙二子阙的形式，母阙北有龟头屋与行楼接（傅熹年，1998）[282-313]。

① 御楼宣赦：“皇帝服常服以出……由左翔龙门踏道升应天门至御座东”。（张玮，等，1999）

表 5-1　金中都宫殿主要建筑材等复原推测表

建筑物名称	材等	材宽(寸)	间数	明间面阔(尺)(2 朵补间铺作)375 分	次间面阔(尺)(1 朵补间铺作)250 分	备注
大安殿	1	6	11	22.5	15	
应天门	1	6	11	22.5	15	
仁政殿	1	6	9	22.5	15	
大安殿朵殿	2	5.5	5	20.625	13.75	
广佑楼、弘福楼	2	5.5	5	20.625	13.75	
大安殿门	2	5.5	9	20.625	13.75	
宣阳门	2	5.5	9	20.625	13.75	
仁政门	3	5	5	18.75	12.5	文献中并未记载此二门的开间，本文中取 5 开间
宣明门	3	5	5	18.75	12.5	
大安殿/仁政殿行廊	3	5	6/5	—	12.5	
日华门	3	5	3	18.75	12.5	
月华门	3	5	3	18.75	12.5	
左右翔龙门	3	5	3	18.75	12.5	
大安殿东西廊/仁政殿东西廊	3	5	60/30	—	12.5	
应天门东西厢	4	4.5	30	—	11.25	
御廊	6	4	250	—	8.8	斗栱取四铺作，面阔为 220 分

考古调查发现鸭子桥南里 3 号楼前的夯土区 1 应为应天门遗址，发现夯土南北总长度约 36.2 米，东西长度不明(北京市文物研究所，1994)[46-51]。应天门下列五门，从各夯土区的相互关系看，该夯土应属中央门道两侧的墩台之一。应天门下有登闻检院与登闻鼓院。

除这组重要建筑以外，轴线上其他建筑根据记载，自南而北依次为：

C. 龙津桥(即天津桥)(图 5-4)

此时天津桥已改名为龙津桥。以石栏杆分为三道，中为御路，拦以叉子。宋《营造法式》中有“造叉子之制”，叉子即“用垂直棂子排列而成的栅栏，棂子的上端伸出上串之上，可以防止从上面爬过。”(梁思成，2001)龙津桥中道及扶栏有四行华表柱，桥北有二亭，东亭有桥名牌。

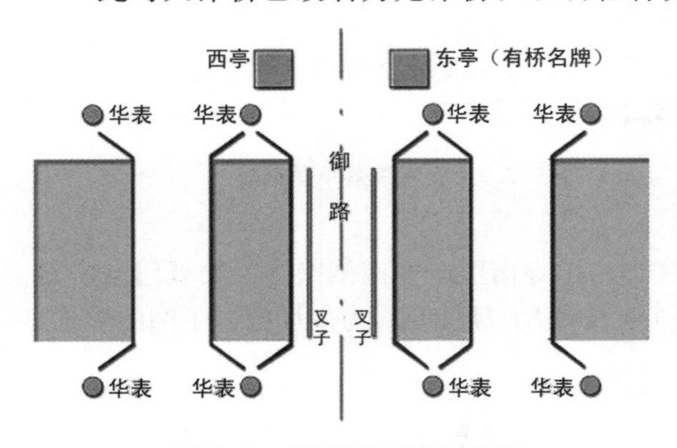

图 5-4　龙津桥平面布局示意

D. 宣阳门

九间重楼，下为三门道，“两旁有小四角亭，即登门路”。宣阳门并非内城正门，其等级低于应天门，所谓九间重楼，较有可能为殿身七间副阶周匝的形式。

E. 御廊、驰道(图 5-5)

入宣阳门为东西相对的长廊，楼钥记东西曲尺各 250 间。范成大记其中南北方向的廊长度约 200 间，但从目前已知的应天门与皇城南墙位置，御廊若南北向 200 间、东西向 50 间，无论取何种材等都较难满足。从现有尺度反推，御廊斗栱取四铺作，六等材，一朵补间，则标准面阔为 220 分，合 8.8 尺。南北与东西向长廊可各取 125 间。

御廊南端并无文楼、武楼的称呼。《北行日录》记“廊头各有三层楼亭，护以绿栏杆”不知是指南端还是北端，从《北行日录》自南向北的叙述顺序来看，指南端的可能性较大，从其位置看可能即《大金国志》与《金虏图经》中说的文、武楼。

应天门
御廊
御廊
三省六部
御道
太庙
会同馆
西夏高丽馆
宣阳门（九间重楼）
龙津桥
N
0 100 200 400尺

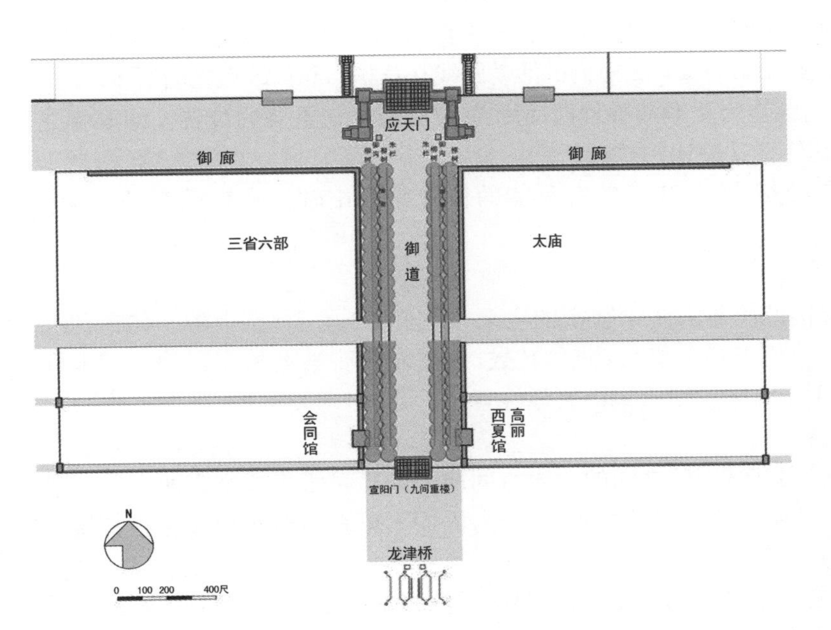

图 5-5 应天门至龙津桥平面布局示意图

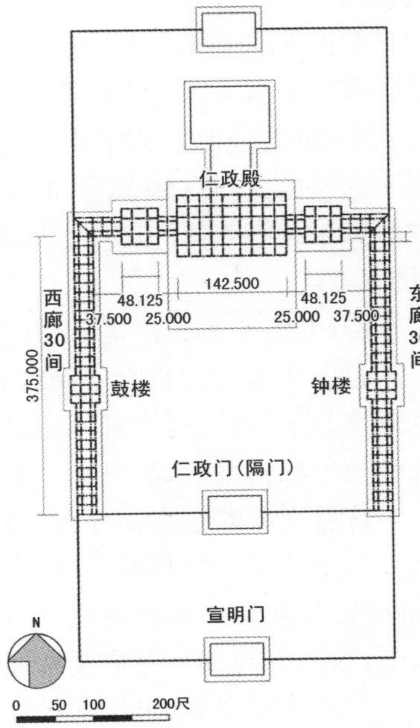

仁政殿
12.500
142.500
48.125
48.125
37.500 25.000
25.000 37.500
西廊30间
东廊30间
375.000
鼓楼
钟楼
仁政门(隔门)
宣明门
N
0 50 100 200尺

图 5-6 仁政殿院落平面布局

西廊之西为会同馆，当为接待宋使的馆驿，南向；东廊之东与会同馆相对为接待高丽、西夏使者的馆驿，其位置应当就是《大金国志》与《金虏图经》所说的来宁馆。

东西御廊各分三节。但东西各通往何处，范成大与楼钥的记载略有出入。根据范成大的记载由南往北路东第一门通街市，第二门通球场，第三门通太庙；路西不知，望之为民居；楼钥记路东由南往北，第一门外为民居，中路无门，通太庙，北路门外有官府；路西第一门外为民居，中路无门通三省，北路通六部。或是范成大未记中央的通道，或是楼钥未记最南端通会同馆的门，一时难以辨明。

东西廊之间为驰道，分为三道，中央御道，御道两旁为沟，沟上植柳。还有朱栏二行界分道路。

F. 仁政殿(图 5-6)

仁政殿为辽代所建[①]，“大殿九楹，前有露台。……。殿两傍廊二间，高门三间，又廊二间，通一

① 《金史·世宗本纪》：“(大定二十八年十一月)有司奏重修上京御容殿，上谓宰臣曰：‘宫殿制度，苟务华饰，必不坚固。今仁政殿辽时所建，全无华饰，但见它处岁岁修完，惟此殿如旧，以此见虚华无实者，不能经久也。今土木之工，灭裂尤甚，下则吏与工匠相结为奸，侵克工物，上则户工部官支钱度材，惟务苟办，至有工役纔毕，随即欹漏者，奸弊苟且，劳民费财，莫甚于此。自今体究，重抵以罪。’”(脱脱，等，1975)[202]

行二十五间，殿柱皆衣文秀。两廊各三十间，中有钟鼓楼”。

宣明门与仁政门间可站200余人的仪仗队，以仪仗队分东西两侧站立，每侧站100人，每人至少占长度0.5米估算，宣明门与仁政门之间距离至少150尺，本文作图时取200尺。原文记“殿两傍廊二间，高门三间，又廊二间，通一行二十五间”，但按其数字计算开间总数为23间，因此殿旁行廊增加两开间。

除了这些使者记载中的建筑物，见于文献的较重要殿宇还有庆和殿。庆和殿多见于世宗、章宗时，常用于为庆贺皇帝的某种家事而宴请群臣之用，如皇帝诞辰的万春节，皇子出生或太子生日等①，亦用于朝见大臣②。世宗时皇太孙摄政也至庆和殿称谢，并宿于庆和殿东庑③。这些使用方式说明庆和殿在世宗和章宗时是日常使用及处理政务的主要殿宇。其具体位置不见记载，但从百官日常出入的情况来看，庆和殿居于东路靠近宣华门的位置较为合理，便于大臣出入也便于和东宫联系。东门是出入宫殿的日常用门(参见第8章)，大臣们的活动路线在宣华门和仁政殿之间居多。

中都的泰和殿，章宗明昌年间曾作为正殿的替代而使用④，应当位于较重要的位置。同时神龙殿十六位的火也曾殃及泰和⑤，其位置又应比较靠近后宫。参考南京汴梁宫城中在隆德殿(相当于仁政殿)和纯和殿(正寝)之间有仁安殿，泰和殿较有可能的位置是沿中轴线在仁政殿的北面⑥(图5-7)。

2) 中都宫室与前朝制度

目前认为金中都宫室制度直接模仿北宋汴梁宫室的主要依据是《金虏图经》中的一句话：“亮欲都燕，先遣画工写京师宫室制度，至于阔狭修短，曲尽其数，授之左相张浩辈按图以修之。”但仔细分析中都宫室格局，显示出有别于北宋汴梁宫室的有趣线索。

这首先反映在宫前序列的布置中。

对于中国传统都城，外城南门到宫城南门之间的一段空间序列既是皇帝出城祭天所必须经过的路线，是城市的礼仪轴线，也是皇城与城市空间交界的部分，因而无论在宫殿布局还是在都城布局中，这一空间都具有重要意义。

北宋汴梁之前，唐长安城中自宫城南门至外城南门只是笔直的大道。只是由于皇城的封闭性，南北向道路自然与承天门南的横街构成T字形广场(图5-8)。

---

① 《金史》：“三月丁酉朔，万春节，宋、高丽、夏遣使来贺。御庆和殿受群臣朝，复宴于神《金史》：龙殿，诸王、公主以次捧觞上寿。”(脱脱，等，1975)[200]

《金史》：“显宗长女邺国公主下嫁乌古论谊，赐宴庆和殿，……”(脱脱，等，1975)[1605]

《金史》：“道弟临潼令幼阿补犯罪至死，道待罪于家。皇太子生日，宴于庆和殿，……”(脱脱，等，1975)[1969]

《金史》：“洪裕，大定二十六年生。是时显宗薨逾年，世宗深感，及闻皇曾孙生，喜甚。满三月，宴于庆和殿，……”(脱脱，等，1975)[2058]

② 《金史》：“冬十月庚戌朔，宰相以下朝见于庆和殿，……”(脱脱，等，1975)[415]

《金史》：“七年春正月……辛巳，诏御史大夫崇肃、同判大睦亲府事徒单怀忠、吏部尚书范楫、户部尚书高汝砺、礼部尚书张行简、知大兴府事温迪罕思齐等十有四人同对于庆和殿。”(脱脱，等，1975)[279]

《金史》：“(章宗时)及九路提刑使朝辞于庆和殿，……”(脱脱，等，1975)[1681]

《金史》：“(章宗泰和六年)宋人既败退，上欲进讨，乃召揆赴阙，戒以师期，宴于庆和殿，……”(脱脱，等，1975)[2069]

③ 《金史》：“十二月丙寅，以大理正移剌彦拱为高丽生日使。乙亥，上不豫.庚辰，赦天下。乙酉，诏皇太孙璟摄政，居庆和殿东庑。”(脱脱，等，1975)[203]

《金史》：“十二月乙亥，世宗不豫。……乙酉，诏皇太孙摄行政事，注授五品以下官。诏太孙与诸王大臣俱宿禁中。克宁奏曰：皇太孙与诸王宜别嫌疑，正名分，宿止同处，礼有未安。诏太孙居庆和殿东庑。”(脱脱，等，1975)[2051]

《金史》：“二十六年……十一月，诏立为皇太孙，称谢于庆和殿。”(脱脱，等，1975)[208]

④ 《金史》：“五月壬辰朔，以旱，下诏责躬，……命奏事于泰和殿。”(脱脱，等，1975)[250]

⑤ 《金史》：“世宗大定二年闰二月辛卯，神龙殿十六位焚，延及太(泰)和、厚德殿。”(脱脱，等，1975)[537]

⑥ 不过泰和殿如果如于杰、于光度作的复原图那样位于仁政殿的西边，似乎也并非全不合理。

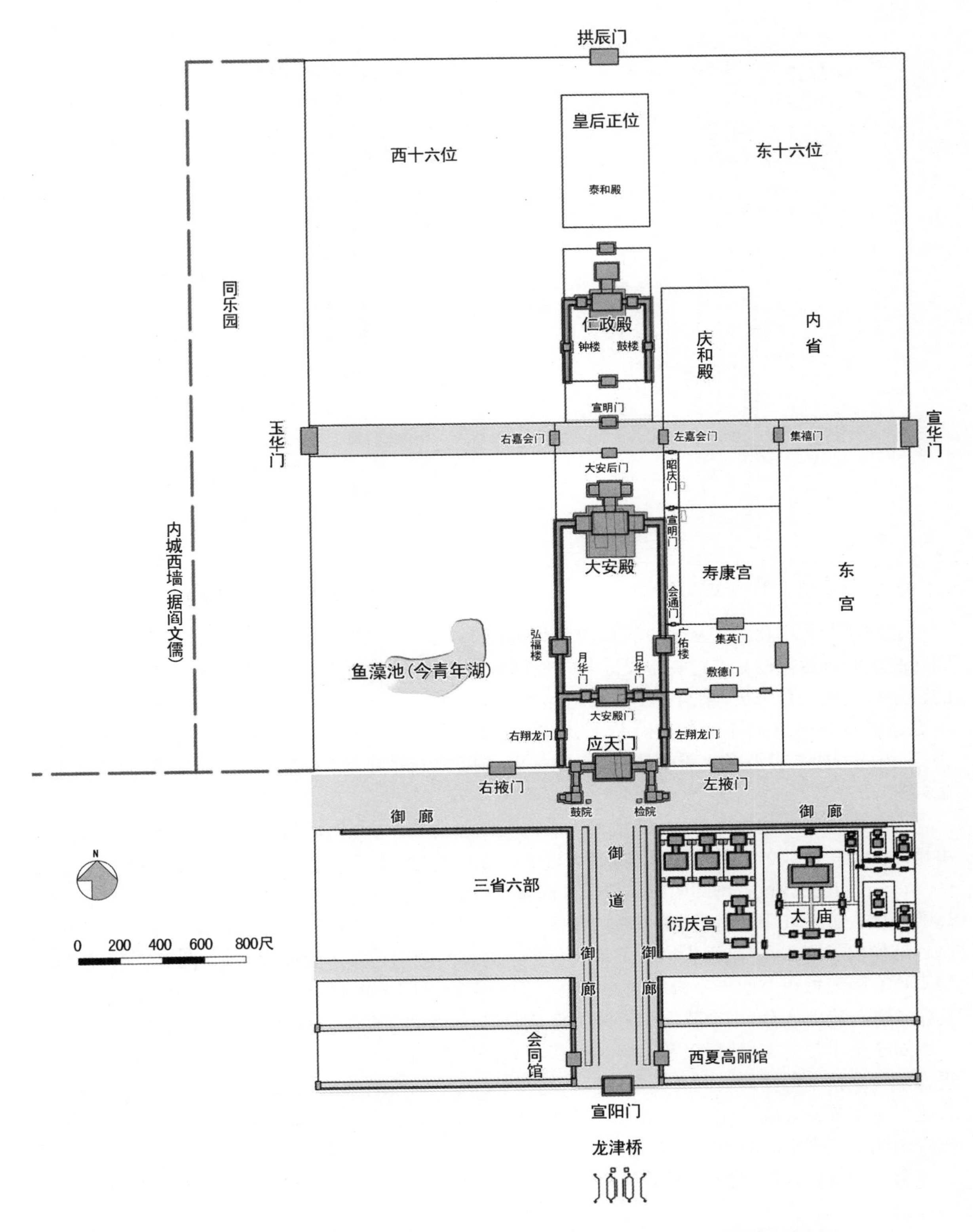

图 5-7 金中都内城格局复原示意图 大定二十六年(1186 年)—大安元年(1209 年)

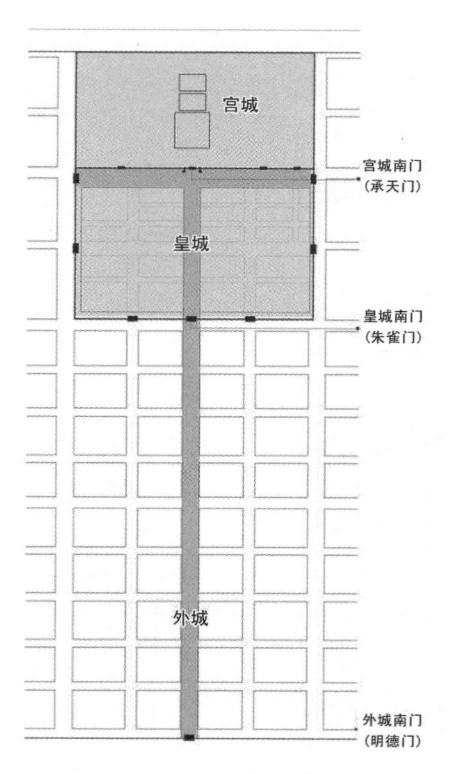

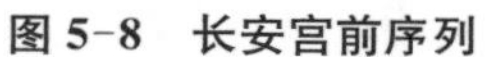
图 5-8　长安宫前序列

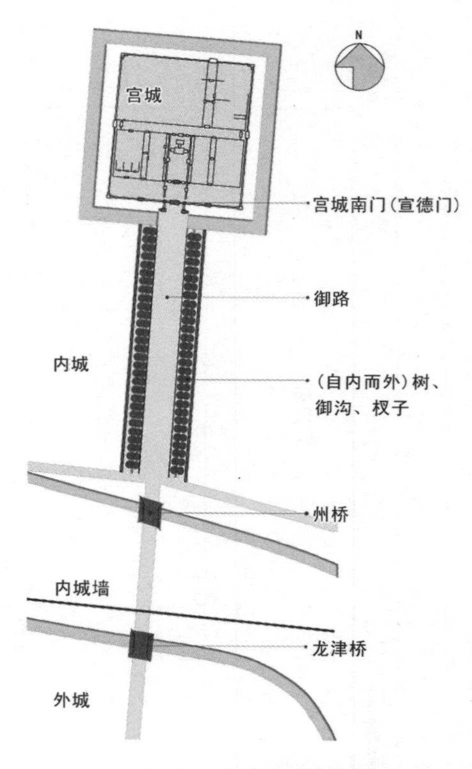

图 5-9　汴梁宫前序列

北宋汴梁的变化源于从地方城市向都城的改造，带来的直接影响是没有与城市隔离的皇城，因而改造的首要目标是通过特定设施与管理将皇帝使用的道路与城市道路加以区分：宣德楼以南的道路拓宽至二百余步，路两侧以廊将道路空间与市廛隔开。道路又以朱杈子划分为三个部分，中道是御道，除了皇帝不允许任何人行走。杈子里中道两旁又有御沟，沟中植莲荷，沟岸植桃李梨杏等，由此可想象春夏时之美丽景象。① 在这里，御廊和杈子是划分皇帝空间与市民空间的基本设施(图 5-9)。

至金海陵王营建中都宫殿，以北宋汴梁宫室制度为蓝本，在宫城门与外城门之间同样布置了由桥、廊、门等组成的空间序列，但御廊两侧建筑物的布局使御廊的意义与功能发生了很大变化。

首先，如前文所述，御廊南端建造了九间重楼的宣阳门，其形式显示出该门在宫殿建筑群中较高的等级。进入宣阳门后，御廊东西两侧为南宋与西夏、高丽使者的馆驿。宣阳门南桥的位置与名称都模仿了汴梁，但是桥头增加了华表与亭。御廊两侧则布置了太庙、三省六部等官署，使得御廊不再有隔离城市空间与皇帝空间的功能。但是御廊之间的道路仍如汴梁一样用杈子、御沟、绿化作了进一步的区分，中轴线上的道路供皇帝专用，使者则在两侧沿御廊行走。

对于金中都的宫殿，桥以及以城楼形式出现的宣阳门标志并强化了进入的节点，它提醒人们进入了一个特定的空间。同时御廊以及柳树、杈子在中轴线两侧形成整齐的界面，它们构成的中心透视的图景使远端的应天门成为视线的焦点。由此，御廊从具有实际功能的隔离手段转变为强化中轴线上皇帝空间的象征性设施。

第二，中都宫城与北宋汴梁宫室格局中最为不同的是大朝殿和常朝殿南北相重的布局方式。

① “自宣德楼一直南去，约阔二百余步，两边乃御廊，旧许市人买卖于其间；自政和间官司禁止，各安立黑漆杈子，路心又安朱漆杈子两行，中心御道，不得人马行往，行人皆在廊下朱杈子之外，杈子里有砖石甃砌御沟水两道，宣和间尽植莲荷，近岸植桃李梨杏，杂花相间，春夏之间，望之如绣”。(孟元老，邓之诚，2004)[51]

北宋汴梁大内宫殿众多，其格局大体说来，东华门和西华门之间的横街将宫城分为南北两部分，南部主轴线上为大庆殿，大庆殿南即宫门宣德门，宣德门主要用于观灯、肆赦与献俘；西侧北部为正衙文德殿，南部是中枢机构，包括中书省、枢密院等；横街以北内东门以南有一系列殿宇，从东至西依次为紫宸殿、垂拱殿、皇仪殿与集英殿，垂拱殿以北又有福宁、坤宁等殿，当为寝殿。坤宁、福宁、垂拱及文德殿的轴线相合(图 5-10)。因此宫城的总体布局大致是东西并列两条轴线，一条从宣德门到大庆殿一线，虽然居于宫城正中，但向北只到东西华门之间的横街为止，该线出宣德门向南延伸则是御街、御廊，是北宋宫殿最具礼仪性的轴线；而与这条轴线并列的，从南至北另有一条轴线贯穿于中枢机构、正衙及常朝殿并向北延伸，这是处理日常政务的一线(图 5-11)。

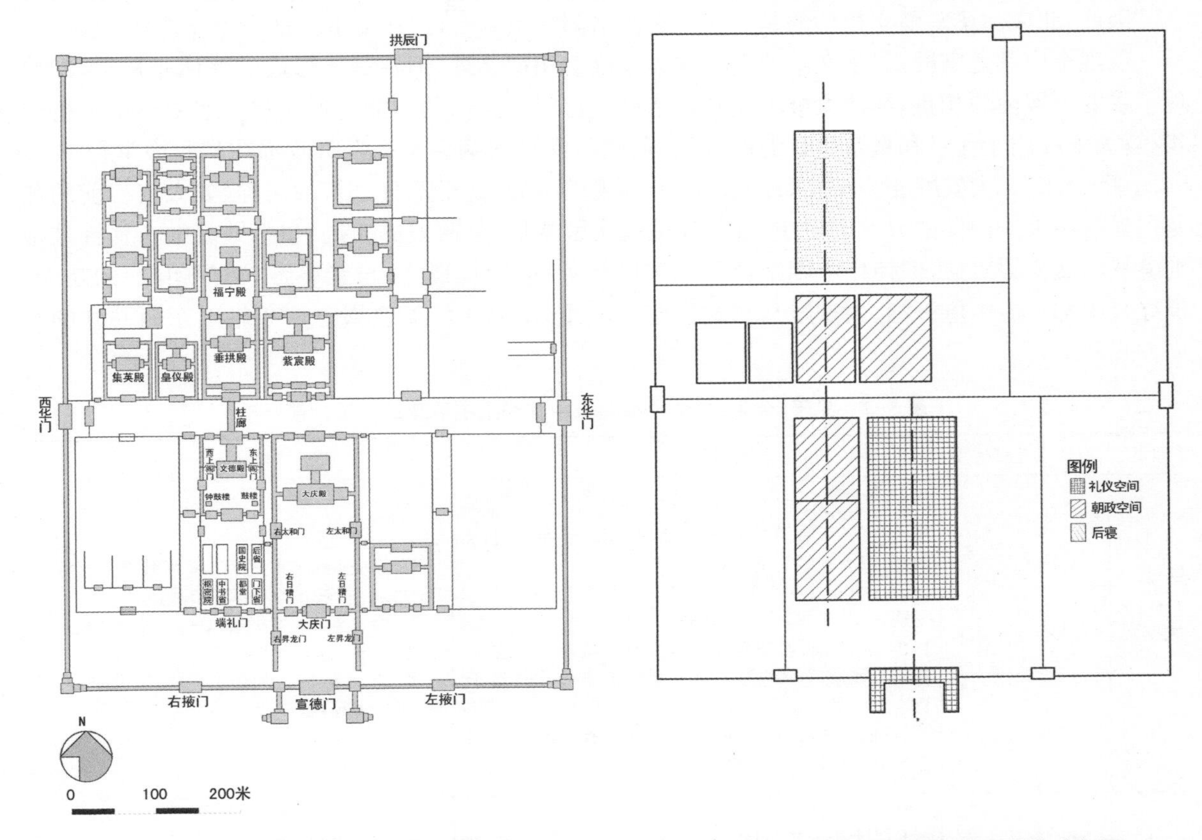

图 5-10　北宋汴梁宫殿布局示意图

根据《傅熹年建筑史论文集》(傅熹年，1998)[296]插图摹绘

图 5-11　北宋汴梁宫殿空间结构分析图

大朝即元正、冬至的大朝会，北宋时最初地点并不固定，自元丰改制之后，确定以大庆殿为元正、冬至大朝会的地点，这相当于隋唐时的外朝；至于常朝包括朔望听政、日常参见与五日起居，分别在垂拱、文德、紫宸殿举行，大抵元丰之前以文德、垂拱为主：常参与朔望在文德，五日起居在垂拱；元丰以后，则以垂拱、紫宸为主：常参在垂拱，朔望与五日起居在紫宸①。

从宏观的制度变迁层面来看，中国古代的宫室制度，自魏晋为一变，至隋唐又一变。概括说来

① 《宋史》:“常朝之仪。唐以宣政为前殿，谓之正衙，即古之内朝也。以紫宸为便殿，谓之入阁，即古之燕朝也。而外又有含元殿，含元非正、至大朝会不御。正衙则日见，群臣百官皆在，谓之常参，其后此礼渐废。后唐明宗始诏群臣每五日一随宰相入见，谓之起居，宋因其制。皇帝日御垂拱殿。文武官日赴文德殿正衙曰常参，宰相一人押班。其朝朔望亦于此殿。五日起居则于崇德殿或长春殿，中书、门下为班首。长春即垂拱也。至元丰中官制行，始诏侍从官而上，日朝垂拱，谓之常参官。百司朝官以上，每五日一朝紫宸，为六参官。在京朝官以上，朔望一朝紫宸，为朔参官、望参官，遂为定制。”(脱脱，等，1976)[2751]

就是废曹魏以来的外朝正殿太极殿与东西堂并列之制，而实行大朝、常朝殿前后相重的布局，至大明宫更是形成相当规整的含元、宣政、紫宸与大朝、中朝、内朝一一对应并南北相重的格局（陈涛，李相海，2009）[117-136]。隋东都洛阳格局也与隋大兴宫一致。但“唐亡后，长安被毁，后梁先修复洛阳宫殿。隋唐时，朝区主殿乾阳殿（唐改乾元殿）东有文思殿，西有武成殿，各有后殿，自成一宫院，与乾阳殿东西并列。武则天拆乾元殿建明堂，中朝正殿改为武成殿。后梁、后唐修复洛阳宫时，限于财力，只修乾元殿及武成殿两组，殿及后殿分别命名为太极殿；天兴殿和文明殿、垂拱殿，形成中轴线和偏西的次要轴线。此式以后影响北宋汴梁宫殿，遂出现汴宫中轴线建大庆殿、紫宸殿，西侧次要轴线建文德殿、垂拱殿，两条轴线东西并列的布局。”（傅熹年，2001）[360-361]

因此，北宋汴梁宫殿实模仿的是五代以来的洛阳宫室制度，这在文献记载中也能得到证实①

反观金中都之宫殿，尽管在细节上与汴梁有许多相似之处，但在最终形成的整体布局上，却出现了主要大殿前后相重，与汴梁极不相同的格局。宫门应天门的功能与形式都与北宋汴梁宣德门相类；大安殿用于元旦和皇帝生日的称贺仪；朔望与常日的朝会及日常听政都在仁政殿举行②（表5-2，图5-12）。大安殿相当于汴梁的大庆殿，其规模格局，甚至部分建筑的名称（如大安门前的翔龙门显然与大庆门前的昇龙门对应）都与汴梁大庆殿相似；仁政殿的布局，包括殿庭中布置钟鼓楼则显然与文德殿对应，但使用上则结合了元丰以后垂拱（常日视朝）与紫宸殿（朔望朝参）的功能。最终金中都宫殿中应天门、大安殿与仁政殿南北相重，不同于汴梁宫殿之两条轴线东西并列的布局方式。

表 5-2　见于《金史》之金中都皇城中轴线上主要建筑物及功能

地点	事件或礼仪类型	事 件 举 例	出　　处
大安殿	1. 大行皇帝出殡	1-1　[贞元三年(1155 年)十月]戊寅，权奉安太庙神主于延圣寺，致奠梓宫于东郊，举哀。己卯，梓宫至中都，以大安殿为丕承殿，安置 1-2　[大定二十九年(1189 年)正月]癸巳，上崩于福安殿，……己亥，殡于大安殿 1-3　世宗崩，遗诏移梓宫寿安宫。章宗诏百官议，皆谓当如遗诏，履独曰：“非礼也。天子七月而葬，同轨毕至。其可使万国之臣朝大行于离宫乎?”上曰：“朕日夜思之，舍正殿而奠于别宫，情有所不忍，且于礼未安。”遂殡于大安殿	1-1　金史卷 5・本纪第五・海陵亮・贞元三年. 北京：中华书局，1975：105 1-2　金史卷 8・本纪第八・世宗下・大定二十九年. 北京：中华书局，1975：203 1-3　金史卷 95・列传第三十三，移剌履. 北京：中华书局，1975：2100-2101
	2. 登基，受尊号，册封（含上尊谥与封神）	2-1　[大定七年(1167 年)正月]壬子，上服衮冕，御大安殿，受尊号册宝礼 2-2　大定二十七年(1187 年)三月，世宗御大安殿，授皇太孙册，赦中外 2-3　[至宁元年(1213 年)]九月甲辰，即皇帝位于大安殿 2-4　明昌四年(1193 年)十月，备樋冕、玉册、仪物，上御大安殿，用黄麾立杖八百人，行仗五百人，复册为开天弘圣帝	2-1　金史卷 6 本纪第六・世宗上・大定七年. 北京：中华书局，1975：138-139 2-2　金史卷 9 本纪第九・章宗一・明昌元年以前. 北京：中华书局，1975：208 2-3　金史卷 14，本纪第十四・宣宗上・至宁元年. 北京：中华书局，1975：301 2-4　金史卷 35，志第十六・礼八・长白山等诸神杂祠. 北京：中华书局，1975：820
	3. 元日称贺、圣节称贺	3-1　[明昌四年(1193 年)]九月甲子朔，天寿节，御大安殿，受亲王百官及宋、高丽、夏使朝贺	3-1　金史卷 10・本纪第十・章宗二・明昌四年. 北京：中华书局，1975：230

① 《宋史・地理志》：“东京，汴之开封也。梁为东都，后唐罢，晋复为东京，宋因周之旧为都，建隆三年，广皇城东北隅，命有司画洛阳宫殿，按图修之，皇居始壮丽矣。”（脱脱，等，1976）又参见郭湖生（1997）[51]

② 朝会下・朔望常朝仪（张玮，等，1999）

续表 5-2

地点	事件或礼仪类型	事 件 举 例	出　　处
仁政殿	1. 朝参、常朝	1-1　至宁元年(1213 年)九月戊申御仁政殿视朝	1-1　金史卷 14・本纪第十四. 北京:中华书局,1975:302
	2. 受实录	2-1　[明昌四年(1193 年)](八月)辛亥,国史院进世宗实录,上服袍带,御仁政殿,降座,立受之	2-1　金史卷 10・本纪第十・章宗二・明昌四年. 北京:中华书局,1975:230
	3. 拜日(朝日礼)	3-1　[至宁元年(1213 年)]闰月戊辰朔,拜日于仁政殿,自是每月吉为常	3-1　金史卷 14・本纪第十四・宣宗珣上・至宁元年. 北京:中华书局,1975:302
	4. 生日赐宴	4-1　[大定二年(1162 年)]十一月庚子,生辰,百官贺于承华殿. 世宗赐以袭衣良马,赐宴于仁政殿,皇族百官皆与。自后生辰,世宗或幸东宫,或宴内殿,岁以为常	4-1　金史卷 19・本纪第十九・世纪补・显宗允恭. 北京:中华书局,1975:410
	5. 朝辞仪	5-1　大定二十九年(1189 年)三月,章宗以在谅闇,免宋使朝辞,太常寺言:"若不面授书及传达语言,恐后别有违失。"遂令宋使先辞灵幄,然后诣仁政殿朝辞,授书	5-1　金史卷 38・志第十九・礼十一・朝辞仪. 北京:中华书局,1975:868
应天门	1. 献俘	1-1　[泰和八年(1208 年)]五月丁未,御应天门,备黄麾立仗,亲王文武合班起居。中路兵马提控、平南抚军上将军纥石烈贞以宋贼臣韩侂胄、苏师旦首献	1-1　金史卷 12・本纪第十二・章宗四・泰和八年. 北京:中华书局,1975:284
	2. 郊庙等仪式中之重要节点	2-1　又设宫县乐南壝外门之外,八佾二舞表于乐前。又设采茨乐于应天门前	2-1　金史卷 28・志第九・礼一・郊・仪注・陈设. 北京:中华书局,1975:696
	3. 肆赦仪	3-1　大定七年(1167 年)正月十一日,上尊册礼毕。十四日,应天门颁赦。十一年制同	3-1　金史卷 36・志第十七・礼九・肆赦仪. 北京:中华书局,1975:843

从中都宫殿的建设过程来看,天德三年(1151 年)主持燕京城池扩展与宫室营建的是尚书右丞张浩,燕京留守刘筈与大名尹卢彦伦(脱脱,等,1975)[1862]。刘筈自辽降金,曾参与金初礼仪的制定,并在皇统年间出使临安,但并不见重于海陵,为燕京留守不数月即逝(脱脱,等,1975)[1771-1773]。卢彦伦曾主持上京宫殿的建设,但天德四年(1152 年)也病逝(脱脱,等,1975)[1716]。因而燕京宫室之建以张浩为主。

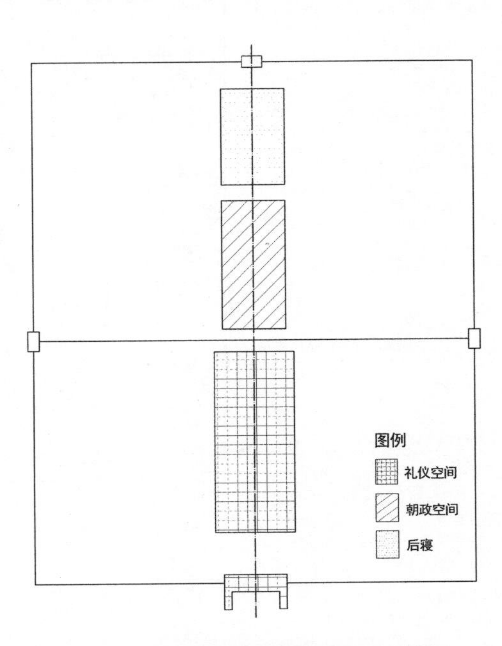

图 5-12　金中都宫殿空间结构分析

张浩为渤海东明王之后,天辅中入金为仕。金太宗幸东京(辽阳府)前,张浩即奉命提点修缮大内。"天眷二年,详定内外仪式,历户、工、礼三部侍郎,迁礼部尚书。"从张浩在受命建设中都前历任的官职来看,他对北宋及以前的礼仪制度必然相当熟悉。对于汴梁的宫室布局也是了解的。但从中都宫殿营造的实际情形看,中都的宫殿是在辽南京宫殿基础上加以修建,其中仁政殿沿用了辽时的建筑。仁政殿西南为鱼藻池,宫城东侧边界又受到辽宫城东侧范围的限制,如要展拓就需要进行较大规模的拆迁,因此在仁政殿南建设大朝殿,并以之为宫城的主要轴线是一个切合实际的解决办法。结合中都宫前序列对汴梁的模仿可以推论张浩是将汴梁宫殿中自大庆殿至宣德门及御廊、龙津桥一线最具礼仪性的建筑序列在中都城中加以再现。同时根据实际条件将其置于仁政殿前使大安殿与仁政殿最终形成南北相重的格局。

这一格局事实上更接近隋唐时期的宫室布局模式，对于处在政权封建集权化过程中，并需要强化自身统治之合法性的海陵来说，这也是一个相当令人满意的解决方案。因此中都宫殿建成后张浩便得到快速升迁，一年间连升三级，由尚书右丞进至左丞相，并封蜀王。海陵伐宋前因汴京大内失火，又受命营建南京宫室。

北宋汴梁宫殿格局与礼仪制度在南宋建都临安时有所沿用①。然而南宋被蒙古所灭，元代的宫室、礼仪更受金之影响，制度也多由北方士人制定，从而使得金中都确立的宫室制度最终成为中国封建王朝后期的正统制度，这也更凸显了金中都宫殿在中国古代宫殿制度变迁中的承前启后的地位。

5.1.2 元大都宫室中的文化双重性

元大都皇城内主要包含三组建筑：内皇城、隆福宫和兴圣宫，此外还有西苑万寿山和太液池。其中宫城为刘秉忠设计元大都时一体规划建造，隆福宫和兴圣宫则分别建于至元十一年(1274 年)和武宗至大元年(1308 年)。

内皇城有四门，南为崇天，北为厚载，东为东华，西为西华。内皇城之南北轴线与外城南门丽正门正对，构成都城的仪式性轴线，在崇天门与丽正门之间有灵星门，为萧墙之正南门，灵星门外是千步廊。内皇城中为主要宫殿大明殿和延春阁，东西华门之间的横街在两组殿宇之间经过。大明殿用于登基、正旦、皇帝生日等大朝会，之后的延春阁往往用于日常召见臣下与宴会。延春阁西有玉德殿，东有皇后斡耳朵。内皇城北为御苑(图 5-13)。

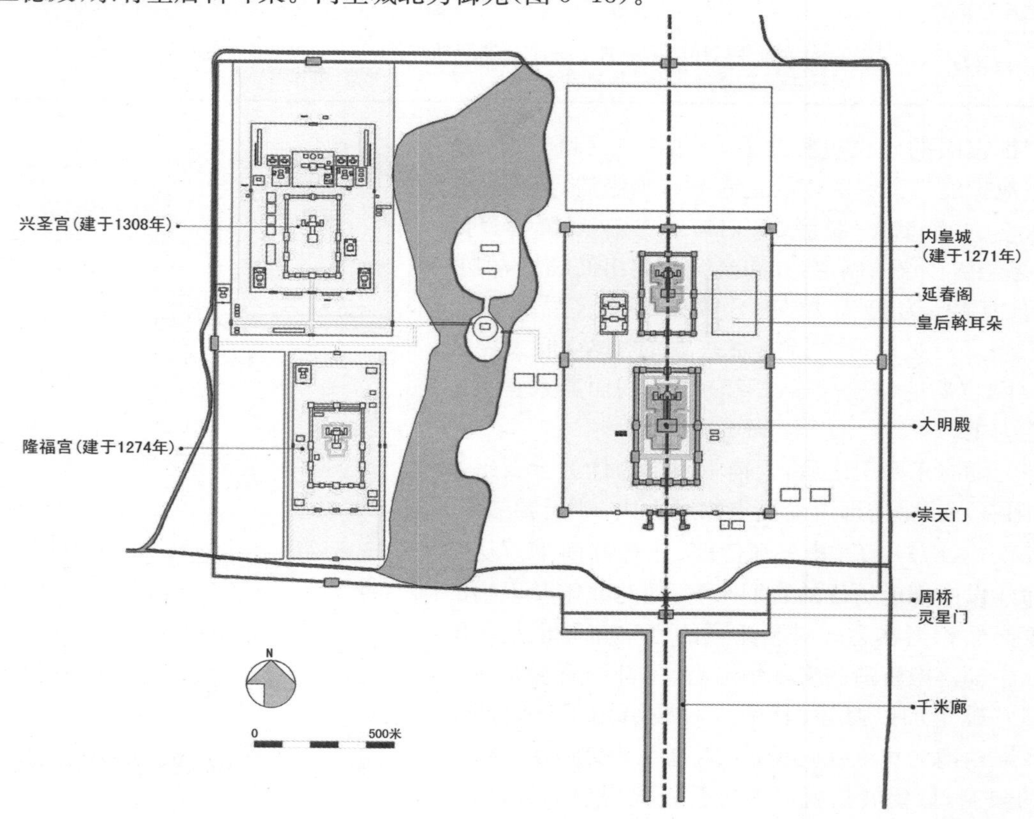

图 5-13 元大都皇城平面布局复原示意图

以傅熹年先生的研究成果及相关文献与考古资料为基础绘制

① 见朱光亚. 2002. 南宋临安大内复原研究(未刊稿)。

与金代统治者以儒家观念为主导，以中原宫殿为模板营建宫殿不同，大都宫殿的布局形式清晰地表达出兼具蒙古大汗与汉人王朝"元"朝皇帝双重身份的忽必烈既要求保持本族传统，又希望自己对汉地的统治得到中原正统文化认同的愿望。

1）大汗的居所

尽管大都宫殿按照中国方式建造，但它首先是大汗与其家人的居所。蒙古的居住习惯、社会组织特点必然成为刘秉忠设计宫殿时考虑的重要因素，并由此造成与中国传统宫殿的差异。

在总体格局上，大都宫殿的特点，及其与中国传统宫殿的主要差别在于：

(1) 大汗、太后、太子拥有自己的宫殿，相互独立。在大都宫殿的扩建中，刘秉忠所确立的礼仪性轴线并未被遵守。后建的隆福宫、兴圣宫都是相当独立的组群，与内皇城一起成为三组各有围墙，自成一体的宫殿，不仅布局并不以内皇城为中心，而且每一组宫殿都有着自己的服务部分和宿卫部分。从组织机构来说，各宫也各有自己的宿卫部队、财赋管理机构以及属下牧民。这样一种制度以及宫殿的布局表明在元朝，汗的家人，尤其是他的母亲与儿子可以和他分享荣耀与财富。

而在中国的传统中，虽然太后、太子在宫中也各有居所，但在空间布局中往往围绕主轴线来组织，明显处于从属地位，也不具有制度上的独立性。

(2) 太子宫殿在大汗宫殿的西侧，而不是如中原传统，在主要宫殿东侧。虽然太子东宫制度是对中原制度的模仿，但是中原的太子宫习惯上是位于主要宫殿之东，大都内皇城中东宫却建在内皇城的西面。从宫殿布局中可以看到，内皇城之东有大片的空地，因此这一布局显然与用地是否缺乏无关。

另一方面，从蒙古前四汗时期欧洲传教士出使蒙古留下的记录中，我们可以探询蒙古营地布局的特点：

(1) 汗的每一位妻妾和成年的儿子都有自己的营帐和属于自己位下的牧群、属民、仆人、奴隶。箭内亘先生认为"元之斡耳朵，以皇后为主体，为皇后之居所；因而为皇帝屡次行幸之所；于是有皇帝宫殿之意。因元朝斡耳朵之外无皇帝之宫殿，故至少以此为此制度之根本精神。"（箭内亘，1933）[134]"皇帝的嫔妃们都有其它白色毛毡幕帐，也都比较大而富丽堂皇。""拔都有二十六个妻妾，每个都有一所大住宅"（耿升，何高济，2002）。

柏朗嘉宾见到的普通蒙古人的情形也同样如是，"因为同一位鞑靼人可能有多房妻室，每一位妻子都有自己的幕帐和自己的一家人。丈夫每天轮流与一位妻子喝、吃和就寝，第二天再轮到另一位。然而，他却有一位正妻，丈夫与她同居的时间要比他人更为经常一些。"（耿升，何高济，2002）

(2) 在方位观念上，蒙古人尊西卑东，中国传统上则是以东为尊。"他们安置他们的屋舍时，长妻的住宅在最西边，其他的妻妾按照地位在她之后排列，因此最小的妻妾在最东边；两位妻子的禹儿惕之间有一投石距离。"（耿升，何高济，2002）

(3) 汗的母亲，即皇太后，地位尊崇，有独立的住地。

"他们是分居的，皇太后居住在一侧，皇帝在另一侧审理公案。"（耿升，何高济，2002）

"第三天，通过官员和译员的审阅，教皇陛下的信函得到聆听。然后教友们被送往皇帝的母亲那里，他们发现她在另一地点，住在相同的一座极漂亮的大帐中。她很有礼貌和友好地接待了他们，再送他们回到她儿子那里。"（耿升，何高济，2002）

(4) 在蒙哥的营地中，长子的宫室在父亲斡耳朵的右侧（西侧）（耿升，何高济，2002）。

两相比较可以看出，大都皇城中相对独立的隆福宫与兴圣宫，就如蒙古营地中汗的母亲与儿子所拥有的独立营帐，因此也如在蒙古营地中一样，拥有各自的牧群、属民以及管理机构。在与大汗宫殿的关系上，太后与太子的宫殿遵从蒙古营地的布局习惯建造在大汗宫殿的西侧。整个大都皇城之内如同一片巨大的蒙古营地，大汗每年只在此居住半年，三月到十月间则去了北方的上都。

在这片蒙古营地里，内皇城就是大汗的营地。按照蒙古的习惯，汗本无自己的帐，他轮流在妻妾的帐幕中就寝，遇有隆重仪式，如汗的即位与接见重要使臣，可以专门搭建所谓的金帐①。大都内皇城中以大明殿和延春阁两组固定殿宇替代临时性的帐幕，这本身是对汉式礼仪与宫殿建筑的接纳。但在具体的使用与布局中，大明殿与延春阁仍显示出独特的蒙古方式。

在功能上，尽管大明殿与延春阁一前一后构成内皇城的主轴线，但却并不是中国传统宫殿前朝后寝的格局，只是分别用于大朝会和日常事务的处理。大汗仍然没有自己专门的寝宫。不过大都宫殿的每一座主殿之后，都有一座明确称为寝殿的殿宇，其两侧必有东西暖殿。这与马可·波罗所见之大朝会之大帐后有一小室作大汗寝所的做法如出一辙(CHARIGNON A J H, 1999)[352-353]。

2）中国皇帝的宫殿——作为象征形式的平面布局

作为中国皇帝宫殿之所在的都城形制是历代统治者用于表明统治的合法性的手段，宫殿布局更集中体现儒家理论对皇帝职责和天子身份的界定。因此大都的宫殿作为中国皇帝的宫殿，为表达忽必烈作为中国皇帝的正统性与合法性，也必然会采用象征性的平面布局。

元大都皇城中主要殿宇布局对中轴线的强调显然源自儒家观念中居中为尊的思想，在形式上也接续了金中都宫殿对中轴线的强调。而更重要的则是内皇城南门崇天门到外城南门之间由桥、灵星门和千步廊组成的空间序列，如前文所述，这一序列的出现与逐步发展清晰地显示出从长安、汴梁到金中都的脉络，并为元大都宫殿所继承，在此过程中桥、门，尤其是千步廊从北宋汴梁分隔空间的廊庑逐渐转为元大都的没有具体功能却是宫城前不可缺少的象征性存在。这一过程本身也显示出刘秉忠在规划大都宫殿时希望使大都的宫殿成为唐宋以来宫殿正统的一部分，从而也在物质空间的表达上，使忽必烈的元朝成为了唐宋以来中原正统王朝的接续。

元大都内皇城崇天门前自北向南依次为周桥、灵星门和千步廊，显然是对金中都宫城前空间序列的简化复制。但引人注目的是千步廊的设置实际已无任何功能上的必要。一方面元朝皇帝很少按照中国习惯进行南郊祭天；另一方面元朝时与出入宫殿有关的重要活动是每年的时巡，即三至十月间整个中央政府北移至上都。时巡时皇帝的队伍从北门出皇城。在另一重要活动“游皇城”中，游行队伍从西门入皇城，分别旋绕隆福宫、兴圣宫与内皇城中宫殿后，也从北门出宫。平时官员入宫则多从东华门。因此在元大都中，无论官员入宫还是皇帝出宫，千步廊都不是必经的通道。千步廊进一步成为单纯强化轴线与围合宫门前空间的界面形式，并由此确立千步廊为都城中宫殿形制的一部分，宫殿象征符号的一部分。

在组成宫前序列的建筑要素方面，元大都宫殿的另一个重要变化是在千步廊北端增加了一座灵星门，从而在崇天门和千步廊南端入口间增加了一个层次，一道界限。并且灵星门两端的墙与皇城围墙连接，将千步廊北端闭合，构成一个围合空间。千步廊、萧墙、灵星门及其围合而成的空间在形式上成为宫殿的一部分。

以后明太祖朱元璋建造他的宫殿的时候，已经将千步廊视为宫殿的当然组成部分而加以沿用，并将北端的灵星门变成有城台门楼的承天门(天安门)，在承天门和宫城南门(午门)之间增加了限定的廊庑等等，从而使宫殿的中轴线更为突出，宫城前的空间也更丰富，秩序更为严整。

总体而言，在宫城前建筑布局与空间序列的变化中，可以看到通过对唐、宋、金宫殿特定组成部分的沿用和发展，通过对符合儒家礼仪的中轴线的强调，刘秉忠成功地在物质空间层面上达成了忽必烈的目标，表明元朝作为唐宋以来中原王朝的继承者身份，从而确立了忽必烈作为中国皇

① 贵由汗的即位仪式：“于是，当我们大家骑马一起来到距那里只有三四古法里的地方，位于山中间靠近一条河流旁边有一个风景秀丽的平原，平原上已经矗立着另一顶幕帐，当地人称之为金斡耳朵，或‘金帐’；圣母升天节那天，应该在这里举行登基典礼，但是由于当天下冰雹，就只好推迟了。用来搭幕帐的支柱以金片相裹，然后用金键将其它支柱钉在一起。幕帐的天幕和内壁上也蒙上了一层华盖布，而外面则是用其它织物装饰的。”(耿升，何高济，2002)

帝的合法性与正统性。而明朝皇帝对元朝宫殿布局方式的接纳与延续，又进一步表明汉人事实上认可了元朝的宫殿形式作为中国皇帝宫殿的正统性。

因此，为了表明统治者的合法性，元大都宫殿的设计者在形式上采用了当时所能见到的中国传统宫殿中最有特点，最具象征性的要素。但同时，元代的统治者在日常生活中仍然保持了蒙古的习俗以及蒙古营地布局的传统。因此可以认为元大都的宫殿格局集中体现了元朝统治者在形式上希望得到被统治者的认同，在实际行为中却始终保持着本民族特点的双重性特征。

5.2 中枢机构

都城中象征帝制的空间体系中的第二组要素是中枢机构，即中书、尚书、门下三省，这些机构设置的变化，内而实质为官僚体系与皇帝之间权力分配关系的变化，表现为外在物质形态则影响了宫室制度与都城形制。

金代的中央政府为尚书省，始建于天会间(1124—1137 年)，与中书、门下一起共为三省①，至海陵时罢中书、门下，止置尚书省(脱脱，等，1975)。

尚书省宰执辅佐皇帝总理政事，总察吏户礼兵刑工六部事，在皇帝和百官之间起着上传下达的作用②，可谓一人之下，百官之上，是百官之总领。朝廷的各种政务决策，主要在皇帝和尚书省之间商议决定，各院部官员的奏章都先通过尚书省的汇总，才能到达皇帝处③；需要百官集议之事，亦由尚书省召集④。因此在金的政权运作过程中，尚书省处在中枢的地位，其权柄虽不及但也略类于汉魏六朝时之尚书省。正因为尚书省是百官的总领，尚书省的都堂也就成为决策的场所，百官议政的地方⑤。

① 《金史》："天会四年，建尚书省，遂有三省之制。"(脱脱，等，1975)

② 《金史》："尚书令一员，正一品。总领纪纲，仪刑端揆。左丞相、右丞相各一员，从一品。平章政事二员，从一品。为宰相，掌丞天子，平章万机。……左司……掌本司奏事，总察吏、户、礼三部受事付事，兼带修起居注官，回避其间记述之事。……右司……掌本司奏事，总察兵、刑、工三部受事付事，兼带修注官，回避其间记述之事。"(脱脱，等，1975)

《金史》："辛酉，谕尚书省，宰执所以总持国家，……"(脱脱，等，1975)

③ 故此世宗会说出这样的话："戊子，上谓宰臣曰：'臣民上书者，多尚书省详阅，而不即具奏，天下将谓朕徒受其言而不行也，其亟条具以闻。'"(脱脱，等，1975)

《金史》卷 14・本纪第十四・宣宗上・至宁三年：

"参知政事徒单思忠言：'今陈言者多掇拾细故，乞不送省，止令近侍局度其可否发遣。'上曰：'若尔，是塞言路。凡系国家者，岂得不由尚书省乎？'"(脱脱，等，1975)

④ 《金史》卷 9・本纪第九・章宗一・明昌三年：

"上以军民不和、吏员奸弊，诏四品以下、六品以上集议于尚书省，各述所见以闻。"(脱脱，等，1975)

《金史》卷 10，本纪第十・章宗二・明昌五年："戊寅，……敕尚书省，集百官议备边事。"(脱脱，等，1975)

⑤ 《金史》卷 9・本纪第九・章宗一・明昌三年：

"上以军民不和、吏员奸弊，诏四品以下、六品以上集议于尚书省，各述所见以闻。"(脱脱，等，1975)

《金史》卷 10・本纪第十・章宗二・承安二年：

"五月丙子，集官吏于尚书省，诏谕之曰：'今纪纲不立，官吏弛慢，迁延苟简，习以成弊。职官多以吉善求名，计得自安，国家何赖焉。至于徇情卖法，省部令史尤甚。尚书省其戒之。'"(脱脱，等，1975)

《金史》卷 10・本纪第十・章宗二・承安二年：

"八月……辛巳，以边事未宁，诏集六品以上官于尚书省，问攻守之计。应中外臣僚不以职位高下，或有方略材武，或长于调度，各举三五人以备选用，无有顾望不尽所怀，期五日封章以进。议者凡八十四人，言攻者五，守者四十六，且攻且守者三十三，召对睿思殿，论难久之。"(脱脱，等，1975)

《金史》卷 14・本纪第十四・宣宗上・至宁元年：

"十一月庚午，将乞和于大元，诏百官议于尚书省。"(脱脱，等，1975)

《金史》卷 14・本纪第十四・宣宗上・至宁二年：

"三月甲申，大元乙里只扎八来。诏百官议于尚书省。"(脱脱，等，1975)

金中都中尚书省的位置，在同一年使金的楼钥和范成大的记载中却有分歧。楼钥记其在西千步廊的中段，与太庙相对，范成大却说在宫城的东华门和集禧门之间。《大金国志》的记载与楼钥相同，《金史·地理志》则与范成大相同。但是《金史·卷17·哀宗本纪》曾有哀宗天兴元年（1232年）正月“癸未，置尚书省、枢密院于宫中，以便召问。”的记载，所言虽为汴梁事，但由此可知金之制度尚书省本应设于宫外。《金史·卷126·刘从益传》亦记百姓诣尚书省①，可见，尚书省绝不可能在禁中。因而，尚书省之所在当以《大金国志》与楼钥所说为是。但集禧门外有尚书省的说法，不应完全无据，在《大金国志》“燕京制度”条中记为内省，或其为尚书省官人值宫中之所。

元代的中央机构主要组建于元世祖忽必烈时，大体由管理行政的中书省、管理军事的枢密院、监察机构御史台组成。尽管元代的机构组成从未像大金国那样完全转化成汉化的集权形式，由官僚行政机构培养起来的官僚阶层也从未能取代蒙古贵族的强大势力，但是从决策的程序上来说，中书宰执始终是辅助皇帝管理国家的重臣，正如刘敏中言：“天育万物，不能自理，付之天子；天子理万物，不能独为，责之中书。中书，所以行天子之令，而裁制天下者也……”②中书省的都堂也是百官集议的场所（陈高华，史卫民，1996）[53-54]。因此中书省是整个文官官僚机构的神经中枢。“在元朝的组织结构中，就联系与控制方面而言，其大多数部门都最终对中书省负责。例如，军队将领与监察系统的高级官员以外的人写的所有奏折都要通过中书省送呈皇帝。反过来，中书省也有权荐举官员，草拟诏书，并奏请皇帝批准。除了作为联络中心，中书省事实上对帝国范围内所有的文职官员的任命都有控制权。但是，军队、监察、宣徽院、宣政院和世袭的投下职位则通过它们各自的系统来进行”（傅海波，崔瑞德，1998）[673]。

元大都城中，枢密院紧靠着东华门，御史台位于接近东华门的文明门街西侧，大都城中的中书省，至元四年（1267年）新建大都时，立于凤池坊北，至元二十四年（1287年）桑哥又立尚书省，置于大内南之五云坊，至元二十七年（1290年），撤尚书省，并入中书省，但省署仍用五云坊之署，是有南省北省之称。至顺二年（1331年），以北省之地为翰林国史院，南省即是中书都堂。因之，虽然刘秉忠规划时将中书省立于北部中央钟楼西，但实际上元代大部分时间省的位置都在大内以南的五云坊。因此大都城中最重要的三个中央机构都集中在皇城的东南部。

简略回顾一下宫室制度的变迁，可知自汉魏至隋唐，发生了两大变化，其一是骈列制的消失；其二是东西堂制度的消失。

骈列制涉及宫廷与中央政府的关系。要点在于“礼仪性的大朝殿廷一组与处理政务的议事处及枢要部门一组二者在宫内的平行并列”（郭湖生，1997）[170]，就当时而言即太极殿与尚书省两组建筑的东西并列。骈列制始见于曹魏邺宫，此时为尚书省权力的高峰，尚书省朝堂为日常议政之处。至隋复周制三朝，尚书省也成为宫外机构，不复再与宫殿形成并列轴线。个中原因，郭湖生先生亦已有过阐述：“骈列制既是以尚书台作为中央政府的机构而产生，其消亡的根本原因，也正在尚书台的‘见外’和威权日替。这一情况，在南朝中期即已明显暴露。……中书门下因为代表了皇帝旨意，为实权所在，是决策机构；而尚书已见‘外’，降为执行命令的行政部门。最后，尚书由宫内机构变成与卿、监同列的宫外机构，骈列制也随之终止。”（郭湖生，1997）[170-174]（傅熹年，2001）[365]

至于东西堂，则指自曹魏迄陈，以太极殿为大朝，东西堂为常朝日朝的做法（刘敦桢，1987）[456-463]。至隋建大兴宫，三朝南北并列，已无东西堂，但是隋建洛阳宫，在大殿乾阳殿的东西两侧有文成、武安两殿，也用于日常召见臣下，似仍有东西堂之遗意（傅熹年，2001）[371]。

---

① 《金史》卷126·列传第六十四·刘从益：

“久之，起为叶县令，修学励俗，有古良吏风。叶自兵兴，户减三之一，田不毛者万七千亩有奇，其岁入七万石如故。从益请于大司农，为减一万，民甚赖之，流亡归者四千余家。未几，被召，百姓诣尚书省乞留，不听。”（脱脱，等，1975）[2733]

② 《全元文》：“奏使宣抚言地震九事·大德七年十月”（李修生，1999）[380]

不过，另一方面，上述关于骈列制的解释是以尚书省为主线来讨论的。如果从中央政府的角度来看，隋唐时期，原尚书省的权力实际是转移到了中书、门下两省，中书、门下取代尚书省成为中央政府之后，它们的位置仍然在宫城之中。但与骈列制时期的尚书省不同的是，这时的中书、门下不再构成能与宫殿主轴线抗衡的次轴线，而是依附于由大朝中朝与内朝所形成的中轴线布置，在洛阳宫中，更是与有着东西堂影子的文成、武安两殿相结合。这种差别实质是由于自汉代就开始的帝权逐渐加强，宰相之权逐渐削弱的结果，换言之，随着帝权的加强，中书省未能占据如早期尚书省那样的重要性，反之，皇帝用于日常召见臣下处理政务的场所却从从属于中轴线大殿的位置转移到与大殿处于同一轴线，成为主要宫殿之一，其在形制中所表达出的重要性显然大大超过了原来的东西堂。

洛阳的做法，如前一节已论及的，在经过五代的改建后为北宋汴梁所模仿，形成宫城内部，大朝殿与常朝殿东西并列的两条轴线，中书、门下省的位置则在宫城以内，常朝文德殿以南，从空间意义上来说，承接了隋唐的传统。

反观金中都的格局，尚书省置于宫外的做法仍可说模仿了隋唐长安而不是汴梁。但是，长安城中尚书省被置于宫外是因为其重要性的下降，真正的中央政府中书与门下省仍在宫中。将中央政府排除在宫城之外似为金中都始创，这一做法以及太庙布置于宫城门东南的方式以后又都被明清的宫室制度所继承(图 5-14)。

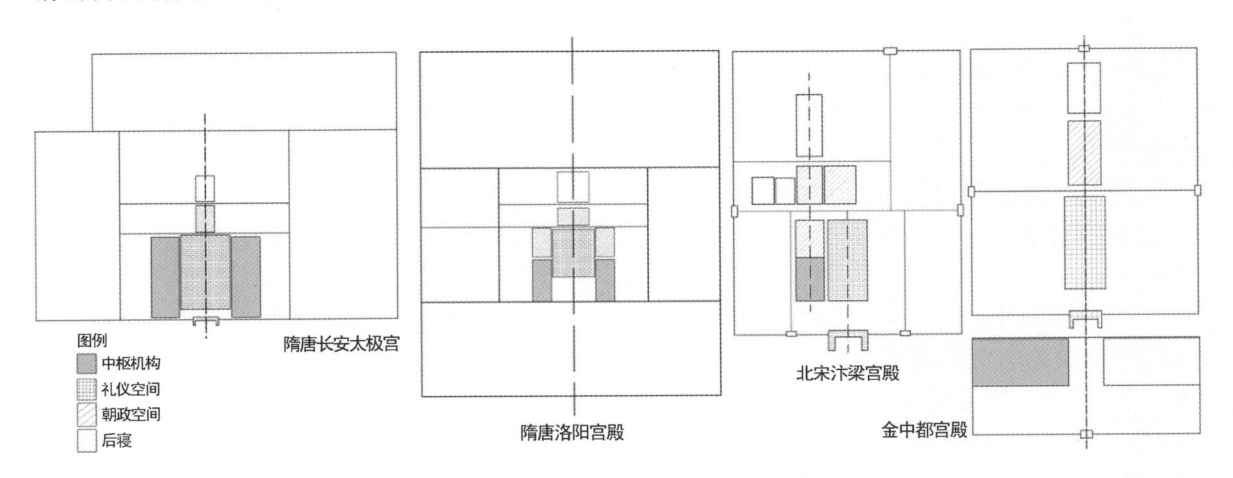

图 5-14　中枢机构与宫殿布局关系分析示意图

至于元代，无论是中央政府组织方式还是布局都与前代没有相同之处。中枢机构中文官系统(中书省)、军事系统(枢密院)与监察系统(御史台)互相独立，这些机构不仅没有安排在宫城中，甚至都不在皇城中，并且除了枢密院紧靠东华门之外，中书省最初的位置远离皇城，在城市的中央，《析津志》称其位置为紫微垣，后来能在南省的位置固定下来，估计也与中轴线无关，而是因为靠近宫城，办事方便的缘故。

5.3　金之太庙问题

5.3.1　原庙、神御殿、影堂、影殿

庙之制，除太庙之外，历代又有原庙、神御殿、影堂、影殿，其中主要区别在于，太庙奉安神主，太庙的祭享与郊相对，为国家大典之一；其余原庙等则奉衣冠御容，享祭的时间仪式与太庙相比更

频繁，也较随意，更接近于家人的纪念。

原庙的设立最早见于汉惠帝时，乃属一种权宜之计①，所谓原，据后人之注释，为再之意："文颖曰：'高祖已自有庙，在长安城中，惠帝更于渭北作庙，谓之原庙。尔雅曰原者再，再作庙也。'晋灼曰：'原，本也。始祖之庙，故曰本也。'师古曰：'文说是。'"（班固，1976）[297]

而神御殿的说法最早似见于北宋真宗间②，《宋史》以为神御殿即原庙。"神御殿，古原庙也，以奉安先朝之御容。"（脱脱，等，1976）[2624]

北宋神御殿的设置不仅限于京府，地方之建往往与该帝事迹有关，有较多纪念的性质，亦为官员的媚上开启途径。"皇佑中，以滁州通判王靖请，滁、并、澶三州建殿奉神御，乃宣谕曰：'太祖擒皇甫晖于滁州，是受命之端也，大庆寺殿名曰端命，以奉太祖。太宗取刘继元于并州，是太平之统也，即崇圣寺殿名曰统平，以奉太宗。真宗归契丹于澶州，是偃武之信也，即旧寺殿名曰信武，以奉真宗。'"（脱脱，等，1976）[2625]

北宋神御殿在同一城市中也不仅限于一处，且往往与寺院道观结合。如在东京，"凡七十年间，神御在（景灵）宫者四，寓寺观者十有一"。（脱脱，等，1976）[2620]宫城内也建有神御殿，即钦先孝思殿。"徽宗政和四年（1114 年），十二月己酉，以禁中神御殿成，减天下囚罪一等。"（脱脱，等，1976）[394]"东京神御殿在宫中，旧号钦先孝思殿。"（脱脱，等，1976）[2627]此当为后世明清宫中奉先殿的前身。

神御殿的祭祀深受道家影响，"旧制，车驾上元节以十一日诣兴国寺、启圣院，朝谒太祖、太宗、神宗神御，下元节诣景灵宫朝拜天兴殿，朝谒真宗、仁宗、英宗神御。"（脱脱，等，1976）[2622]上元节与下元节来自道教的三官说，道家有三官：天官、地官、水官，谓天官赐福，地管赦罪，水官解厄。三官的诞生日分别为农历的正月十五、七月十五、十月十五，这三天被称为"上元节"、"中元节"、"下元节"。上元即元宵，祭祀天帝，下元节道观做道场，民间则祭祀亡灵，并祈求下元水官排忧解难。神御殿祭祀日期与民间节日及道教的这种关联性，也显现出与儒家礼仪的太庙截然不同的性质。

另一方面，唐宋时又有太清宫、景灵宫的设置。唐时假托老子为皇祖以抑佛崇道。……开元二十九年，又诏两京及诸州各置玄元皇帝庙一所。西京玄元皇帝庙，天宝二载称太清宫，在大宁坊。太清宫之庙制约相当于太庙。天宝十载，定制每有事南郊，先荐献太清宫、荐享太庙，其后遂为故事。北宋……真宗笃信道教，奉轩辕黄帝为始祖，于大中祥符五年，仿照唐太清宫制度，建景灵宫（卿希泰，2007）。

因此，景灵宫制度虽约相当于太庙，并且其中亦建有几座神御殿，但其所供奉的始祖有更多神话的意味，而神御殿则多与寺庙道观结合，着重于祈福和纪念，实为两个系统。这种情形直到神宗元丰改制时方为一变。

"即景灵宫建诸神御殿，以四孟荐享；……此熙宁、元丰变礼之最大者也。"（脱脱，等，1976）[2423]

"元丰五年，始就宫作十一殿，悉迎在京寺观神御入内，尽合帝后，奉以时王之礼。……诏自今朝献孟春用十一日，孟夏择日，孟秋用中元日，孟冬用下元日，天子常服行事。荐圣祖殿以素馔，神御殿以膳羞，器服仪物，悉从今制。天兴殿门以奉天神不立戟，诸神御门置亲事官五百人，立戟二

① 《史记》卷 99："孝惠帝为东朝长乐宫，及闲往，数跸烦人，乃作复道，方筑武库南。叔孙生奏事，因请闲曰：'陛下何自筑复道高寝，衣冠月出游高庙？高庙，汉太祖，奈何令后世子孙乘宗庙道上行哉？'孝惠帝大惧，曰：'急坏之。'叔孙生曰：'人主无过举。今已作，百姓皆知之，今坏此，则示有过举。愿陛下原庙渭北，衣冠月出游之，益广多宗庙，大孝之本也。'上乃诏有司立原庙。原庙起，以复道故。"

② 《宋史》："真宗咸平四年，谒启圣院太宗神御殿。"（脱脱，等，1976）[114]

《宋史》："真宗景德四年，诏西京建太祖神御殿。"（脱脱，等，1976）[132]

十四。累朝文武执政官、武臣节度使以上并图形于两庑。凡执政官除拜，赴宫恭谢。其后南郊先诣宫行荐享礼，并如太庙仪。”（脱脱，等，1976）[2621]

这个景灵宫与神御殿结合的过程，一方面并没有改变神御殿的多处建造及与寺观结合的特点，另一方面将宫廷的神御殿祭祀制度化和神圣化，使之更接近于太庙。而景灵宫供奉始祖轩辕黄帝的本意反而被淡化了。

金元两代的原庙（神御殿）制度既是对北宋的一种继承，又不像北宋那样泛滥，并且各有特点。金代最初建御容殿于寺院中（神御殿与寺院的结合将于后文论述），后逐渐撤出至专门的原庙，称衍庆宫。《金史》记载：

“大定二年，改葬睿宗于景陵。初，后自建浮屠于辽阳，是为垂庆寺，临终谓世宗曰：‘乡土之念，人情所同，吾已用浮屠法置塔于此，不必合葬也。我死，毋忘此言。’世宗深念遗命，乃即东京清安寺建神御殿，诏有司增大旧塔，……十三年，东京垂庆寺起神御殿。”（脱脱，等，1975）[1519]

“天会三年三月，上尊谥曰武元皇帝，庙号太祖，立原庙于西京。”（脱脱，等，1975）[42]

“天眷二年九月立太祖原庙于（上京）庆元宫。”（脱脱，等，1975）[75]

“皇统四年七月建原庙于东京。”（脱脱，等，1975）[80]

5.3.2　金中都之太庙

因而金中都的太庙实际指两个部分，一为同堂异室奉神主之太庙，原有十一室，大定十九年（1179 年）增为十二室（脱脱，等，1975）[729]；二为分殿奉御容的衍庆宫（即原庙）。均始建于天德三四年间（1151/1152 年），贞元初（约 1153 年）又增广之。

金中都太庙的建造过程史籍所载并不很清晰。皇统三年（1143 年）以前，上京已有庆元宫，天眷二年（1139 年）以庆元宫为太祖原庙。皇统三年（1143 年）至八年（1148 年）建上京太庙。是以皇统三年（1143 年）以后，上京太庙与原庙（庆元宫）并存。燕京则以辽之故庙安置御容。

燕京太庙的建造，《大金集礼》记“天眷四年，缘燕京起盖太庙，原庙不见依典有无俱合告享，检讨到三代以前并无原庙，至汉惠帝时叔孙通始建议置原庙于长安渭北，曾荐时果，其后又置原庙于丰沛，别不该曾行享荐之礼，又汉以后历代亦无原庙两都告享之礼，禀定只于燕京建原庙（内宫曰衍庆殿曰圣武，门曰同，阁曰崇圣），准备行荐享之礼”（张玮，等，1999）[15]但《金史》中与此类似的一段文字是记在海陵天德四年（1152 年）条下：“海陵天德四年，有司言：‘燕京兴建太庙，复立原庙。三代以前无原庙制，至汉惠帝始置庙于长安渭北，荐以时果，其后又置于丰、沛，不闻享荐之礼。今两都告享宜止于燕京所建原庙行事。’于是，名其宫曰衍庆，殿曰圣武，门曰崇圣。”（脱脱，等，1975）[787-788]讨论的重点当在原庙不应两都告享，引用汉代的例子，以说明只需在都城荐享而无需在陪都荐享，最后决定在燕京的原庙告享。天德四年（1152 年）正值海陵预备迁都，天眷时则不应有两都的疑惑，因此应以《金史》为是。而“门曰崇圣”似是阁曰崇圣之误。由此中都太庙原庙的建设是与宫室的建造在同一个时期①，即天德三四年间（1151/1152 年）。贞元初又增广太庙（脱脱，等，1975）[727]。原庙名为衍庆宫，供奉太祖御容，后世宗大定五年（1165 年）重建会宁府太祖庙，又从中都迁去部分御容②。

其后，大定二年（1162 年）在太庙垣内之东建昭德皇后庙，大定十二年（1172 年）在太庙之东别

① 太庙与衍庆宫也不会是同一组建筑，否则大定十一年的册皇太子仪中，太子告庙后“出东神北偏门谒别庙”，此时在衍庆宫的圣武殿东又新建了两座神御殿，路线便不可解。

② “五年，会宁府太祖庙成，有司言宜以御容安置。先是，衍庆宫藏太祖御容十有二：法服一、立容一、戎衣一、佩弓矢一、坐容二、巾服一，旧在会宁府安置；半身容二、春衣容一、巾而衣红者二，旧在中都御容殿安置，今皆在此。诏以便服容一，遣官奉安，择日启行。”（脱脱，等，1975）[788]

建一庙(脱脱,等,1975)[797]。大定十四年(1174 年)建闵宗别庙于太庙东墙外阶东,大定十九年(1179 年)毁。大定十七年(1177 年)增建三座原庙,皆在衍庆宫中,世祖神御殿在太祖神御殿西,太宗、睿宗神御殿在太祖神御殿东①。大定二十五年(1185 年)建宣孝太子庙(脱脱,等,1975)[799-800]。大定二十六年(1186 年)又在昭德皇后别庙与太庙之间建昭德皇后影殿。

大定十年(1170 年)范成大和楼钥使金所看到的御廊东侧的太庙包括衍庆宫、太庙与太庙之东的昭德皇后旧庙。衍庆宫中此时只有一座太祖原庙,太庙则为十一室。

衍庆宫和太庙的位置关系史无明载,参考《金史礼志》中昭德皇后庙与宣孝太子庙布局,供奉御容的影殿都在供奉神主的庙的西侧(脱脱,等,1975)[797-800],则较有可能的是衍庆宫在太庙之西②。并且,大定八年(1168 年)册皇太子仪中,太子告庙出左掖门后"东行由太庙西阶转至庙"③,若太庙紧靠在东千步廊之东,则出左掖门不需东行即可至庙西阶。

大定十七年(1177 年)在衍庆宫增建三座原庙,各殿规模与太祖神御殿同④。因而可知太祖原庙也是殿七间,阁五间,内三门五间(脱脱,等,1975)[790],所谓内三门为殿门。增建的三座原庙一座在太祖原庙西,两座在太祖原庙东。按《营造法式》七间殿取二等材,阁、门依次降等。院落占地宽取 150 尺。东面二庙若一字排开则太庙场地太过局促,因此其中一庙取在东南侧。

衍庆宫的外垣有灵星门。《金史》卷 33 记大定十六年(1176 年)朝谒仪:"……宣徽院率其属,于圣武门(即太祖原庙之庙门,太祖原庙主殿名圣武)外之东设西向御幄,灵星门东设皇太子御幄。"(脱脱,等,1975)[792]又昭德皇后影殿外垣设灵星门,由此推测衍庆宫的灵星门或即为衍庆宫外垣门。从宣孝太子影殿布局中特意说明无阙角及东西门推断皇帝的影殿内垣墙四角建有阙楼。

太庙东侧的昭德皇后新庙"正殿三间,东西各空半间,以两间为室,从西一壁上安置祏室。庙置一便门,与太庙相通。"(脱脱,等,1975)[797]

昭德皇后影庙,其规模"殿三间,南面一屋三门,垣周以甓,外垣置灵星门一,神厨及西房各三间。……仍于正南别创正门,门以坤仪为名。仍留旧有便门,遇禘祫由之。每岁五享并影庙行礼于正南门出入。又于庙外起斋廊房二十三间。"

宣孝太子庙位置不详。但是大定二十六年(1186 年)建昭德皇后影殿时,太庙东侧的空地广三十四步,袤五十四步(脱脱,等,1975)[799],宣孝太子庙西侧又有宣孝太子影殿,由此推测先于昭德皇后影殿一年建造的宣孝太子庙在太庙东南。大定二十五年(1185 年),有司奏:"……拟于法物库东建殿三间,南垣及外垣皆一屋三门,东西垣各一屋一门,门设九戟。斋房、神厨,度地之宜。又奉旨,太子庙既安神主,宜别建影殿。有司定拟制度,于见建庙稍西中间,限以砖墉,内建影殿三间。南面一屋三门,垣周以甓,无阙角及东西门。外垣正南建三门一,左右翼廊二十间,神厨、斋室各二屋三间。……"(脱脱,等,1975)[799-800]

尽管文献记载中未言庙之主殿后有廊及寝,但根据宋金时主殿以工字殿为多,金中都太庙及各庙主殿采用工字殿形式的可能性较大。

位于中间的太庙布局规模亦无明文记载,仅知太庙大殿有十一室,后增至十二室。太庙应取一等材。太庙东西侧的衍庆宫与昭德皇后庙、宣孝太子庙的尺度有一个大致的推算后,中央太庙

---

① 《金史》卷 7・世宗本纪:"(大定十七年正月)戊申,诏于衍庆宫圣武殿西建世祖神御殿,东建太宗、睿宗神御殿。"(脱脱,等,1975)[166]

② "迨海陵王徙燕,再起太庙,标名曰衍庆之宫,奉安太祖、太宗、德宗。又其东曰原庙,奉安玄祖、太圣皇帝杨割。"似乎是将太庙和原庙说颠倒了。(宇文懋昭,1986)[473-474]

③ 大定八年册命(皇太子)仪(张玮,等,1999:第四册)[28]。

④ 《原庙上・奉安》:"(大定)十七年正月十七日,拟定世祖太宗睿宗殿位制度并依太祖殿位一体营建……"(张玮,等,1999:大金集礼)[21-22]

的占地规模便有了大致的轮廓。太庙主殿若和汴京太庙一样两三间为一室，则没有足够大的空间，因此取一间为一室，则十一室即十一间。

由大定十一年(1171 年)朝享仪仪注可知，太庙内外两重垣，内垣有南神门、东神门、西神门。太庙主殿前有横街，横街北有东、西街。(脱脱，等，1975)[732]由时享仪可知外垣有四门，庙门有东西舍(脱脱，等，1975)[743]。南面有三门。南神门亦有东西偏门(脱脱，等，1975)[756]。

楼钥所见御廊中段有宽阔的大道，显然是因为衍庆宫门与太庙门外需要一定的场地举行仪式的缘故。如衍庆宫朝谒仪时亲王宰执四品以上官可入殿庭，五品以下立于殿门外，八品以下则在衍庆宫门外(脱脱，等，1975)[792-793](图 5-15)。

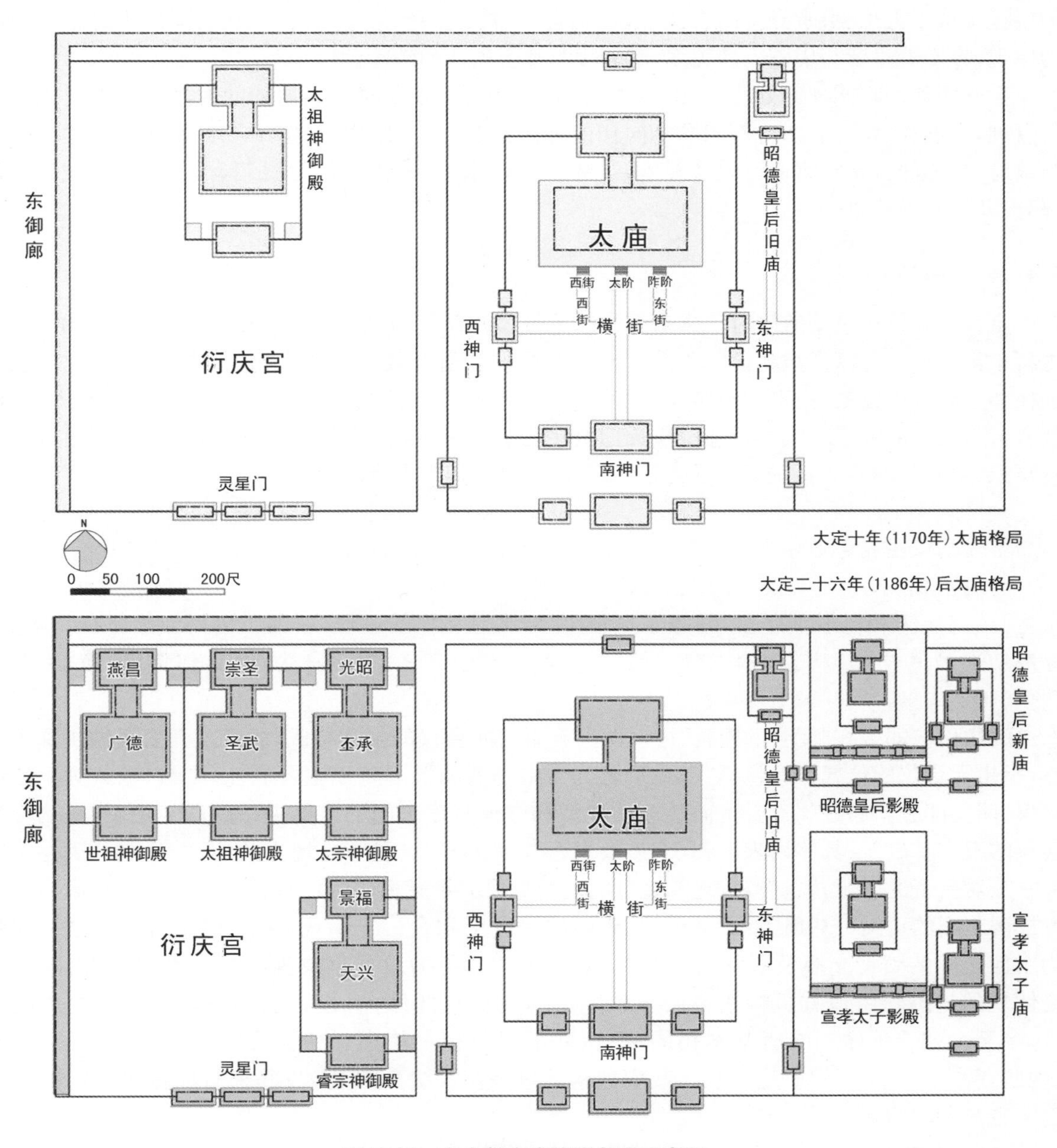

图 5-15　金中都太庙格局复原示意图

5.4 帝制的空间序列——礼仪角度的观察

礼仪并非形式主义的表演，自其诞生之日起，礼仪便作为社会规范的一部分，在发展演变的过程中与国家政权性质及社会结构的变迁相联系，同时仪式过程中路线、方位与场所的组织，亦使宫殿、中枢机构与郊庙间隐含的秩序得以显现。

统一帝国的礼制体系肇始于秦汉而完备于隋唐，此后由宋至明清，虽迭有更作，但均未脱离这一体系。这一礼制体系的社会功能，可从两方面来说，首先，天子为天地宗庙社稷之主，郊庙社稷的祭祀维持了天子/皇帝身份的合法性；而朝会、上尊号、册封、上尊谥、贺礼，等等，则是皇帝身份的体现，界定着皇帝与周围人的关系，起着规范社会秩序的功能。

金元两朝面临同样的处境，即以游牧民族入主中原，必须对迅速增加的大量定居农业人口进行管理，虽然程度不同，二者都采取了同样的方式：依靠汉人儒生，借鉴中原王朝的模式建立国家与政府，具体而言文官官僚行政管理体系、皇帝制度、礼仪制度以及都城形制都是这个模式的组成部分，并且互为表里。

5.4.1 金中都

金代的礼仪奠基于熙宗时。熙宗天眷二年(1139年)三月命百官详定仪制，其主要人物即后来主持中都宫殿与汴京宫殿建设的张浩。按照举行的场所及其关联的人物，金之礼仪可分为几类，朝仪和上尊号以宫殿、尚书省为中心，规范君臣秩序；上谥号和册封皇太子等联系宫殿与太庙，涉及皇帝与家人的关系；肆赦、献俘以应天门为中心，是皇帝面向天下臣民发布诏令；郊则更进一步将宫殿、太庙与四郊的礼制建筑联为整体，标志着皇帝作为天子的合法身份。

1) 朝仪

金代朝仪主要包括相当于大朝会的“元日称贺仪”、“圣节称贺仪”和朔望朝参及常朝。

与唐宋相比，金之朝仪，尤其是大朝会出现了很大的变化。一是举行的时间是在元旦与皇帝生日，与唐宋相比取消冬至，增加了皇帝生日；二是礼仪的过程，取消了诸州或诸方镇贡物，仅存阁使奏诸道表目。并且在《大金集礼》中并未以朝会名之，而是称为“元日称贺仪”与“圣节称贺仪”。

渡边信一郎曾在“元会的建构”中对两汉至唐的元会仪的仪式构成、意义及其变迁做了深入分析，指出元会仪的仪式程序包括“以委贽之礼为中心的朝仪”与“以上寿酒礼、宴飨、歌舞为中心的会仪”两大部分，“通过朝贺委贽而达成的皇帝和中央官僚之间的君臣关系的逐年更新，是构成元会仪的根本基础”。具体说来，“朝仪”涉及皇帝与中央官僚、皇帝与地方政府，委贽之礼表达了中央官僚对皇帝的臣服，紧随委贽之礼之后的诸州贡物的奉献表明了以皇帝为代表的中央政府与地方郡国之间的贡纳—从属关系。“会仪”体现的是君臣和合。至隋代，中央官僚的委贽之礼演化为君臣之间的贺词交换及群臣的舞蹈礼，对地方上计吏的敕戒也改为朝集使参加朝贺，这种转变体现的是隋代由地方机构改革所导致的中央集权化的倾向(渡边信一郎，2006)。北宋的元旦、冬至大朝会程序与隋唐基本相同，但地方不再有朝集使参加朝会，诸方镇表由中书令上奏(脱脱，等，1976)[2745-2749]。这体现了政权建构的进一步中央集权化，与北宋时期行政制度的发展趋势也是相符合的。

循着这样的思路来看，金之“元日称贺仪”与“圣节称贺仪”，在相当于第一段“朝仪”的阶段，皇太子上阶进酒，阁使代表百官与皇帝互致贺词；其后阁使奏诸道表目；群臣在阶下行舞蹈礼或折躬。第二阶段的赐宴先由宋、高丽与西夏使者祝贺词。与唐宋礼仪相比，反映中央与地方之贡纳—从属关系的礼仪已经完全消失①，仪式尽管有君臣贺词交换的形式，但总体来看更是群臣与臣属国家对皇帝的单方面称贺，皇帝个人的至高无上性得到进一步凸显；除了元旦，朝会时间不在冬至而是在皇帝生日举行同样强调了这一点。与隋唐时的元会仪相比，这些特征削弱了大朝会作为“皇帝和中央官僚之间的君臣关系的逐年更新”的仪式的意义。

朔望日为朝参，七品以上职事官都要参加；余日为常朝，五品以上职事官参加(脱脱，等，1975)[841-842]。朝参与常朝行礼后真正有资格入殿奏事的只有尚书省宰执，若遇气候恶劣大风大雨之类，则放朝参，如有机速事面陈宰执于便殿(张玮，等，1999)[48-54]。

朝仪是在封闭空间中进行的礼仪，“元日称贺仪”与“圣节称贺仪”以大安殿为中心展开，朝参、常朝则在仁政殿举行。殿庭门外是等候空间。在使用上显示出以大安殿或仁政殿为中心，对殿内、阶上及殿庭由近及远，由上到下的基本等级区分。比如在朝参仪中，以仁政殿为中心，自仁政门、宣明门至大安后门，空间由近及远分为几个层次，最远的大安后门与宣明门之间是朝参之前百官等候的幕次所在，参拜在殿庭之中，分班入见，班退等候在仁政门外，只有宰执可上殿奏事。在平面方位观念中，东、中、西尚不像后世那样被划分为更精致的差异空间。

大安殿如同宋之大庆殿、唐之太极殿，在整个宫殿建筑群中占据特殊地位。除了固定的一年两次的元日和圣节称贺，只有登基、上尊号、上尊谥、册封以及出殡等事件才会使用大安殿(见表5-2)，这些礼仪都与皇帝在位期间的重要事件有直接关联，登基意味着成为皇帝；上尊号是一定阶段臣下对皇帝的推戴，在金代前期具有特别的意义(见下节)；出殡是皇帝生涯的终结；而上尊谥与册封皇后、皇太子等，是皇帝对逝去的祖先或在世的家人与皇帝关系的确认。换言之，只有获得了皇帝的身份才能使用大安殿，大安殿是皇帝身份的象征，是围绕皇帝，以确认皇帝身份以及皇帝及其周围人关系为目标而展开的一切礼仪的中心。例如在上尊谥和册礼中，皇帝授册宝是仪式中的主要环节，都在大安殿殿庭中举行，并从大安殿发出。这些礼仪界定了皇帝与周围人(臣僚、祖先、家人)的关系。对于皇帝，进入大安殿是神圣重要的仪式行为，不仅先期有仪仗的排布，而且皇帝也必须穿着合适的服装，并遵循一定的程序。因此《大金集礼》大定间亲册皇太子礼中就说：“册命于大安殿，为上亲册，故重其礼。表谢于仁政殿，为在下谢上，不敢再劳圣驾御大安殿。”(张玮，等，1999)[24]对于群臣，进入大安殿就是进入了皇帝的神圣空间，行为举止都受到约束。大安殿门与应天门之间的广场是百官在礼仪开始前的等候之处，成为官员进入皇帝空间之前的过渡。

2) 皇帝册礼(上尊号仪)

与相对简略的朝仪相比，金之皇帝册礼，即臣下给皇帝上尊号的礼仪更能反映金之君臣关系。司马光认为“尊号起唐武后、中宗之世，遂为故事……”但并不符合儒家正统礼仪，因对宋儒而言这类礼仪近于给活着的皇帝上谥号(脱脱，等，1976)[2641]。但对金的统治者来说，不仅仅在开国，而且在之后很长一段时期，上尊号都是确立统治的重要象征。《金史》卷二：“太祖二年(1114年)十一月吴乞买、撒改、辞不失率官属诸将劝进，愿以新岁元日恭上尊号。太祖不许。阿离合懑、蒲家奴、宗翰等进曰：‘今大功已建，若不称号，无以系天下心。’太祖曰：‘吾将思之。’”第二年(收国元年)正月金太宗就在群臣奉上尊号后即位。对于金国的皇帝，上尊号表达了臣对君的功绩的承认与评价，并由此得以确立统治的合法性与正统性。在大定七年有司关于册礼后恭谢太庙的上奏中说：“今因天下推戴，昭受大册……”(张玮，等，1999)在由部族向以皇帝制度为核心的中央集权政权转变中，上尊号礼起了重要的过渡作用。《大金集礼》也将皇帝册礼置于开篇两卷重点记述。

① 大定四年，世宗“罢路府州元日及万春节贡献”，见(脱脱，等，1975)[133]。《大金集礼》中的元日、圣节称贺仪没有详细记载制定礼仪的过程，包括礼仪本身也缺少仪式开始前仪仗器物的摆放方式，因此《大金集礼》这一节当是有阙文。不过从朝仪中无诸州贡物来看，记录的是大定四年以后实行的仪式。

分析《金史》所记数次群臣给皇帝上尊号的背景也可看出,金之上尊号未必与新皇帝即位同时,但却基本上发生在制度性变革之后(表5-3)。例如熙宗即位于天会十三年(1135年),但即位后并未改元,天会年号沿用至十五年(1137年),后改天眷,直到宗翰死后,启用汉臣、建设上京宫殿并修订礼仪告一段落,才有皇统元年(1141年)的上尊号与改元。海陵弑熙宗自立,第二年就有上尊号仪;迁都中都并完成太祖太宗陵的迁移后有第二次上尊号。但到世宗以后,随着金之政权建设的逐渐成熟,上尊号渐渐失去金建国初期的确立统治象征的意义,成为更中原化的仪式,世宗大定十一年(1171年)的上尊号就与中原礼仪的郊庙结合在一起,但从此也可看出金仿照中原体制建立的统治制度、皇帝制度已为臣民接受,使得原初意义上的上尊号仪不再有存在的必要,自章宗起就没有举行过上尊号仪,且章宗屡次拒绝臣下上尊号的请求(事见《金史·章宗本纪》),并引宋儒之言拒之[①]。

表5-3 金代举行过的"上尊号"仪

帝号	时间	内容
太祖	收国二年(1116年)十二月	上尊号曰大圣皇帝,改明年为天辅元年
熙宗	皇统元年(1141年)正月	群臣上尊号曰崇天体道钦明文武圣德皇帝。初御衮冕。癸丑,谢太庙。大赦。改元
海陵	天德二年(1150年)二月	戊辰,群臣上尊号曰法天膺运睿武宣文大明圣孝皇帝,诏中外
	正隆元年(1156年)正月	群臣奉上尊号曰圣文神武皇帝
世宗	大定五年(1165年)三月	群臣奉上尊号曰应天兴祚仁德圣孝皇帝,诏中外
	大定七年(1167年)正月	受尊号册宝礼,大赦
	大定十一年(1171年)十一月	丙戌,朝享于太庙。丁亥,有事于圜丘,大赦。癸巳,群臣奉上尊号曰应天兴祚钦文广武仁德圣孝皇帝,乙未,诏中外

注:此表根据《金史》整理。

皇帝册仪分为奉册宝;上寿;宴饮。奉册宝中的核心物品是册宝,整个仪式伴随着册宝的行进分为不同的段落。

第一阶段:奉册宝与读册宝等相应行事官员于尚书省奉迎册宝,并由应天门正门进入大安殿门外的册宝幄次;然后:

1)百官入大安殿门外次;册宝案、册匣宝盏均由西偏门进入大安殿,分别置于殿上与殿庭中相应位置;中严。

2)文武官分左右进入殿庭内东西相向立;符宝郎奉八宝置于御座左右东西;外办。

3)扇合,皇帝出,受镇圭,出自东房即御座南向,释圭,点香,扇开;皇帝出现在众人面前。

第二阶段:册宝由大安殿门正门入殿庭,置于第一墀香案南籍册宝褥位。

4)百官改变队形,分东西班面北而立(导引册宝的各官归位入班);舞蹈五拜;再拜。

第三阶段:奉册宝(先册后宝)。

5)弩手等抬册宝床,相应官员跟随,置于殿西阶下册宝褥位。

6)相应官员取册匣升殿,奉册于御座前,中书令读册;各官从东阶下复本班;然后奉宝也一样,各相应官员从西阶下复本班。(太尉司徒上册宝,中书令侍中读册宝)百官拜。

皇太子先陪侍于皇帝东侧,待奉册宝读册宝结束,由东阶下至殿庭,与百官一起再拜。

再由东阶上至御座前致贺词。由东阶下。皇太子与百官舞蹈再拜。

---

① 《金史》:"泰和五年,群臣复请上尊号,上不许,诏行简作批答,因问行简宋范祖禹作唐鉴论尊号事。行简对曰:'司马光亦尝谏尊号事,不若祖禹之词深至,以谓臣子生谥君父,颇似惨切。'上曰:'卿用祖禹意答之,仍曰太祖虽有尊号,太宗未尝受也。'行简乞不拘对偶,引祖禹以微见其意。从之。其文深雅,甚得代言之体。"(脱脱,等,1975)[2331]

第四阶段：皇帝答礼。

皇太子与百官舞蹈再拜；改变队形，东西向立；礼毕。

扇合。皇帝降自御座，从西房入后阁进膳。册宝从东上阁门具状上进。皇太子与百官归幕次，赐食。之后就是上寿，皇太子进酒并于殿上举行部分官员参加的宴饮。

册仪中意义最重要的是册宝的路线，它以尚书省为起点，由众行事官集于尚书省奉迎，经应天门正门到达大安殿。尚书省作为一个场所的重要性在此表现出来。如果说大安殿代表了皇帝的空间，那么尚书省就代表了中央官僚体系的存在。在郊、庙等礼仪活动中，尚书省也是百官誓戒之处①。尚书省的所在构成了金中都象征权威的都城空间序列的重要组成部分。

然而同时尚书省这一重要部分却又被排除于宫城之外，与六部等中央机构一起位于西千步廊的西侧。在中国都城与宫殿制度的发展过程中，中枢机构首次被完全置于宫城之外，并且一直延续到封建王朝的结束。

3）御楼宣赦

御楼宣赦即大赦，很少独立举行，根据《金史》所记最常见的是在改元之后，其次是即位、上尊号、皇帝葬礼、祔庙及郊天等重大礼仪之后，再就是遇到军国大事，尤其是对帝国有利的事，比如章宗泰和三年(1203年)五月“丙戌，以定律令、正土德、凤凰来、皇嗣建，大赦。”(脱脱，等，1975)[260]又宣宗至宁二年(1214年)四月“以大元允和议，大赦国内”(脱脱，等，1975)[304]。

大赦不仅显示了皇帝超越于整个帝国法律体系之上的绝对权威，同时也是皇帝对臣民某种形式的答谢，从而展示了君臣关系的另一面。

整个仪式以应天门为中心，充满了表演的意味，“大赦天下”以大字书于金鸡所衔的绛幡，金鸡立于高竿上，由伎人爬上竿取幡展示，制书则由乘鹤仙人捧而下，这一系列的安排似乎表示了天子所在是高高在上的天界，而应天门则是神圣天界与世俗凡间的分界。

4）郊、庙

在整个礼仪系统中，郊与庙对于宣示天子/皇帝身份与统治的合法性有绝对重要的作用。神授之君权令天子有资格祭祀天地，国有大事，也必须告于天地，这样的制度大约定型于汉。按四季祭祀不同的神祇，尤以祭天最为隆重，是天子接受天的委任治理天下的象征。在金之君臣关于郊祀的议论中可以看出金世宗对这一点有着非常清楚的认识：“……又谓宰臣曰：‘本国拜天之礼甚重。今汝等言依古制筑坛，亦宜。我国家绌辽、宋主，据天下之正，郊祀之礼岂可不行。’”(脱脱，等，1975)[693]

金代的郊祀完善于大定、明昌(1161—1195年)间。按金史的说法，四郊坛之方位以宫阙为中心，按辰位布置：

“南郊坛，在丰宜门外，当阙之巳地。圆坛三成，成十二陛，各按辰位。壝墙三匝，四面各三门。斋宫东北，厨库在南。坛、壝皆以赤土圬之。北郊方丘，在通玄门外，当阙之亥地。方坛三成，成为子午卯酉四正陛。方壝三周，四面亦三门。朝日坛曰大明，在施仁门外之东南，当阙之卯地。门壝之制皆同方丘。夕月坛曰夜明，在彰义门外之西北，当阙之酉地，掘地污之，为坛其中。”(脱脱，等，1975)[693]

金代南郊祭天始于大定十一年(1171年)，这次郊天后紧接着大赦和上尊号。其后见于记载的

---

① 《金史·礼一·郊》：“天子亲祀，皆前期七日，摄太尉誓亚终献官、亲王、陪祀皇族于宫省。皇族十五以上，官虽不至七品者亦助祭受誓。又誓百官于尚书省。”(脱脱，等，1975)[694]

《金史·礼二·方丘仪》：“斋戒：祭前三日质明，有司设三献以下行事官位于尚书省。”(脱脱，等，1975)[711]

《金史·礼三·时享仪》：“有司行事.前期，太常寺举申礼部，关学士院司天台，择日.以其日报太常寺.前七日，受誓戒于尚书省.其日质明，礼直官设位版于都堂之下，依已定誓戒图……”(脱脱，等，1975)[743]

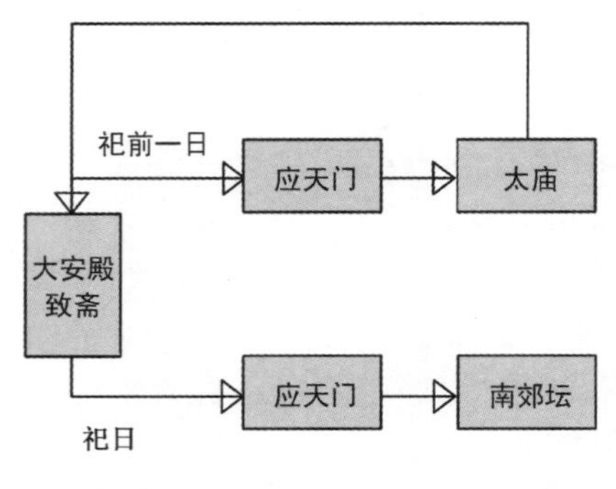

图 5-16　祭天主要阶段示意图

又有章宗承安元年(1196 年),章宗承安二年(1197 年)两次。

以大定十一年(1171 年)为例,郊天分为两个阶段:太庙朝享和祭天(图 5-16)①。

礼仪过程是一个由时间、方位、数字与色彩综合而成的复杂表演。因此,非常重要的部分是官员们在正式仪式开始之前的准备工作,包括提前几天就要将仪式中各个角色的位置(人物、乐、神位、祭器)安排妥当,角色之间的关系是由这些在平面空间中展开的不同方位加以界定的,届时,皇帝只是一个接受摆布的角色。

准备工作包括几个方面:①百官的誓戒;②皇帝与百官的斋戒;③告太庙;④在郊天主要场所圜丘布置仪式所需角色的位置;⑤祭祀所需牺牲的准备,即省牲。在时间上,这几种内容是相互交错的(表 5-4)。

表 5-4　大定十一年(1171 年)南郊祭天准备工作

礼仪主要活动	时间										
	前七日	前六日	前五日	前四日	前三日	前二日	前一日	祀日			
准备								未后二刻	未后三刻	丑前五刻	未明一刻
				太庙陈设馔幔、拜位等	设乐位	设神位、百官位					
						省牲器					
						陈设应天门	太庙朝享				
斋戒	献官皇族誓戒于宫省	散斋			致斋						
	百官誓戒于都堂	散斋			致斋						
	皇帝散斋与别殿	散斋		尚舍准备致斋之陈设	致斋						
陈设			陈设斋宫		设大次小次馔幔燎位坎位	设乐位	设皇帝与众官位	设神位、洗位		礼部设祝册,户部设诸州岁贡,等	
								陈玉币,告洁后撤去		实祭器	
省牲器								设位	省牲		
奠玉币										奠玉币	
											皇帝入场祭祀开始

① 《大金集礼》中有关郊天的几卷已经缺失,今根据《金史·礼志》的相关记载对郊天过程进行还原,但《金史·礼志·郊天》一节行文显然也有错漏,因此只能是大致的推断。

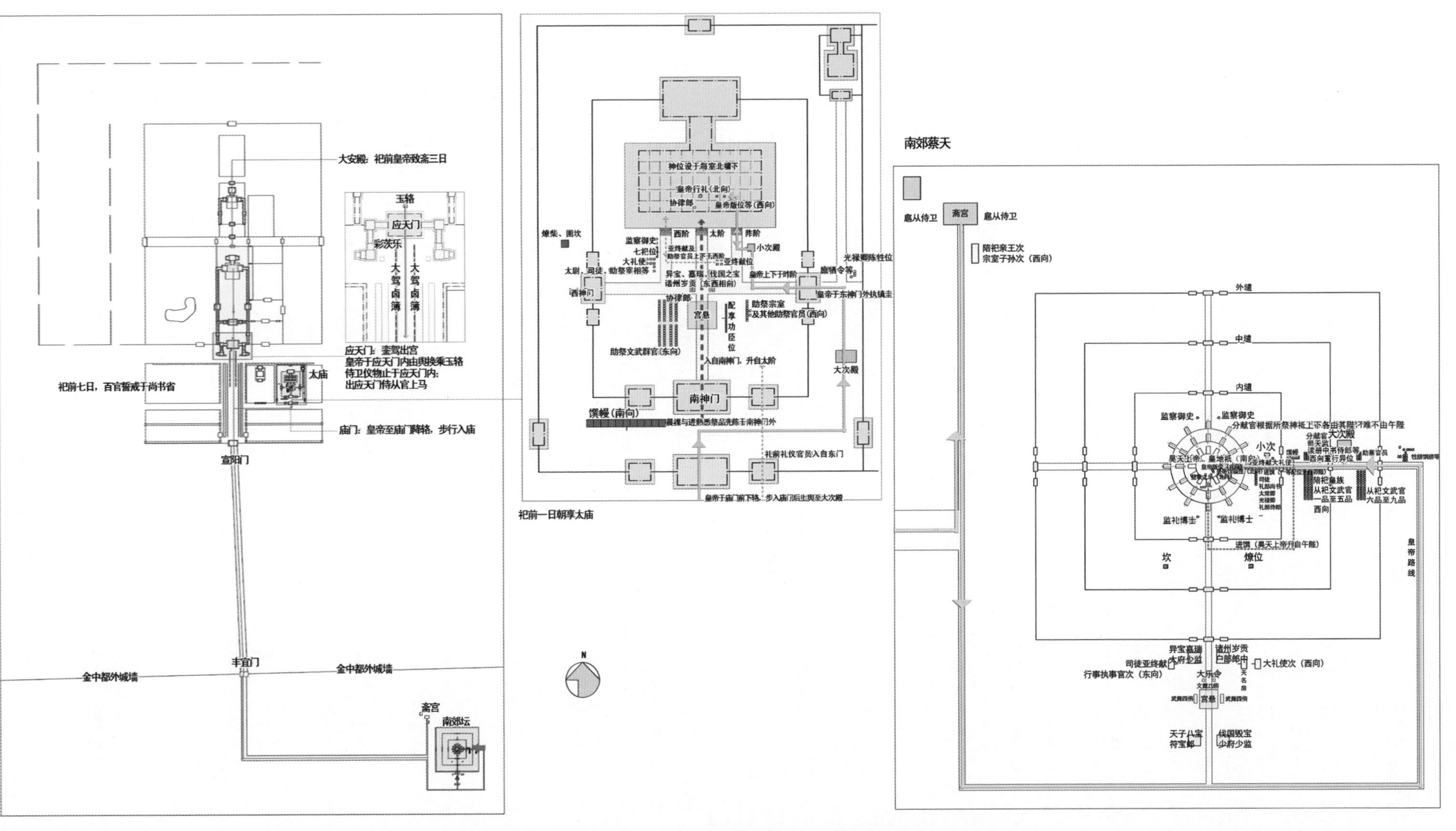

图 5-17　大定十一年(1171 年)南郊祭天主要陈设与路线图示

对皇帝来说，这一系列的活动仍以皇帝的神圣空间-大安殿为起点，参与的第一道仪式是祀前三日举行的致斋，皇帝被群臣从日常生活中接出，送入大安殿。斋戒是自我洁净与隔离的过程，不仅在食物上，而且在处理的事务上都不可接触污秽之物“惟祀事则行，余悉禁”。

无论是先期的朝享太庙，还是正式的南郊祭天，第二个节点都是应天门。作为宫城的正门，应天门界分了神圣与世俗（皇帝与臣民）的世界，大驾卤簿陈设在应天门外，侍从官也要出了应天门才能上马。从大安殿到应天门，再至宣阳门到出城，这一序列构成都城的礼仪轴线。对于皇帝，这段路程不仅仅是以浩荡的仪仗向天下臣民宣示其正统性的舞台，更是身份转换的过程，在大安殿中，他是皇帝，是主人，御座皆坐北朝南，进入祭祀场所，他是天之子，方位的主轴从南北转向东西（图 5-17）。

除了南郊亲祭，方丘与朝日、夕月皆为遣官代祭。四郊祭祀各有定时：冬至日合祀昊天上帝、皇地祇于圜丘，夏至日祭皇地祇于方丘，春分朝日于东郊，秋分夕月于西郊。由此，藉由四郊坛壝的空间分布与祭祀时间的四季周转，宇宙的运行秩序被整合在都城的空间结构中，在这结构的中心，就是皇帝的神圣所在——大安殿。

太庙祭祀皇帝祖先，作为家族权力的合法继承者，庙祭代表着皇帝作为开国皇帝继承者的血统的正统性。金之太庙时享，海陵时一岁两享，大定十一年改定为一岁五享。除此，在尊号和册封仪中，告天地宗庙也是必不可缺的部分。而金世尤重宗庙，无论在建筑设置中，还是在礼仪中，都是原庙和太庙并重，其奏告仪，凡国有大事，皆告。“皇帝即位、加元服、受尊号、纳后、册命、巡狩、征伐、封祀、请谥、营修庙寝，凡国有大事皆告。或一室，或遍告及原庙，并一献礼，用祝币。皇统以后，凡皇帝受尊号、册皇后太子、禘祫、升祔、奉安、奉迁等事皆告，郊祀则告配帝之室。”（脱脱，等，1975）[751]在受尊号与册封之后也要恭谢太庙。死去的祖先始终在参与着生者的日常生活。因此，在位置上，宫与庙是相当密切的，仅以宫城门应天门加以分隔，太庙被置于宫门应天门之前，后至明代，虽然宫前广场与千步廊南移，但宫与庙的关系却并未改变。

总体而言，通过种种国家礼仪，金中都中的大安殿、仁政殿、应天门、尚书省、太庙与四郊坛被整合为象征着天子/皇帝身份与权力的一整套装置（图 5-18）。其中，大安殿及殿庭是皇帝仪式性身份的象征，在空间上成为皇帝的表征，既是册封与接受尊号的中心场所，也是祭天的起点。因此在整个宫殿建筑群中，大安殿是礼仪的、神圣的中心，与日常的朝政与生活截然分开，并与围绕都城分布的四郊坛一起在时空上表达了宇宙秩序与人间秩序合一的观念，继承了“以太极宫为中心将都城整体作为宇宙与天体而构想出来的”唐长安城的传统（妹尾达彦，2006；渡边信一郎，2006）。

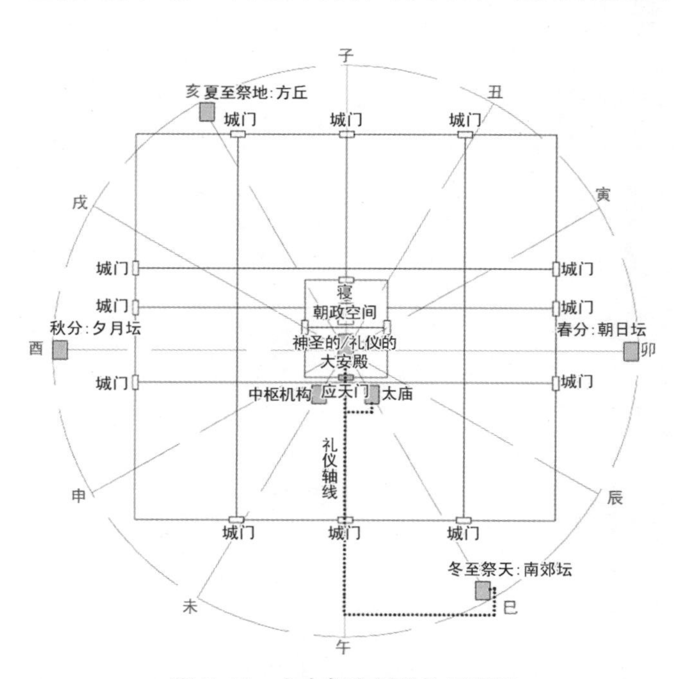

图 5-18　金中都空间结构示意图

大安殿的南侧是应天门，在两种意义上分隔大安殿与宫外空间。在人间世界，应天门分界的是皇帝与臣民，应天门之内有大安殿，应天门之外有尚书省——尚书省都堂象征着中央官僚体系，祭祀之前百官在此誓戒，上尊号仪中，册宝也是由此出发。这种分界的意味在肆赦天下的表演中表达得淋漓尽致；在祭祀仪式中，应天门界分的是人与鬼神的世界，应天门内大安殿中，决定方位尊卑的是人与人的关系，或者说是皇帝与臣下的关系，因此，总是皇帝在北，南向；臣子在南，北向。出了应天门，进入祭祀场所，决定方位尊卑的就是人与鬼神的关系，确切地说是天子与祖先，或者天子与上帝的关系，因此皇帝/天子的位置总是在阳的一方：南和东；神位总是在阴的一方：北和西。

在宫城内部，大安殿北侧是宣华门到玉华门的东西向横街，将礼仪的大安殿与处理日常政务的仁政殿分隔在两个区域。

横街北部又可大致分为两区，较南面是以仁政殿为主的常朝部分。仁政殿中举行的朔望朝参与常朝进一步规范了君与臣、臣与臣之间的等级秩序。稍北则是后寝部分，包括皇帝皇后寝宫和东西宫的后妃位，因此，相应的东西一线则区分了朝政空间与寝。

5.4.2　元大都

如同金中都所显示的，对于中国正统政权，宫殿的象征形式要与经由儒士传承的祭祀仪式以及支持仪式的一套理论相结合，才能真正达到说明和维护皇帝之合法性的目标，这一合法性的基石就是神授君权。但元代的政治制度并非完全建立于神授君权这一汉地农业社会得以稳定的基础，却更多取决于家族与个人能力。

换言之，元代政治制度与中原传统政权间存在深刻的差异。在中原封建帝国，皇帝同时又是天子，接受天的委任治理天下，以皇帝为代表的政府包含着一个严密的层级官僚体系，他们与民众社会之间形成一种契约关系，一方面获得政治与经济的特权，另一方面要负担管理国家的责任，使民众有好的生活。违背这一责任的政府就会以违背天意的名义被摈弃。而元朝政府始终没有改变其草原帝国的性质，根本上说是掠夺性的，整个帝国的财产都由“黄金家族”分享，在其统治之下，只有能够为黄金家族提供服务的人或物才有生存的价值。

蒙古的统治者虽然也依靠儒生建立了一套汉式的礼仪制度，但在实际的施行中，却只是虚应故事。正是在礼仪的层面，元代政治制度与中原传统政权间的深层差异削弱了刘秉忠刻意经营的大都宫殿在形式上表现出的象征意义。同时元代礼仪与中原传统礼仪的差异也进一步反映出元大都统治制度中的文化双重性。

1）朝仪

“世祖至元八年（1271 年）①，命刘秉忠、许衡始制朝仪。自是，皇帝即位、元正、天寿节，及诸王、外国来朝，册立皇后、皇太子，群臣上尊号，进太皇太后、皇太后册宝，暨郊庙礼成、群臣朝贺，皆如朝会之仪。而大飨宗亲、锡宴大臣，犹用本俗之礼为多。……自朝仪既起，规模严广，而人知九重大君之尊……”（宋濂，1976）[1664] 由这段话可知两件事：其一，元代的朝仪大抵只包括大朝会，没有常朝朝参仪，大朝会固然是等级最高、参加人数最多的朝仪，但举行更为频繁的朝参仪才是最典型的规范君臣上下尊卑等级关系的礼仪，金礼通过朝参仪区分了君与臣之间以及臣与臣之间诸多的等级层次，元代没有朝参仪，仅保留了作为皇帝身份象征的大明殿为唯一礼仪性主殿，未像金中都那样专门分设大朝、常朝殿。

其二，元代朝仪的目的是为了突出皇帝的至高无上。与中原传统礼仪之间的差别在于，中原礼制不仅强调皇帝的独尊地位，也强调官僚体系的等级，以及皇帝与官僚体系之间的契约关系。因此，在元代的上尊号仪之后，也没有肆赦仪，就仪式意义而言，肆赦仪的缺失，使得上尊号成为臣下单方面对于皇帝的尊崇。同时，从空间秩序上说，虽然元代的崇天门形式类似于金的应天

① 是年改国号为元。

门，但是肆赦仪的缺失却削弱了崇天门界分内（神圣的皇帝空间）与外（世俗的臣民空间）的象征意义。在空间布局上，大明殿、延春阁一组宫殿的轴线不仅对隆福宫、兴圣宫，而且对于太庙和中书省也没有约束力，也同样削弱了这种象征意义。这种仪式上的差别也正是政权性质差别的体现。

2）郊、庙

元之郊庙形制，文献记载较为清晰。在刘秉忠最初的大都规划中，并没有礼制建筑的位置。

元之太庙大致说来，初期祖宗神位在中书省和圣安寺都安置过，中统四年（1263 年）建太庙于燕京，至元元年（1264 年）奉安神主于太庙（宋濂，1976）[1831]，这个太庙在中都旧城中。因其屡次毁损，故至元十四年（1277 年）又建太庙于大都（宋濂，1976）[1833]，位置在齐化门里。

南郊坛，在大都丽正门东南丙巳之位。"至元十二年（1275 年）十二月，以受尊号，遣使豫告天地，下太常检讨唐、宋、金旧仪，于国阳丽正门东南七里建祭台……三十一年（1294 年），成宗即位……始为坛于都城南七里。"至大德九年（1305 年），方才听从右丞相哈喇哈孙等言，最终商议确定了南郊坛的形制（宋濂，1976）[1781-1782]。

至于北郊，虽曾在至大三年（1310 年）讨论过有关形制与礼仪，但最后是不了了之（宋濂，1976）[1784-1785]，所以终元之世，郊坛仅有南郊坛一处。

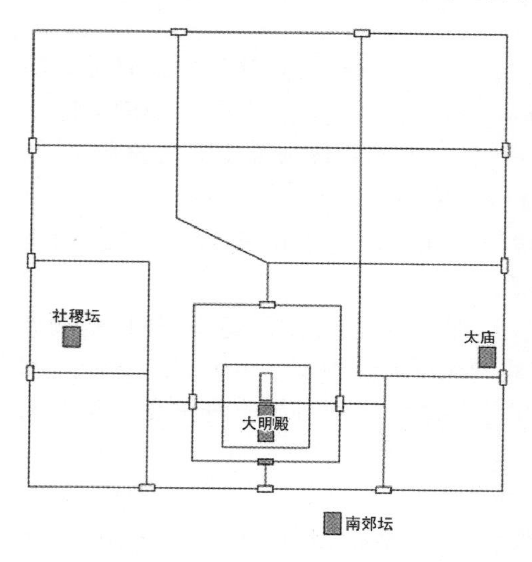

图 5-19　元大都空间结构示意图

社稷坛，根据元史记载，"至元七年（1270 年）十二月，有诏岁祀太社太稷。三十年（1293 年）正月，始用御史中丞崔彧言，于和义门内少南，得地四十亩，为壝垣"（宋濂，1976）[1879]至元三十年（1293 年）时，大都新城的城市建设与居民迁移都已告一段落，社稷坛需择空地而建，故言得地四十亩（图 5-19）。

由此也可知，大都城中的太庙社稷并非规划所预设，而是在实际建造中逐步形成的，其方位关系应该说是符合"左祖右社"的古制的。因为蒙古习俗尚右，在大都城中，更受元朝历代皇帝重视的供奉御容的国立寺院基本上都在宫城的西侧。在大都之前，上都的所谓家庙也在城西，因此若是按照蒙古的习惯，太庙更可能建在大都西部。但社稷坛与太庙本身都是中原文化的产物，元大都的社稷坛与太庙在建造之前都有较多的讨论，太庙也曾经有过不止一个方案的提出，参与讨论者都是汉人儒生，其方位符合"左祖右社"并不奇怪，也因此，后来在讨论太庙中的神位顺序时，博士刘致有这样的议论："国家虽曰以右为尊，然古人所尚，或左或右，初无定制。古人右社稷而左宗庙，国家宗庙亦居东方。岂有建宗庙之方位既依礼经，而宗庙之昭穆反不应礼经乎？"（宋濂，1976）[1840]但是元代诸项礼仪的讨论，基本参照的是唐宋金的制度，隋唐长安城中，太庙和社稷分别布置在皇城南部的东西侧，金中都中太庙在宫城东南，元大都仿此而分别将社稷太庙置于城市的东西侧较为实际，若说是追随遥远的周礼倒是有些牵强。简而言之，元大都城中的社稷坛与太庙的方位是遵循了"左祖右社"的规则的，但并非是复周礼之古。

郊庙之礼，当为礼制建筑中最重要的部分，元代各项仪式的仪注本身，是由儒生根据历代礼仪参酌制定的，因此与中原传统礼仪差别不大。其中最明显受蒙古习俗影响的部分是方位，汉以东为尊，蒙古以西为尊，因此在某些陈设位置中与汉式礼仪稍有不同。比如郊天仪注中"十三曰大次、小次。……今国朝太庙仪注，大次、小次皆在西，盖国家尚右，以西为尊也。圆议依祀庙仪注。"

(宋濂,1976)[1840]

在实际施行中,元代以本族礼仪与汉式礼仪并行,而且相对来说,汉式礼仪较不受重视,大都的南郊祭天,“自世祖以来,每难于亲其事。英宗始有意亲郊,而志弗克遂。久之,其礼乃成于文宗。”(宋濂,1976)[1779-1780]但是每年六月,元帝都会在上都按蒙古习俗祭天。“每岁,驾幸上都,以六月二十四日祭祀,谓之洒马奶子……命蒙古巫觋及蒙古、汉人秀才达官四员领其事,再拜告天。又呼太祖成吉思御名而祝之,曰:‘托天皇帝福荫,年年祭赛者’……”(宋濂,1976)[1840]

至于庙祭,一方面在太庙中所行之礼,也是汉式礼仪与蒙古习俗并行。从仪注方面说,时享、恭谢与摄行皆备,但是在实际施行中“武宗亲享于庙者三,英宗亲享五。晋王在帝位四年矣,未尝一庙见。文宗以后,乃复亲享”。(宋濂,1976)[1779-1780]太庙的管理也极不严格,致有神位被盗事件的发生①。但是每年四祭太庙时,在省牲时与三献礼后,都有蒙古巫祝按照蒙古习俗祭拜(宋濂,1976)[1923]。

另一方面,在太庙之外,元代诸帝更看重的是在寺院道观中举行的祈福活动,尤其是国立的佛教寺院,都供奉着特定的皇帝御容(详见第7章),日常供奉、法事活动与皇帝临幸都比太庙频繁,故元史才感慨“岂以道释祷祠荐禳之盛,竭生民之力以营寺宇者,前代所未有,有所重则有所轻欤。”(宋濂,1976)[1779-1780]这种情况亦是元代所特有的。

5.5 小结

宫殿、中枢机构与礼制建筑是配合着皇帝/天子制度而组织起来的空间设施。三者的格局以及在仪式过程中体现出来的空间秩序反映的是特定的宇宙观与皇帝/天子观,或者说是当时正统理论中对宇宙秩序与人间秩序的看法。而在历史变迁中出现的三者格局的变迁也反映出皇帝/天子制度与观念的变化与差异。

对金中都朝仪的分析显示出大安殿作为皇帝身份象征的仪式意义,是宫殿组群中最重要的建筑空间。大安殿建筑组群是宫城的核心,都城的中心,也是天下的中心。尽管宫城总是被笼统的视为皇帝所在,然而皇帝身份的神圣性与象征性最终是由这组建筑体现的——不仅通过该组建筑的形式格局,也通过在该组建筑中举行的仪式。

大安殿的职能与意义向前可以追溯到北宋汴梁的大庆殿、唐长安太极宫的太极殿;之后则为元大都的大明殿、直至明清的太和殿。这一核心空间的存在贯穿了中国古代宫殿的主要发展历程,成为宫殿空间结构中的恒定组成。在现存完整的明清北京宫殿中,屋顶形式的分布清晰体现了这组核心空间在宫殿建筑群中的特殊地位:仅次于重檐庑殿的重檐歇山建筑环绕分布于太和殿周边,围合限定出一个等级上高出其他院落的神圣空间。宫门应天门作为神圣与世俗(皇帝空间与臣民空间)的分界,同样继承了北宋汴梁宣德门与唐长安太极宫承天门的职能与意义。

金中都以位于中心的大安殿与四郊的坛庙为主体,又形成一套呼应宇宙运行规律的装置,使人间秩序与自然秩序同一,并通过周期性的祭祀仪式印证皇帝/天子的合法与正统。这一都城中象征帝制的固定装置继承了隋唐长安的传统(脱脱,等,1975)[751]。

与这套仪式性装置相应的,是用于朝参常朝与日常听政的仁政殿和以尚书省为首的中枢机构,它们保证了帝国日常政治的实际运作。在都城与宫殿格局中,这两者(常朝殿与中枢机构)的布局也直接受到国家中枢权力关系与日常运作模式的影响,从而呈现出变化。

隋唐长安和北宋汴梁的中枢机构都位于宫城之内,靠近常朝殿,便于皇帝接见臣下,商讨政

① 《元史》本纪第二十九,泰定帝一:“(至治三年十二月)盗入太庙,窃仁宗及庄懿慈圣皇后金主。”(宋濂,1976)[641]

事，格局中显示了对区分礼仪空间与日常朝政空间的关注。然而在隋唐大明宫出现的三朝南北相重的布局方式，已经显示出对于皇帝空间的强调：中书、门下尽管位于宫城之中，但分布在宫殿轴线的两侧。至金中都不仅常朝殿与大朝殿南北相重，三省六部又安排在宫城之外，清晰区分了君臣各自的区域，即宫殿和官署，而且拉长了官员觐见皇帝的距离。现在官僚机构的成员要觐见皇帝，必须穿越宫城门，走过大安殿侧面600余米的长长通道，才能到达皇帝的所在。借用朱剑飞对明清北京宫殿的分析，这样的格局增加了皇帝的"深度"，突出了皇帝独居高位的尊贵与神秘。

从中国古代宫殿制度变迁的角度看，在隋唐的转折之后，金中都宫殿的地位显得极其重要①。金中都宫殿在形式上确立了大朝常朝南北相重，宫殿与官署明确分区的格局，并且通过对北宋汴梁宫殿从大庆殿到御廊序列的模仿，尤其是对宫前空间序列的形式化处理，在继承大安殿核心空间的基础上，扩展了宫殿的礼仪性轴线。元大都宫殿制度的意义则在于直接启发了明清宫殿前三殿后三殿的布置方式，更重要的是将礼仪性轴线中由桥、灵星门和千步廊组成的空间序列转变为宫殿格局不可缺少的象征性存在。因此可以说金中都在继承唐宋宫殿制度基础上形成的宫殿布局方式，开启了中国古代宫殿布局的新模式，这与行政体制向着皇帝权力集中方向发展的总体趋势相适应，并在元明清三代长达六个世纪的时间中得到延续。

---

① 郭湖生在《中华古都》中已指出了金中都承前启后的作用。

6 商业、交通与城市生长

宫殿、中枢机构与礼制建筑是都城的必然组成部分，这一序列更多地取决于政治制度的变化以及都城制度史的脉络。从城市形态的角度说，由此序列形成的基本的城市格局，通常都较为稳定，不仅本身不会发生重大变化，而且对于城市生长也没有决定性影响。另一方面，都城的身份一旦确立，城市的人口构成与数量，承担的经济角色，以及由此所带来的对外交通关系的变化，会直接影响城市的生长方式。本章试图从这个角度出发，勾勒一个商业交通体系，并讨论其与城市生长之间的互动关系。

6.1 买者与卖者

是哪些人构成了都城中市场体系的买卖双方？这必须从都城的人口组成及其需求的来源加以分析，但由于辽金时期的具体数据不够充分，因此本节的论述以元代的情况为主。元代都城中的人口组成主要包括赋役户口、军站户、匠户、僧道、皇室成员及官吏（韩光辉，1996）[68-73]。

元代人口组成与辽金时期的最大区别在于有大量军、站、匠户，其余如赋役人口与官吏是城中必有的人口，而皇室成员，由于陪都和时巡的关系，辽南京城中没有固定的皇室成员。此外，由于佛教在辽金元三代，以及道教在金元两代都很发达，故此关于僧道人口的论述也可以适用于辽金二代。了解了这样的差别，在分析过元代的都城人口构成之后，对于辽金时期的人口也就有个大致的了解。

6.1.1 赋役人口

众所周知，城市人口与乡村人口的最大区别在于以非农业生产为主，元胡祗遹曾列举过当时的不农品类："儒、释、道、医、巫、工、匠、弓手、拽剌、祗侯、走解、冗吏、冗员、冗衙门、优伶、一切坐贾行商，娼妓、贫乞、军站、茶房、酒肆、店、卖药、卖卦、唱词货郎、阴阳二宅、善友五戒、急脚庙官杂类、盐局户、鹰房户、打捕户、一切造作夫役、淘金户、一切不农杂户、豪族巨姓主人奴仆……"（李修生，1999）[568]除去那些有专门户籍的军、站、匠、僧道以及官吏，剩下的儒、医、巫、拽剌、祗侯、走解、优伶、坐贾行商，娼妓、贫乞、茶房、酒肆、店、卖药、卖卦、唱词货郎、阴阳二宅、善友五戒、急脚庙官杂类等都属于城市赋役人口，这也就是城市人口的基本职业构成。

这些人既是买者也是卖者，作为买者，与军、站、匠户以及官吏由国家负担基本消费品不同，他们必须从市场上获取粮食等最基本的生活消费品①，是大都粮食市场的基本消费群体，而作为卖者，这些人提供了城市生活所需的各种服务。

---

① "至元二十五年三月，尚书省契勘，大都居民所用粮斛，全籍客旅兴贩供给。""至元二十九年正月十一日，御史台奏：大都里每年百姓食用的粮食，多一半是客人从迤南御河里搬将这里来卖有。来的多阿贱，来的少阿贵有。"（黄时鉴，1986）[288]

6.1.2 宫廷与中央政府

从元代的情况看，大体上宫廷、中央机构及官手工业所需的物品，包括宫廷成员的粮食，官吏的俸钞俸米，还有纺织品、建筑材料等，都是通过赋税征收或者是和雇和买而来，和买的范围遍及全国各地(陈高华，1986)。因此中央政府及宫廷的需求虽然庞大，却并不构成都城城市市场体系的重要部分。

但另一方面，在这部分人口中，官吏及其家属在都城中的日常生活，以及粮食以外的食品，却要依赖城市市场，元大都城中的官吏人数大约有万人(陈高华，史卫民，1996)[357]，如果连上家属，按每户五口人算，大约有五万人，而且元代设官冗滥，愈到后期，人数越多。他们构成了城市中从日用品到奢侈品等一系列商品的重要消费人群。同时，这些人及其家属与仆人也构成了一个既有地位，又有钱、有时间的阶层，成为城市中娱乐与服务行业的重要消费群体。缺少了这个阶层的人物，都城的政治生活与经济生活也就和普通城市无异了。这也可从元代时巡所造成的城市生活节奏的变化中看出端倪。如《析津志辑佚》所载："自驾起后，都中止不过商贾势力，买卖而已。"直到车驾还都，方才一切恢复原状："九月车驾还都……京都街坊市井买卖顿增。驾至大内下马，大茶饭者浃旬。储皇还宫之后或九日内不等，涓日令旨中书或左右丞参议参政之属，于国学开学……""……是日，都城添大小衙门、官人、娘子以至于随从、诸色人等，数十万众。牛、马、驴、骡、驼、象等畜，又称可谓天朝之盛。上位下马后，茶饭次第，一如国制，三宫亦同，各有投下。宰相数日后，涓吉日入省视朝政，设大茶饭，然后铨选。"(熊梦祥，2001)

6.1.3 军、站、匠户

元代的户籍制度，军、站、匠均另立籍册，世世相袭，不与一般赋役户口同。

军队在编制上分为中央宿卫军队和地方镇戍军队两大系统，其中中央宿卫军队包括怯薛组织和侍卫亲军组织。侍卫亲军大多屯驻于都城左近的要害之地(陈高华，史卫民，1996)[199-204]，其所屯驻之地有可能自成市廛。都城之中的主要军队组织是四怯薛。同官吏一样，怯薛成员的津贴由国家拨给，包括粮、段匹、草料、钞等(陈高华，史卫民，1996)[381]，亦不与城市市场相干，但是家属之其余日用品也需依靠大都的市场。怯薛之额定人数在一万人左右，连家属也有五万人左右。

站户是专用于驿站服役的人户。大都的站户数量，根据韩光辉的研究，至元七年(1270 年)在城两警巡院大约有 3680 户，约 18400 口人(韩光辉，1996)[68-84]。签为站户的人户，所需费用皆需自己负担，每户出一丁在驿站，其余人负责站丁的费用。站户之生计方式则并无强行的规定，应是种地经商皆可。

元代的工匠有军匠或系官匠户，与军队类似，户籍世袭，由官方月支口粮盐钞，因此其基本生活也不需依靠城市的市场。

除此以外，辽金元时期的都城中还有大量的寺院宫观，也就意味着有大量僧道人口，这些人在城市经济中所起的作用，正如在下一章将展开的详细分析所表明的，他们的主要功能不在日常消费，而是通过自己的经营活动提供了相当一部分服务性行业，同时也参与了城市与外部的货物流动。

因而综上所述，构成都城主要消费市场的是占人口大多数的赋役人口，其主要消费品是基本的生活用品，而奢侈品的主要买者是城市中有限的贵族官吏。因此，要了解城市的生长方式，还需研究普通市场的分布与生长，这也是都城与地方城市相同的一面。

6.2 城市市场的分布及其相关问题

通常说来，自北宋汴梁打破封闭的里坊制之后，城市中的市场便不再局限于坊墙围绕的封闭区域，而是沿街线性展开。中都与大都的市场大抵也不脱此范围。

金中都城市以坊为基本区划单位。而中都的市场，从仅有的几条资料来看有市门之说，则中都城中主要市场或者没有围墙，但当是集中在某一区域之中。

"六月甲寅，帝不豫。庚申，崩于承华殿。世宗自上京还，次天平山好水川，讣闻，为位临奠于行宫之南，大恸者久之。……中都百姓市门巷端为位恸哭。"(脱脱，等，1975)[415]

"中都警巡使张子衍与邦基姻家，子衍道中遇皇太子卫仗，立马市门不去伞，卫士诃之，子衍以鞭鞭卫士诃己者。"(脱脱，等，1975)[415]

杨宽先生已指出元大都城中行市、街市皆备，所谓行市是指按行业组织的商店街区，也是同行商人的联合组织。街市则是为了满足街坊居民的日常需要而出现的沿街店铺，或用今日的话来说类似于居民区中的零售商业网点(杨宽，1993)。此处讨论街市，关于行市详见下节。

《马可·波罗游记》言："(大都)城内的公共街道两侧，有各种各样的商店和货摊。"正是以西方人的眼光描述了大都城内沿着公共街道线性展开的店铺。《析津志》中有更具体的描述："官大街上作朝南半披屋，或斜或正。于下卖四时生果、蔬菜，剃头、卜筭、碓房磨，俱在此下。"(熊梦祥，2001)[206]所谓官大街或即指公共街道，与坊中的巷相对。

"角头"则是元及明初时人对市场的一种通称。"角头"的含义，据《音义》云是东南西北往来人烟凑集之处。元大都流传下来的两处主要市场固然都以角头称之，如羊角市是羊市角头的简称，枢密院角市是枢密院角头的简称。而一般的市场亦以角头称之。在成书于元，明初经过改写，反映明初北方口语的《朴通事谚解》中仍能看到数处"角头"的说法。比如：

"后日是天赦日，去角头叫几个打墙的和坌工来筑墙。"(汪维辉，2005)[217]

"拜揖哥哥那里去来。角头买段子去来。"(汪维辉，2005)[220]

"那里有卖的好马，东角头牙家去处广，敢知道，你打听一打听，你待买甚么本事的马，我要打围处骑的快走的马。"(汪维辉，2005)[245-246]

"今日早起，我别处望相识去来，门前絟着带鞍的白马来，不知怎生走了，不知去向，你写与我告子，各处桥上角头们贴去。"(汪维辉，2005)[313]

由此可见，角头就是一个市场区域，包含缎子店、劳力市场以及茶馆等。因此在城外如果形成了一定的市场也会被称为角头。如(永乐)《顺天府志》："刘仲明，有别墅在新都文明之南……仲明排序十二，今此城有刘十二角头是也。"(缪荃孙，1983)[197]。

6.2.1 城中市场分布

1) 辽金时期的市场

金中都城在唐幽州城与辽南京城的基础上加以发展，虽有扩建，但是原来的城市格局并没有改动。

辽南京城市场在城市北部(图 6-1)。

《辽史·食货志》："太宗得燕，置南京，城北有市，百物山偫，命有司治其征。"

《宣和乙巳奉使行程录》："城北有市，海陆百货，萃于其中，僧居佛宇，冠于北方。"

辽南京城北的这个市场一直延续到元代。

《析津志辑佚》圣恩寺条言："即大悲阁，……在南城旧市之中……"。根据《北京历史地图集》

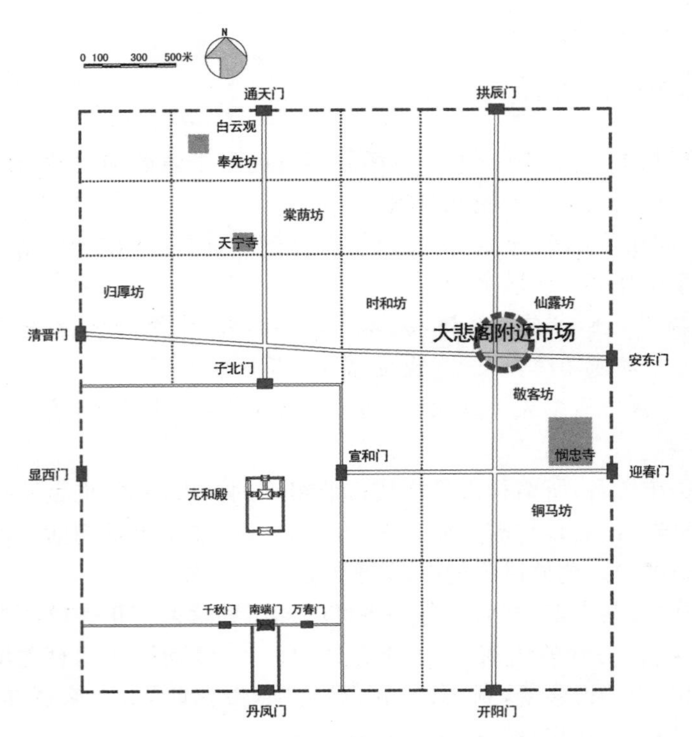

图 6-1　辽南京市场分布示意图

之《金中都图》，圣恩寺在崇智门内大街与施仁门内大街的相交处。由此可推知该市场的位置。大悲阁又在古蓟门之北一里。而《金史·世宗纪》言："朕前将诣兴德宫，有司请由蓟门，朕恐妨市民生业，特从他道。顾见街衢门肆，或有毁撤，障以帘箔，何必尔也。"亦可证蓟门附近金中都时是商业繁华地段。

同时金中都中由于千步廊南段有会同馆和西夏高丽人使馆，因此千步廊东有御市，范成大《揽辔录》云："……由西御廊首转西至会同馆，出复循西廊首横过至东御廊首，转北循廊檐行几二百间，廊分三节，每节一门，路东出第一门通御市，……"应是各国使臣携带物品进行交换的地方(图 6-2)。

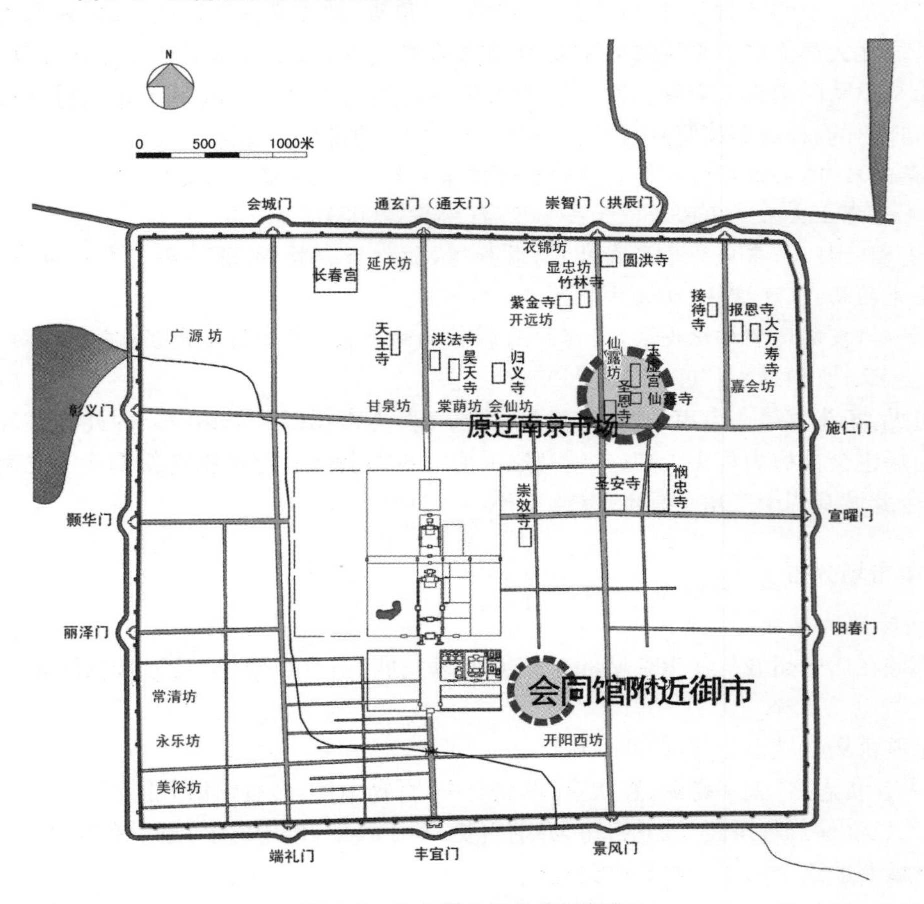

图 6-2　金中都市场分布示意图

2）元大都时期的市场分布

大都新城的市场分布前贤多有论及(侯仁之，唐晓峰，2000)[220-222]，此处只作一简要叙述。

元大都城实质包括两个部分，一个是大都新城，另一个为原金中都旧城，元代文献中常称之为旧城或南城，终元一代，南城始终在使用中，并集中了大量寺院道观，故市场在此二城中皆有分布(图6-3)①。

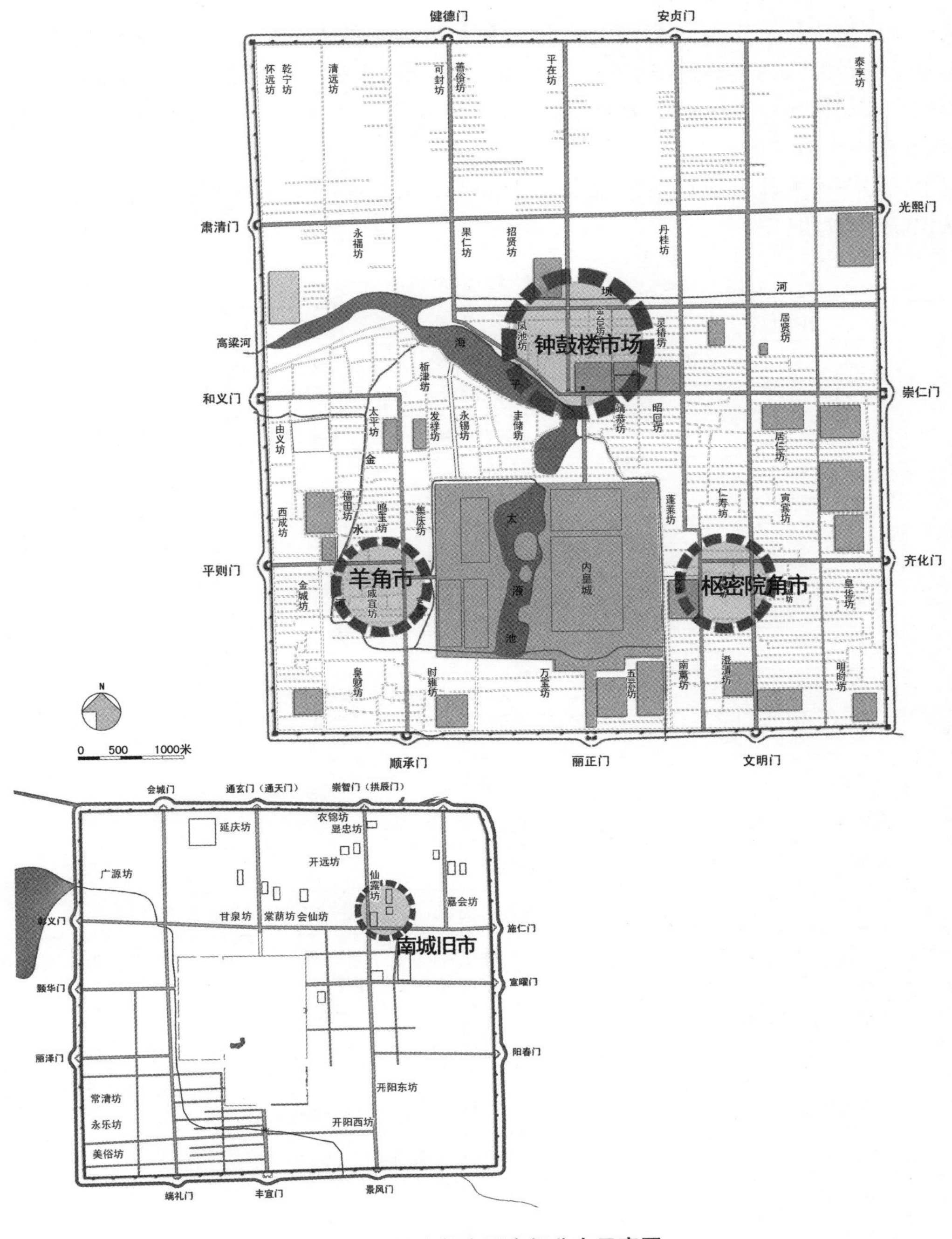

图6-3 元大都主要市场分布示意图

① 关于市场分布的资料主要依据《析津志辑佚》中“城池街市”一节，反映的主要是元末情形(熊梦祥，2001)。

大都城中最大的市场区在钟楼和鼓楼之间，所包含的内容也最全面，包括维持日常生活所需的米面市场，燃料市场，段子皮帽市场和家禽市场，也包括金银饰品等奢侈品市场，还有最大的穷汉市，即劳力市场。

其次在连接平则门、皇城西门和顺承门三者的交汇点上有羊角市，这个区域主要是牲口市场，包括羊市、马市、牛市、骆驼市、驴骡市等，也有米市和面市，而往南在顺承门的内外有两个穷汉市，顺承门外还有燃料、果市、草市等。

第三个区域为位于连接皇城东门、齐化门和文明门三者的交汇点上的枢密院角市，该区域中的内容见于《析津志》的主要是柴草市和柴炭市，在文明门内外则有菜市、猪市、鱼市和穷汉市。

第四个市场区域位于南城中大悲阁附近，此处也是从唐幽州城一直到金中都的旧城中心地区，也包含有一个穷汉市。

以上只是关于大都市场的一个笼统的区域分划。若是按照市场种类来分析的话，可以获得更多的认识(表 6-1，图 6-4)。

表 6-1　大都市场

市场种类		位　置
食品	米市・面市	钟楼前十字街西南角。其杂货并在十市口。北有柴草市，此地若集市。近年俱于此街西为贸易所
	菜市	丽正门三桥，哈达门丁字街，和义门外
	鹁鸽市	在喜云楼下
	鹅鸭市	在钟楼西
	猪市	文明门外一里
	鱼市	文明外桥南一里
	蒸饼市	大悲阁后
	果市	和义门外、顺承门外、安贞门外
牲口	羊市、马市、牛市、骆驼市、驴骡市	以上七处市，俱在羊角市一带
衣物	段子市	在钟楼街西南
	皮帽市	同上
	帽子市	钟楼
	靴市	在翰林院东。就卖底皮、西甸皮，诸靴材都出在一处
劳力	穷汉市	一在钟楼后，为最；一在文明门外市桥；一在顺承门城南街边；一在丽正门西；一在顺承门里草塔儿
	南城市、穷汉市	在大悲阁东南巷内
燃料	草市	门门有之
	柴炭市集市	一顺承门外，一钟楼，一千斯仓，一枢密院
	煤市	修文坊前(不能确定)
用具	车市	齐化门十字街东
	铁器市	钟楼后
	针铺	鼓楼之东南转角街市
木材	拱木市	城西(不能确定，疑在城外)

续表 6-1

市场种类		位　　置
装饰	珠子市	钟楼前街西第一巷
	省东市	在检校司门前墙下
	沙剌市	一巷皆卖金、银、珍珠宝贝，在钟楼前
	胭粉市	披云楼南
文具	文籍市	在省前东街
	纸札市	省前
	人市	在羊角市，至今楼子尚存，此是至元间，后有司禁约，姑存此以为鉴戒

注：本表依据《析津志辑佚》制作。

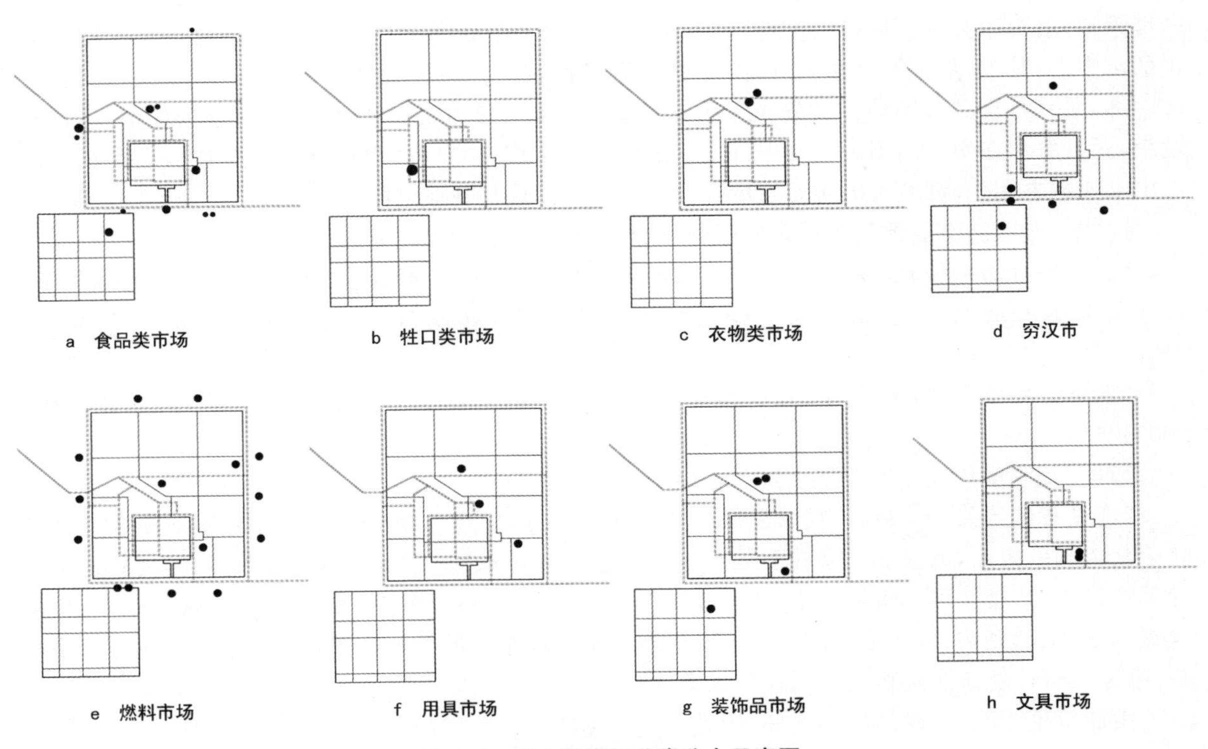

图 6-4　元大都市场分类分布示意图

A. 食品类

所谓民以食为天，食品供应对于一座城市来说是最基本的。大都市场食品类首先是粮食市场，如所周知，为了维持首都庞大的人口，官方所需的粮食固然是通过大运河的漕运，而普通百姓的生活也必须依靠客商沿大运河贩运来的粮食，海子作为大运河的终点码头，其附近成为大都的粮食市场是自然的事。

果蔬猪鱼等通常都由城郊供应，故此多集中在城门外，并以城南三门为多。

另在南城大悲阁后专门有一蒸饼市。由《析津志・风俗》可知，"都中经纪生活匠人等，每至晌午以蒸饼、烧饼、(䭔)饼、软(糸+几)子饼为点心。"(熊梦祥，2001)[207] 由此可推论元时旧城中大部分为普通人家。

B. 牲口

对蒙古人来说，马、骆驼是重要的交通工具，羊是食物来源，因此这个市场在大都城中较受重视，而且集中在一处，羊市、牛驴市、马市也是属于要交税的市场。

C. 衣物

与衣物有关的主要是段子、帽子和靴子，都在钟楼附近。

D. 穷汉市

所谓穷汉市，就是劳力市场。除了钟楼附近规模最大之外，其余基本上集中在南三门附近，与食品市场的分布非常接近。

E. 燃料

城中居民所用燃料为草、柴炭和煤，相关市场中分布较为均匀。

除此以外还有买卖用具、装饰、文具等的市场。

从分类市场的分布中可以看出，一是无论哪一种市场在钟鼓楼附近都有分布，而钟鼓楼西海子边的斜街又是歌台酒馆集中之地（熊梦祥，2001）[108]；此外大都城中的会同馆在北省之西，也即钟鼓楼附近，由金中都的情形可以推想，这里又是各国使者交易货物之处，因此钟鼓楼一带无疑是真正的市中心；其二，除了钟鼓楼附近，以及燃料市场在城中分布较为均匀，其余的市场都分布在城市南部，尤其是食品市场与穷汉市这两种与普通市民关系最为密切的市场，分布较为相似，不仅在城南，而且集中在南三门附近以及中都旧城的所谓城南旧市之中。仅仅从这个市场分布中就可以看出到元朝末期，大都城市的主要发展是在城南以及旧城与新城之间。

这些专业性的市场都是按行业聚居的所谓行市，除了表中已列出的之外，还有：

“湛露坊自南而转北，多是雕刻、押字与造象牙匙筯者，及成造宫马大红鞦辔、悬带、金银牌面、红绦与贵赤四绪绦、士夫青匾绦并诸般线香。有作万岁藤及诸花样者，此处最多。”（熊梦祥，2001）[208]

“木市街停塌大杈，叉木柱、大小檀椽桷并旧破麻鞋。凡砖瓦、石灰、青泥、麻刀。”（熊梦祥，2001）[208]

另据《元典章》①，三十二页：

“哈迷与张德荣争房地：大德四年五月二十八日，河南宣慰司蒙湖广等处行省参知政事议得张德荣见以娼妓为生，例应青巾紫抹合近构肆与同巷排列居止，若有出卖相邻房地，依例收买。其张德荣苟避青巾，暗于街市偷窃住坐，已是不应与士庶相邻污秽阶衢，却更添价争买相邻房地，牧民官吏不思风化，返与理讼逗留，人难抑将文状吩咐湖南道宣慰司更为审问，哈迷委曾先已商议定价，令牙人估计前后房院实值依例通行成交施行。”

由此可见，除了一般的市场之外，娼妓也是必须按行业聚居，不得与普通士庶混居。

6.2.2 庙会

庙会的功能可以从三方面来说：商业贸易、休闲娱乐和社区整合（赵世瑜，2002）。本节主要关注的是商业方面，至于其余在宗教一章中还会有详细的论述。就商业而言，庙会的意义在于周期性的非常集市的存在。所谓非常，一是指特定日期，庙会总是和某种宗教节日相关联的，因此，只会在一年中特定的日子举行；二是规模，庙会总是在短期内聚集大量人流，这是在日常市场不会出现的。对于元大都来说，由于城市中有完善的市场体系，庙会的社会意义大于其商业意义，它为普通民众提供了节日气氛与社会参与的途径。

元代大都庙会，有平则门外的西镇国寺及齐化门东的东岳仁圣宫。

西镇国寺为元世祖皇后察必后所建，性质为皇家寺院，位置大致在今天的紫竹院公园东面（刘

① 清光绪三十四年修订法律馆据丁底抄本校刻本。

之光，2003)，其庙会实由佛教节日二月八日佛诞而起，是皇家游皇城的前奏。出现在西镇国寺庙会集市上的商品较为特别，都是所谓海内珍奇，这与参加此活动的人物以达官贵族为主有关，参与的商人也多为江南富贾。大约也因为这个活动的民间色彩较淡，关于北京的庙会史料中没有收录西镇国寺的庙会。①

东岳仁圣宫在齐化门外二里，为元时道教正一教的重要道宫，庙会时间在二三月间，是为三月二十八日东岳帝王诞辰而行，属道教节日，这是收于史料中的北京最早的庙会。由《析津志辑佚》中的相关记载可知，东岳庙的庙会虽有官方参与，但以民间自发参加为主，东岳庙庙会集市上的货物以日常用品以及祭神用品为主。

《析津志辑佚》：

"每岁自二月起烧香不绝，至三月烧香酬福者日盛一日，比及廿日以后道途男人□□赛愿者填塞。廿八日齐化门内外居民咸以水流道以迎御香。香自东华门降，遣官函香迎入庙庭，道众乡老甚盛。是日沿道有诸色妇人服男子衣酬步拜，多是年少艳妇。前有二妇人以手帕相牵拦道，以手捧窑炉或捧茶、酒、渴水之类，男子占煞。都城北，数日诸般小买卖、花朵、小儿戏剧之物比次填道。妇人女子牵挽孩童，以为赛愿之荣。道旁盲瞽老弱列坐，诸般揖丐不一。沿街又有摊地凳盘卖香纸者，不以数计。显官与怯薛官人行香甚众，车马填街，最为盛都。"(熊梦祥，2001)[54-55]

《析津志辑佚》：

"三月二十八日乃东岳帝王生辰，自二月起，倾城士庶官员、诸色妇人酬还、步拜与烧香者不绝，尤莫盛于是三日。道途买卖，诸般花果、饼食、酒饭、香纸填塞街道，亦盛会也。"(熊梦祥，2001)[117]

对于大都城而言，东岳庙的重要性不仅仅体现在一年一度的庙会上，由于东岳庙的位置正位于由通州入京的要道，围绕着东岳庙形成了城市外围的一个聚落，正如《析津志》所言："齐化门外有东岳行宫，此处昔日香烛酒纸最为利。盖江南直沽海道来自通州者，多于城外居止，趋之者如归。又漕运岁储，多所交易，居民殷实。"(熊梦祥，2001)[116]庙会只是吸引了城中居民的高潮时期。

6.3　商业交通体系与城市的生长

作为以消费和集散为特征的都城，市场可以生长的地方，必是供需双方皆方便到达的地方。这些市场可以分为两种情形，一种为城中居民提供生活必需品，它们的分布取决于居住者的分布，另一种属于南来北往之货物集散，它们的分布更多与城市和外部的交通联系相关。而市场一旦形成，便也就成为一个有吸引力的地点，使得相应的人流物流聚集在其周围。由此，商业交通体系与城市的生长变迁之间就形成互动的关系。

交通可分为城市内部交通与对外交通，城市内部的基本道路格局主要取决于城门的位置。对外交通则可分为水路与陆路两种，内外交通通过城门联结为整体。

6.3.1　市场与交通

辽金时期的主要市场都在城北。辽南京的主要对外交通固然是在北方，金中都时期却是以与

---

① 《析津志辑佚》："(二月)八日，平则门外三里许，即西镇国寺，寺之两廊买卖富甚太平，皆南北川广精麄之货，(窳)为饶盛。于内商贾开张如锦，咸于是日。……多是江南富商，海内珍奇无不凑集，此亦年例故事。开酒食肆与江南无异，是亦游皇城之亚者也。"(熊梦祥，2001)[214-215]

南部的交通为主，但是城市北部的市场却始终保持着活力，并一直持续到元大都时期，并不受到对外交通变化的影响。由此可以认为，辽金旧城北部的市场主要是为城市内部居民提供生活用品的市场。

元大都时期，水路方面，无论是走运河还是海路，都是先到通州，然后既可从北面坝河入都，亦可由南水门入，终点都是皇城以北的海子，从坝河走的以漕粮为主，而多数商旅客贩则是从南入城北上至海子，经由京杭运河的水路是从南方入京的主要途径。

应该注意的是，至元四年(1267 年)大都城规划时，坝河与通惠河均还未开凿，很难确定城市中心的钟鼓楼附近是否被刘秉忠预设为市场区域。但至元十六年(1279 年)的大开坝河和以积水潭为码头直接促使了该地区市场的形成，因此在至元二十五年(1288 年)为城中各坊命名时，城中心的市场已经是命名的地标物之一了。至元二十九年(1292 年)通惠河的开通又进一步扩大了这一市场的规模。

陆路方面，西亚和中亚来的客人，东行过丰州到昌平，然后转向南，路线便与大都往北的驿路重合，从健德门入京后，可以钟鼓楼附近为终点。会同馆即在此区域，在北省以西，所以珠子市、沙剌市都在钟楼附近。通过大都向上都转运的物资，走大都和上都之间的驿路①。由北面的健德门出城，亦以海子作为出发点最为便利。因此可以说大都钟鼓楼附近的市场作为中心市场联系了大都南来之水路与北往之陆路之间的人与物的流动。

东路从辽东或高丽入京者，亦是先到通州，然后走陆路从齐化门入，或者如《老乞大》所述，去羊马市，从顺承门入。齐化门一路，如前文所述，“江南直沽海道来自通州者”聚集于东岳仁圣宫附近，该区域已发展成市场，可为南来的商人提供服务，实质上已经是一个包含旅店、茶馆等的小型聚居区。

至于羊角市与枢密院角市，羊角市即羊市角头，枢密院角市即枢密院角头，羊市与枢密院都是角头的定语，可见这两处市场区域分别是在羊市和枢密院附近发展起来的；也就是说，在角头之前西部的羊市和东部的枢密院就已经有了，枢密院应该属于刘秉忠规划的内容，那么，是否可以推论，在刘秉忠的规划中，羊市的位置也是安排好的，从蒙古人的生活习惯来说，羊与马都是生活中的重要物品，在上都就有专门的羊马市。因此，规划时即安排此市场应该也在情理之中，而枢密院角市则是在城市生长过程中自发出现的。

枢密院角市的形成与城市的对外交通直接相关。如前文已分析过的，在大都城东部，陆路沿东华门、齐化门、通州一线，是大都重要的对外交通线，同时此处也正在文明门大街与齐化门大街的交汇点上，是形成市场的良好地点。

西南部以羊马市为中心，城市发展更多的与南城相联系。羊马市的位置决定了羊马市与相应城门之间的生长轴线。参看《老乞大》所载辽东与高丽商人入京经商的经历，可以看到他们选择的入城的城门、旅店的位置都取决于所欲去的市场位置。

6.3.2 城市的生长

市场与交通交互作用所形成的网络，在城市的生长过程中有时起主导作用，有时与宫城等共同形成制约。

中都城不仅继承了原唐辽旧城的市场，同时，中都城的扩建，也促进了城南与城西地区的开

---

① 这条驿路的具体行程：大都健德门—昌平县(由大都北行者大多在县城留宿)—新店—南口、居庸关、北口—榆林驿(附近有一御苑《滦京杂咏》)—怀来县—统幕店(土木堡)—洪赞—枪杆岭—李老谷、尖帽山—龙门站、雕窝站—赤城站(今赤城县，有集市)—云州—独石口—偏岭、檐子洼(草原和谷地的分界线)—牛群头驿(居者三千余家)—察罕脑儿(有行宫)—李陵台驿—桓州—望都铺—滦河(陈高华，史卫民，1988)[33-37]。

发;在扩城之前,这些地区都是一些村落,金中都的扩城,使得原辽南京城的开阳门一带成为开阳坊。金中期开阳坊观音院建造时,此处还属于僻地,到元初重建大觉禅寺时,虽然刚刚经过战火,寺的旧址却已经被居民占满了,相对比的是同时期城西北朝元阁附近“兵火之余,户口稀少,居人恶其荒僻无邻,莫肯居焉。”①

大都新城建成使用之后,旧城并未被废弃,城市的发展包含了新城和旧城两个部分。

从元中期关厢巡检司的设置中,可大致判断出大都新城的发展方向。

“东关厢巡检司,秩从九品。巡检三员,司吏一人。掌巡捕盗贼奸宄之事。至元二十一年置。西北、南关厢两巡检司,设置并同上。”(宋濂,1976)[2302]有东、南、西北三个关厢巡检司的设置,东、南两处比较难以确定究竟是指那个门外的关厢,从古人的指示方位的习惯来说,东和南应分别指正东与正南,南面在丽正门外元末时已形成街巷②,但东边我们可以确定有居民聚落的是东边的南门齐化门,不过无论如何,这两个关厢指示了城市向东向南发展的一个大趋势。

西北关厢巡检司的设置,则与前文所述及的大都北向的交通路线,包括时巡路线以及中亚与西亚地区人流物流的进城路线相吻合。

从城市的变迁过程来看,大都城市中部的钟鼓楼一带是最大的商业区,也是最热闹的区域,它连接了三个方向的人流:西北健德门方向,东向的坝河,以及南向的通惠河。结合具体的地形,可知其东面应该是较为合理的居住区位,从考古发现亦可知,沿坝河一线都有居住的遗址。

大都东南部以枢密院角市为中心,向东沿齐化门到东岳庙一线形成一条生长轴。

大都西南部以羊马市为中心,沿顺承门大街向南延伸,与中都旧城的街道,即现在的牛街,相邻。

至于中都旧城,北部市场是南城的主要发展中心。城中的两条街道,彰义门与施仁门之间的东西向街道,以及景风门与崇智门之间的南北向街道,其基本走向一直保留到今天,前者大约为今广安门内外大街一线,后者为今牛街。从这一点可以看出,沿着这两条街道的城市区域始终没有荒废过。

此外,由《元一统志》中关于天宁禅院位于阳春关以及驻跸寺位于施仁关的记载可知,旧城东面的施仁门和阳春门附近形成类似关厢的聚落,由此也可判断出旧城的发展方向。

综合南北二城的情况可以发现,在南城的北部和北城的南部形成了一个大的吸引范围,从这里可以看出,明以后城市南部的开发及其发展中心东移并不是突然之间发生的,是一个长期积累渐变的过程(图 6-5)。

综上所述,城市的生长与道路及市场的形成与分布交织在一起。

无论是辽金旧城还是大都新城,城市本身的建设都是自上而下,而非自发生成,都是适应里坊制的规整的格网形态。但是,在城市的历史过程中,在此网格之中,商业与交通体系却渐渐打破了格网的均衡状态。

---

① 西开阳坊观音院:

“燕故城开阳里观音院,乃兴福禅师所建也。师讳从正,姓阳氏,良乡广阳人。生于金大定庚子。礼万松大禅佰为师。市此僻地,经营缔构,立舍利塔。嗣其法者正坚,起正殿以像观音,金碧绚烂,见者加敬。”(李兰肹,1966)[39]

耶律楚材《燕京大觉禅寺建经藏记》:

“辽重熙、清宁间,筑义井精舍于开阳门之郭,傍有古井,清凉滑甘,因以名焉。金朝天德三年,展筑京城,仍开阳之名为里。大定中,寺僧善祖有因缘力,道俗归飨者众,朝廷嘉之,赐额大觉。贞佑初,天兵南伐,京城既降,兵火之余,僧童绝迹,官吏不为之恤,寺舍悉为居民有之。戊子之春,宣差刘公从立与僚佐高从遇辈,疏请奥公和尚为国焚修,因革律为禅。奥公罄常住之所有,赎换寮舍,悉隶本寺。稍成丛席,可容千指。……”(李修生,1999)

王盘《创建真常观记》:

“真常观,长春宫之别院也,真常李公所创,因以名之。初,宫之西正与朝元阁相直,可一里所,有废地一区,荆棘瓦砾,翳闭封塞。盖兵火之余,户口稀少,居人恶其荒僻无邻,莫肯居焉。”(李修生,1999)

② 《析津志辑佚》:“太平楼,在丽正门外西巷街北。”(熊梦祥,2001)[107]

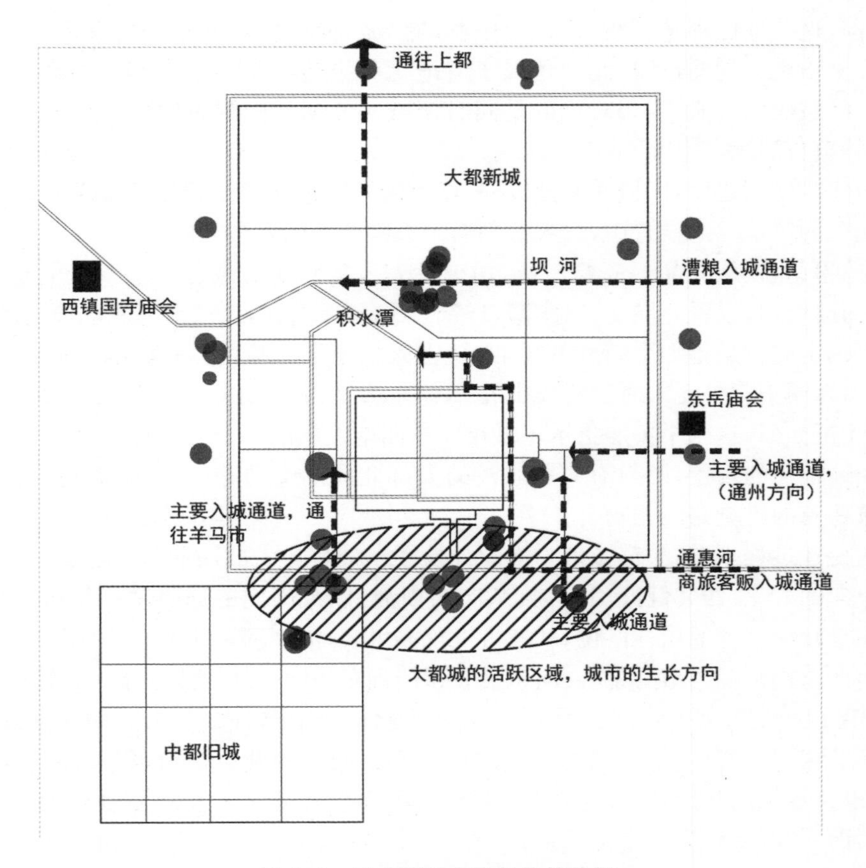

图 6-5　元大都城市生长趋势分析

以大都新城为例，市场的位置，有些是自上而下指定的，如羊马市。它的存在在均质的网格中形成一个具有吸引力的点，当与交通体系结合之后，便显现出一个明确的为生长提供动力的区域。另一些市场，是在城市的运作过程中，在内外交通的交汇点中自发生成的，如钟鼓楼市、枢密院角市与东岳庙市。在这里，首先打破均衡的是交通路线，市场则顺应着交通线汇聚而成的区域，它们同样在格网中提供了更具生长力的区域。

7 都中之寺院宫观

宗教人士、宗教生活与社会各阶层的联系以及与统治阶层之间的密切关系，是辽金元时期都城中特别突出的情形。由于这种联系造成的城市中大量寺院宫观的建造，也构成这一时期都城的特殊景象，唐幽州城之悯忠寺(即今法源寺)，辽之天王寺塔(即今天宁寺塔)以及元之白云观，其址至今犹存，尤其是天宁寺塔，虽经重修，但辽之形制仍在，是北京城西南部的重要地标之一。

佛教以外，金元时，除了延续传统道教的正一教，又有所谓新道教的兴盛。新道教者，全真、大道和太一，原为士人儒士为避宋金交替之战乱，不仕异族而求得的乱世中一避风港(陈垣，1962)。入元以后，太一之中和、大道之郦希成、全真之丘处机渐次与蒙古贵族接近，旋即通过与中央政权的结纳，将原本避世的教门纳入政权的层级组织体系之中。其角色也从反对中央政权的姿态转向对中央政权的支持与依附。在这个过程中，三教各自在都城中获得了自己的基地，在一个特定时期与寺院在元代都城中分庭抗礼，众多的道观成为元代都城中的特有景象。但由于缺少如佛教般严密的组织和仪轨，其生命力远逊于佛教寺院。在辽金时期和元以后没有中央权力支持的情况下，道观再也没有如在元大都时期的显赫。

元代的伊斯兰教和聂思脱里教也同样在都城中占据着一席之地。但是关于教堂与清真寺的建造，史料均言之不详。在元代政府中，伊斯兰教人士占据很重要的地位，大都城中的伊斯兰教居民居民也不会少，他们有自己的信仰习惯和生活方式，按照明清的情形来说，应该形成一定的聚居的自治社区，但目前可知的大都清真寺即牛街清真寺，据记载始建于辽①。其位置在中都旧城之中，大都新城的居民应该还有自己的清真寺，但没有切实的资料，故暂时无法讨论。元大都中亦有教堂的建设②，然关于教民、教堂及其与城市生活之关系也不是太清楚，故此亦暂时略过。

因而本章试图探讨的是寺院宫观在城市空间中的分布受到何种因素制约、是否遵循某些规则、占据着什么样的地位，以及与城市空间结构之间又存在何种关系。

7.1 寺观与社会

本部分的讨论以元代为主，辽金时期的情形，限于目前所得资料有限，无法详细展开。大致说

---

① “牛街礼拜寺在彰义门内牛街路东。寺肇于有宋，筛海那赤鲁定奉敕所建也。”(吴廷燮，1990)[311]

“据古教西来历代建寺源流碑文，宋太宗至道二年(公元九九六)，薛海鞋默定三之子鲁定君来北京，建寺于南郊，柳河村岗上，即牛街清真寺。(俞同堂，伟大首都北京)”(于杰，1986)[19]

② “世祖至元二十七年，教士孟高未诺等请于燕京创大堂二所，世祖亲临瞻弥撒礼。至元二十五年，教主遣约翰来京，请元帝崇奉西教。元帝不从，而立教堂于京师，入教者约六千人。教主复遣安德烈为之辅，是中国京师建立天主教堂始于元代。按，元成宗十年，西历一千三百零五年，教士孟高未诺致书于欧洲同会修士，兹译其大略如左：

余初来中国，寄居北京，遭异党之嫉妒……余始被释放。余乃致力于传教之大业，先建一圣堂，以为敬主公所。堂有钟楼，内悬三钟，至今领洗入教者约有六千之多……此外余又建一学堂，收养儿童百五十名，堂在宫阙左近。数年之后，余在北京又建一堂与修院一所。先是，有富商路加隆高者，十四年前从余来自多得斯，出重资购买空基一区，献于天主。余因其地建圣堂与修院各一所，今已竣工。堂可容二百人，此堂去宫阙甚近，与余初建之堂相隔六里之遥。”(吴廷燮，1990)[332]

来，辽金时期，尤其是辽代，相比于元代都城的差异，一是体现在道教地位不如元代显赫，因此除了有限的几座重要道观之外，都城之中少有道教势力的出现；二是体现在宗教与民间社会的关系，自中古以来，中国北方的民众往往围绕着佛教活动组成社邑，从后世挖出的辽仙露寺之石匣上的记载中可以看到辽代仍是这种情形，但是元代政府加强了对民间社会的控制，不允许自行结社，因此在元代的都城中看不到这种围绕着宗教活动的民众自发结成的社邑。至于宗教与国家、王室之间的关系，则辽金元三代之间颇有相通之处。

7.1.1 各教派的情形

藏传佛教、汉传佛教之禅、教、律，道教之全真、正一、真大道及太一各派，各自有各自兴起的时间与背景，但对元帝而言，却几乎都在相同时段内并置出现。蒙古对其他宗教的理解都是萨满教化的(苏鲁格，宋长红，1994)，因此佛道各派之被接纳，与佛教传入中土时的情形有着极相似之处，即在传教过程中皆伴有神奇灵验的事迹传闻。各教为国家所提供的最基本的服务就是主持各种祈祷仪式。而一旦被接纳之后，各派便在国家的庇护下借助精英的力量构建起各自的领域，与国家、与士夫权贵、与民众结成紧密的联系，争夺或分享着帝国的政治与经济资源，在此过程中国家开始扮演仲裁与调解的角色。而不同教派的具体情形又有所不同。

1) 藏传佛教

有元一代最获宠信者实为藏传佛教，其僧侣即所谓西番僧。

自元世祖以八思巴为帝师之后，元代诸帝皆封藏僧为帝师，先受戒，方能即位①。帝师是由中央政权任命的西藏地区的管理者，以帝师为主导的宣政院在西藏地区的治理中享有军政大权，是元代中央组织机构的重要组成部分，其政治上的意义已经远大于宗教上的意义。

由这种政治上的联合关系所带来的是帝师在朝中的特权地位。“百年之间，朝廷所以敬礼而尊信之者，无所不用其至。虽帝后妃主，皆因受戒而为之膜拜。正衙朝会，百官班列，而帝师抑或专席于坐隅。且每帝即位之始，降诏褒护，必敕章佩监络珠为字以赐，盖其重之如此。其未至而迎之，则中书大臣驰驿累百骑以往，所过供亿送迎。比至京师，则敕大府假法驾半仗，以为前导，诏省、台、院官以及百司庶府，并服银鼠质孙。用每岁二月八日迎佛，威仪往迓，且命礼部尚书、郎中专督迎接。及其卒而归葬舍利，又命百官出郭祭饯。”(宋濂，1976)[4520-4521]

都城中的藏传佛教寺院以国立寺院为主，皇室每年在国立寺院进行的祈祷仪式也都由西僧来组织。

表 7-1 元世祖时期国家组织的佛教法事

中统三年(1262 年)	十二月，作佛事于昊天寺七昼夜，赐银万五千两
至元三年(1266 年)	夏四月庚午，敕僧、道祈福于中都寺观
至元二十二年(1285 年)	是岁……集诸路僧四万于西京普恩寺，作资戒会七日夜……命帝师也怜八合失甲自罗二思八等递藏佛事于万安、兴教、庆寿等寺，凡一十九会
至元二十三年(1286 年)	是岁，命西僧递作佛事于万寿山、玉塔殿、万安寺，凡三十会
至元二十四年(1287 年)	是岁，命西僧监臧宛卜卜思哥等作佛事坐静于大殿、寝殿、万寿山、五台山等寺，凡三十三会
至元二十五年(1288 年)	是岁，命亦思麻等七百余人作佛事坐静于玉塔殿、寝殿、万寿山、护国仁王等寺凡五十四会，天师张宗演设醮三日

① 《南村辍耕录》：“累朝皇帝先受佛戒九次，方正大宝。”(陶宗仪，1997)[20]

续表 7-1

至元二十六年(1289 年)	十二月命帝师及西僧作佛事坐静二十会
至元二十七年(1290 年)	是岁,命帝师西僧递作佛事坐静于万寿山厚载门、茶罕脑儿、圣寿万安寺、桓州南屏庵、双泉等所,凡七十二会
至元二十八年(1291 年)	是岁,令僧罗藏等递作佛事坐静于圣寿万安、涿州寺等所,凡五十度
至元二十九年(1292 年)	是岁,命国师、诸僧、咒师修佛事七十二会
至元三十年(1293 年)	是岁,作佛事祈福五十一

注:根据《元史》相关记载整理。

但是藏传佛教的影响始终只限于蒙古上层贵族,对于以汉人为主的普通民众,藏僧更多的是以征服者的凌驾姿态而出现。而对于受汉文化影响的官僚阶层,藏传佛教也有着文化上的隔膜。

2) 汉地佛教

佛教从传入中土,经过几百年,其信仰早已深深植根于从平民到官僚士大夫的各个阶层之中,有着稳定的僧团组织和信仰基础,朝代的更替不会从根本上影响它的生存方式,但是随着佛教所依附的宏观政治环境的变化,它与权力所有者和文人们之间的关系也会有所变化。

僧人的成长过程自佛教早期以来并无本质改变:通常是在青少年时期进入某一寺院跟从某一僧人学习某一方面的佛经,几年以后通过试经受具戒,然后便出外云游,云游的过程其实就是求学的过程,如与僧师话不投机便可离开,投契的话就留下学习几年,这个过程一直持续到此人有能力自己开讲佛经为止,然后他所需要的便是成为某一寺院的主持,成为老师。开讲的资格并无确切的标准,在很多情况下是此人的老师同意他分座开讲,并在自己圆寂之后将衣钵传承与他。经历这一过程之后,该僧便进入了僧人社会的精英阶层,成为僧团、施主与信徒皆愿意结纳的对象①。

元以前寺院的资助者与纪文的撰写者多有官吏和文人。尤其在辽代,虽然南京只是五京之一,寺院的赞助者却有不少的皇亲国戚。王构在其《重修昭觉寺记》中对这一阶段的寺院状况有着这样的描写:“辽自有国以来,崇奉大雄氏之教,陈法供祈景福者无时无之,侯王贵宗倾资竭产,范金缕玉以寓晨夕之敬,惟恐其后,以故绀修之园,金布之地,宝坊华宇遍于燕蓟之间,起魁杰伟丽之观为天下甲。”(李修生,1999)

辽代的民众佛教也同样发达。信徒和僧人以结邑社的方式结合在一起,量力从事各种法事

① 沙成之《甘泉普济寺赐紫严肃大师塔铭(大定七年)》:

“师讳法律,蓟州醴泉乡安固人也。幼出家于甘泉普济寺,礼均上人为师,于天庆七年十七岁试经受具足戒,厥后听习戒律为宗。迨天眷三年官定充燕京左卫净垢寺,遂授善庆大德牒。皇统二年奉宣开启普度檀度僧尼二众约十万余人。八年又奉宣越本宗上试十题,所答无不中理,选定充平州三学律主,改受精正大德牒官讲满特赐紫严肃大师牒。本寺大众共议署状,请为提点,供济众僧不避寒暑,六时行道未尝或缺,方十载余,令闻四溢,请住者五,中都驻跸,福田,福胜,香河胜福,当山香水。迄大定二年宫中复差请充都下(火要)汤院提点,设济饥民三年已备于六年六月十五日告寂,世寿六十八,僧腊五十二……门人宗律比丘素隆等奉遗骨葬于寺西……”(张金吾,1990:卷 110)

“元祐四年三月,光教律师圆寂。师讳法闻,严氏。十五(薙)染,二十受具戒,从温公学《法华》、《般若》、《唯识》、《因明》及《四分律》。温讬以弘传之寄。尝对佛像灼肌燃指,庸表克诚,刺血书经,以彰重法。帝师命师讲说,顾谓其徒曰:‘孰谓汉(帝)[地]乃有此僧耶’。天子闻之,征至庭阙,诏居大原[教]寺,授荣禄大夫,次迁大普庆寺,加开府仪同三司,银章一品。王公大臣仰止高风,犹景星凤凰之瑞于明时也,后赐‘宝相圆明光教律师’之号,赐辽世金书戒经,求戒者无算。是年三月,跏趺而逝。赐币以葬,有司仪卫旌幢送之。”(吴廷燮,1990,)[12]

（张践，1994）[183-184]，比如仙露寺的千人邑①，其性质接近于侯旭东所描述的五六世纪时可以整合社会各阶层的民间佛教社团（侯旭东，1998）[269-272]。

金代的佛教信仰仍受到国家的正面支持，除有大庆寿寺这样的国立寺院，还有受到帝后尊崇的国师之设，为众僧官之首。神御殿与寺院的直接联系也始于金，虽然贞元三年（1155年）时以中都城的延圣寺安放太庙神主只是临时的权宜之计，但东京的垂庆寺和清安寺却是正式供奉金世宗母亲神御殿的寺院。从这里也可以看到一些元代国立寺院制度的雏形。另一方面，汉传佛教与贵族上层之间的关系似乎正在渐渐疏离。这一时期普通寺院中由僧人自行建造的比例有所增多，像金吾上将军和中书左丞这样的赞助者远远比不上辽时公主和枢密使的显赫，而记文作者中的蔡珪和元好问，与其说是官吏不如说是士大夫文人。

元初最著名的僧人当属临济禅宗的海云。海云的出场大抵是个由下至上的被发现的过程。先是在乱军中为史天倪所获，继入中都结交著名禅师万松行秀，其后经过试经、印臂及孔子后人袭封衍圣公等几件事，越来越有影响力，曾入主庆寿寺并奉旨于昊天寺建会为国祈福，但随着藏传佛教的高居国教之地位，这种为国祈福的资格很快就完全被西僧垄断了，以后也未再见有汉僧对政事有所影响。观《北京市志稿（宗教志）》所记诸僧的经历，多是由于深通佛法而被延揽入京（吴廷燮，1990）[12-17]，这其中信仰的成分少，更多的是对僧人精英的地位，或者说一种既定势力的承认。在国立寺院之外寺院的建造重修中，无论是赞助者还是撰文者都看不到官吏与文人了（参见表7-3）。

由此或可以得出这样的结论，就汉地佛教而言，从金至元，佛教正在渐渐远离王室与士大夫。但是明清时常见的以佛教节日和庙会所组织起来的所谓民俗佛教的景象此时也还未见端倪。见于记载的二月八日的迎佛和游皇城都是自上而下组织起来的活动。

3）新道教——以全真教为例

全真教丘处机最早见知于太祖成吉思汗。初，丘处机领十八弟子远赴大雪山见成吉思汗，大见近信，"锡之虎符，副以玺书，不斥其名，惟曰'神仙'"（宋濂，1976）[4525]。其后于"岁甲申（1224年）诏往燕京之太极宫，丁亥（1227年）有旨改号其宫曰长春。凡道门事一听长春处置，仍赐虎符以尊显之"。（孛兰肹，1996）[43]入全真教者，有免交田租商税的特权②。一直到世祖初年，长春宫还是汉地道教的中心，因此，至元十四年（1277年），正一教的张宗演主持的周天醮仍是在长春宫举行的。由是，全真教通过与争战三方中最强大的蒙古贵族政权接近的策略，获得了政治上的合法地位、经济上的特权以及在华北的政治中心，原金中都城中的传教基地，开始迅速扩张自己的势力范围。丘处机自西域回来之后即言"今大兵之后，人民涂炭，居无室，行无食者，皆是也，立观度人，时不可失。此修行之先务，人人当铭诸心。"③从此"海内承风，洞天福地起道场，全真之教大行"。（孛兰肹，1996）[43]在有记载的都城道观中，属于全真教的占了半数以上（见附表二）。更有意义的是，中都城中最古老的道观天长观的被全真教接管。天长观始建于唐，金大定间太一教教主被召入京即住天长观，泰和四年（1204年）初建太极宫（即长春宫）后，亦以太一教主主之④，此一宫一观在原中都

① 《（明永乐）顺天府志》：

"康熙二十六年，居民掘地得辽藏舍利佛牙石匣，（寺院册。析津日记：京师仙露寺，《明一统志》、《寰宇通志》皆不载。《顺天新旧志》亦无之。近菜市西居民掘地得石匣，乃辽世宗天禄三年所□，中藏舍利无有也。匣如石椁而短小，傍刻僧志愿记，具书布金钱姓名，其盖已失，始知其地为仙露寺遗址，地名千人邑，故比丘尼皆曰邑头尼。"（缪荃孙，1983）[515-516]

② 姚燧《长春宫碑（元贞元年）》（李修生，1999：卷311）

③ 商挺《大都清逸观碑》（李修生，1999：第二册）[515-516]

④ 王恽《大都宛平县京西乡创建太一集仙观记（大德元年九月十五日）》：

"……惊动当世。一悟传之重明，大定间，诏住天长观，尝入禁中论道称旨，宠赐甚渥。三代虚寂师，以道价凝重一时。泰和四年，太极宫初建，命师主焉。……"（李修生，1999：第六册）[129-130]

城中实隐含着获得国家权力认可的象征意义，而至此皆被全真教占据，则全真教在元初的地位亦可见一斑了。

在金末元初的乱世中，全真教从蒙古帝国中分割出来的这一小块特权空间，也为众多的流离之民提供了栖身之地：

"……凡为是学，复其田租，蠲其征商。癸未，至燕，年七十六矣。而河之南北已残，而首鼠未平，鼎鱼方急，乃大僻元门，遣人招求俘杀于战伐之际，或一戴黄冠而持其署牒，奴者必民，死赖以生者，无屡二三钜万人……"①

全真教的初兴，用陈垣先生的话来说"不过'苟全性命于乱世，不求闻达于诸侯'之一隐修会而已"。（陈垣，1962）[2] 然自丘处机之后，由隐及显，以长春宫为主导，在教内形成一个组织严密的教团，在教外与国家、与士大夫、与民众皆形成紧密的联系。在王磐撰写的《创建真常观记》中，对此情形有极好的描述：

"……今也掌玄教者，盖与古人不相侔矣。居京师住持皇家香火焚修，宫观徒众千百，崇墉华栋，连亘街衢。京师居人数十万户，斋（醮）祈禳之事，日来而无穷。通显士大夫（洎）豪家富室，庆吊问遗，往来之礼，水流而不尽，而又天下州郡黄冠羽士之流，岁时参请堂下者，踵相接而未尝绝也。小阙其礼则疵衅生，一不副其所望则怨怼作，道宫虽名为闲静清高之地，而实与一繁巨大官府无异焉。……"②

全真教的这一由隐及显的过程也是其余几派新道教在金元时期的命运的一个缩影。同时也由于这样的显达，使得元时都城中的道教宫观比之前代大大增加，元代新建的道观数量超过了新建的汉传佛教寺院的数量（见附表一）。

道教各宗与中央的接近使道教也开始为官方服务，或者说以这种服务来与国家所给予的特权相交换，尤其在世祖初年以长春宫为中心，各派的掌教都屡次被命组织斋醮③。而斋醮的类别多为救度国王的金箓醮④（表 7-2），同元代的国立寺院一样，其对道教的接纳显然也是围绕着帝室家族而展开，这也恰恰反映出蒙元政权的"家产制本质"（屈文军，2002）。

表 7-2　元世祖时期国家组织之道教法事

中统三年（1262 年）	十一月乙酉，太白犯钩钤。丁亥，敕圣安寺作佛顶金轮会，长春宫设金箓周天醮
至元元年（1264 年）	三月庚辰，设周天醮于长春宫
至元五年（1268 年）	九月，敕长春宫修设金箓周天大醮七昼夜
至元十一年（1274 年）	正月，……丁酉，长春宫设周天金箓醮七昼夜
至元十四年（1277 年）	正月，命嗣汉天师张宗演修周天醮于长春宫
至元十五年（1278 年）	十二月，庚子，敕长春宫修金箓大醮七昼夜
至元十六年（1279 年）	五月，命宗师张留孙即行宫作醮事，奏赤章于天，凡五昼夜
至元十八年（1281 年）	三月，甲辰，命天师张宗演即宫中奏赤章于天七昼夜

注：根据《元史》相关记载整理。

但在国家事务中，由于在僧道辩论中的失败，除了早期丘处机的止杀对太祖有所影响之外，全

① 姚燧《长春宫碑（元贞元年）》（李修生，1999：卷 311）

② 王磐《创建真常观记（至元十二年七月十五日）》（李修生，1999：卷 61）

③ 道教祭祷仪式，其法为设坛摆供，焚香、化符、念咒、上章、诵经、赞颂，并配以烛灯、禹步和音乐等仪注和程序，以祭告神灵，祈求消灾赐福。参见（中国大百科全书编辑部，2004）。

④ 道教，斋醮条（中国大百科全书编辑部，2004）

真教显然被排除在中枢权力之外。

另一方面，入元以后，在道教诸教派中，正一教却始终获得中央政府的接纳，掌教张留孙及其继承者吴全节都大受宠幸，“奉天子之名，祀名山大川”，被承认为道教之正统。不仅掌教所居之崇真万寿宫在大都城中密迩宫室，张留孙欲建东岳庙，亦获王室庇护与资助，岁时内廷出香币致祭①，其香火一直延续至今。相比之下，长春宫旁全真道士所建之东岳庙则早已湮没无闻了。

道教人士与士流的接纳则源于道士的儒家文化背景，实与文人间的交往无异（陈垣，1962）[15-23]。

7.1.2 寺观等级

与世俗社会一样，寺院道观中也存在等级的差别。佛教寺院的级别看其名称便可了然。最高的是带“大”字的，其次为普通的某某寺，最后一级为院，院的规模小于寺，可能是独立的，也可能从属于某寺。寺的命名与挂牌需要经过朝廷的批准，而加“大”字额更属于朝廷恩典。道观也一样，“宫”的级别高于“观”。

表 7-3 对从唐以前到元有记文流传下来的都城寺院的建造与重修情况做了粗略梳理，考察的重点在于建庙的起因、方式，相关僧人与施主的身份以及作记者的身份。这一时期除了国家资助的寺院（即后文将要讨论之国立寺院）之外，根据可找到的文献记载约共有 129 处大小寺院，其中不明创建年代的有 48 座，其余 82 座中，始建于元的有 31 座，始建于金者 17 座，始建于辽者 16 座，始建于唐者 13，五代一座，北魏一座，东魏一座。而有新建重建记录的只占其中一部分。但从中还是能窥见一些当时的情形。

表 7-3 唐以前至元有记文的寺院

始建朝代	寺院名	建寺原因	建寺方式	相关僧人	施主身份	作记者身份
唐及唐以前	善化寺	为某大德	买地，建寺	禅尼大德	侍中	僧文贞
	法云寺	为某僧	舍宅为寺	僧知谭	节度使之父	无
	驻跸寺	僧为自己建	化缘	禅和尚，僧肃宾	—	唐卢龙节度检校尚书
	大延寿寺	无	建塔，建殿	无	隋刺史，唐节度使，金留守	金翰林待制
	延洪禅寺	僧为自己建	用废殿遗址	禅佰尊公	无，元重修时朝廷赐金	元住持僧戒海
	广济院	神迹（治病）	众人捐资，僧人自建	异僧	—	金中顺大夫翰林修撰同知……
	大悯忠寺	纪念阵亡将士	国立	—	—	—
辽	大昊天寺	为某大德	舍宅为寺	妙行大师	辽秦越大长公主	—
	大开泰寺	无	舍宅为寺	—	枢密使魏王	—
	胜严寺	无	建寺	—	辽侍中	金秘书监
	竹林寺	无	舍宅为寺	—	辽楚国大长公主	太常丞
	昭庆禅院	无	建寺	—	士人	—
	奉福寺	僧为自己建	化缘及僧自费	安禅大师，金僧存晖	北平王	金秘书丞骑都尉，翰林修撰，承旨

① 《东岳仁圣宫碑》（虞集，1999：卷 23）。

续表 7-2

始建朝代	寺院名	建寺原因	建寺方式	相关僧人	施主身份	作记者身份
金	大庆寿寺		国立			
	大圣安寺	为某大德	出资	佛觉大师,晦堂大师	内府	—
	昭觉禅寺	僧为自己建	化缘	智公	中书左丞等	翰林侍讲
	报恩寺	僧人祝发	—	国家	—	—
	福圣院	为某大德	买屋,出资	通妙大师	金吾上将军,张本靖	木庵老衲
	十方观音院	僧为自己建	自己经营	—	—	蔡珪
	广福院	僧为自己建	得地自建	—	—	蔡珪
	西开阳坊观音院	僧为自己建	买地自建	兴福禅师	—	—
	寿圣禅寺	僧为自己建	捐资	提点僧润	大檀越刘师彰之夫人郑氏	元好问
元	大护国仁王寺		国立			
	延福寺	为某大德	买地结庐	松岩老人	善人	少林雪庭老人
	药师寺	僧为自己建	化缘	比丘尼德秀	—	林泉老衲
	净居寺	僧为自己建	得废寺	成公大禅师	—	—
	海云禅寺	僧为自己建	自费	海云	—	—
	至元禅寺	为某大德	买古寺基创佛舍	佛惠晓庵大禅师	某功德主	—
	天宁禅院	僧为自己建	自费买废寺基	开山主持普净	—	师弟子
	大头陀教胜因寺		有司给地,燕人高翔助之	—	燕人高翔助之	—
	居坚院		自费	—	—	—
	圆恩寺		自费	—	—	—
	兴福院		捐资	—	—	—
	能仁寺		资助	—	贵族	—
	大寿元忠国寺		出资	—	贵族	—

从表中唐至金的记录来看,寺院的知名度、地位和等级施主的社会地位直接相关。历代等级最高者为由国家资助的国立寺院,如唐之悯忠寺,金之大庆寿寺与元之大护国仁王寺等,这一类寺院将于下一节详细论述。次为隋唐之大延寿寺、辽之大昊天寺、大开泰寺与金之大圣安寺,施主身份均与中央直接相关。隋唐之幽州作为国家边防重镇,刺史或节度使作为地方最高长官,可以说是中央在此地方的代表;随着城市政治地位的改变,辽南京城中的重要寺院开始与宗室贵族联结在一起。同时,南京作为辽五京之一,并非这些宗室贵族常年定居的地方,这也使大贵族的舍宅为寺成为这一时期寺院建造的显著特点。金的大圣安寺更是由帝后直接出资建造,以后的修缮经费也来自内府。而在经历了改朝换代之后,这些寺院依然能与中央权力保持密切的联系,如延寿寺、昊天寺与圣安寺:

"辽圣宗统和十二年,辽主景宗石像成,上幸延寿寺饭僧。"(吴廷燮,1990)

"辽兴宗重熙十一年,十二月,辽主幸延寿寺饭僧,诏宋使观击秋"(吴廷燮,1990)

"(元)中统三年,十二月,作佛事于昊天寺七昼夜,赐银万五千两。"(沈应文,等,1959)[89]

"(元)至大元年十一月辛巳,以银七百五十两、钞二千二百锭、币帛三百匹施昊天寺,为水陆大会。"(沈应文,等,1959)[505]

"(元)中统二年九月庚申朔,诏以忽突花宅为中书省署。奉迁祖宗神主于圣安寺。"(沈应文,

等,1959)

"(元)中统三年十一月乙酉,太白犯钩钤。丁亥,敕圣安寺作佛顶金轮会,长春宫设金箓周天醮。"(沈应文,等,1959)[88]

"(元)至治三年四月敕京师万安、庆寿、圣安、普庆四寺,扬子江金山寺、五台万圣佑国寺,作水陆佛事七昼夜。"(沈应文等,1959)[630]

元中统年间,大都新城及护国仁王寺都还未建,昊天寺与圣安寺承担了做法事为国祈福及安置祖宗神主等国立寺院的职责。而在最后一条至治三年的记载中,圣安寺与元之国立寺院(圣寿)万安、(承华)普庆及太子之功德院庆寿并称,也可看出圣安寺在元时的地位。

其余的寺院,在元以前,称"寺"者,除唐之驻跸寺由僧人通过化缘建造外,其余施主皆为官吏;称"院"者,除福圣院的施主中有官吏,其余或为僧人自费建造,或者其施主仅是无功名的士人。入元以后,情形似乎略有不同。加有"大"字额的寺院皆为元帝室所建的国立寺院,其余无"大"字额的寺或院,大部分都是僧人自费建造,这当与元时寺院的经济运作方式有关。

辽金元三代,帝室和贵族构成施主与信徒中的特别组成部分。帝王及其家族成员由于高居社会阶层的顶端,其可以调动的国家政治资源、社会资源与经济资源非常人可比拟。他们的支持对于教团推广信仰、在政治经济等各方面获得立足之地都非常重要。在都城中,施主和信徒中又有大量的社会上层人物,他们所资助的寺观,由于等级高、规模大,也能够吸引到所谓的高僧大德来主持,因此在都城社会里,大型寺院又成为僧道精英和上层人物密切交往的中介地,并且生命力往往超越朝代的更替与城市的兴废,成为恒久的地标。与此同时,大部分的普通寺院既得不到贵人资助也请不到高僧大德,只能自生自灭。

元代道观的情形与佛教寺院近似,其称为宫者,或是由国家出资建造,如太一教的太一广福万寿宫,正一教的崇真万寿宫以及昭应宫;或是由上层人士资助建造,并由国家赐额,如西太乙宫、真大道的天宝宫等。其余道观也就和普通寺院一样。

7.1.3 国立寺观

在寺观的各个等级之中,国立寺观较为特殊,一方面由于与政权之间的密切关系,这些寺院往往在都城之中集中出现,另一方面,国立寺观所承担的义务也与普通寺院不同,通常成为皇室的家庙。

1) 寺院

所谓国立寺观,是指由国家组织或资助建造的寺观。唐幽州城的悯忠寺(今之法源寺),是为为国征战的将士荐福而修。《元一统志》载:"按古记考之,唐太宗贞观九年及高宗上元二年东征还,深悯忠义之事殁于戎事,卜斯地将建寺为之荐福"。

辽金元时期的国立寺院更多的是与神御殿相结合,尤其到元世祖以后更是成了一种不成文的惯例。其根本之意在于子孙希望通过修行佛教法事,为先人亡亲追福。

辽南京城中的神御殿记载已很模糊,难以详述。仅在《元一统志》的天王院条下称有"金天会十三年立石……云:此地乃辽祖庙也,内有景大圣三帝塑像。金皇统元年正月崇天体道钦明文武圣德皇帝谨遣建威将军翰林待制同知制诰兼右谏议大夫修国史臣耶律绍文致祭于辽祖……"

金海陵迁都之后,即在中都修建大庆寿寺(但寺在城外)①以与上京的储庆寺相对应。上京之

① "金国移都燕京,敕建大庆寿寺成,诏请玄冥禅师顗公开山第一代,敕皇子燕王降香赐钱二万,沃田二十顷。"(念常,1999:卷20)

储庆寺本为贺金熙宗子济安的诞生而建①,济安死后即以之为影堂的所在②。海陵迁都后,储庆寺因与前太子的直接关联而有了政治上的含义,因此海陵在毁坏上都宫室的同时也毁坏了储庆寺③。

元之国立寺院大概有两种。

蒙古族习惯逐水草而居,水有着重要的意义,对于大都新城来说,高梁河水系作为新城的水源,也是需要重视的地方。至元四年(1267 年),大都的外城墙与内皇城开始建造,七年(1270 年),皇后在高梁河边建昭应宫奉真武大帝,以为金水神④,十二月建大护国仁王寺⑤。从建造的时间地点以及名称来看,这几座寺观都有镇国与为国祈福之意。后皇庆元年(1312),皇太后又在高梁河东南建大智全寺⑥。

入元之后,蒙古帝室与藏传佛教关系极为密切,除帝后皇子常常受戒于帝师之外,诸帝即位之后即敕建寺院,在其中奉己生母,如大承天护圣寺,死后又以该寺作为供奉御容之所。这种寺院的建造始于世祖忽必烈时大圣寿万安寺的建造,并在其后成为不成文的惯例。即虞集所言:"国家宗庙之外,别立神御殿于佛祠。"⑦(表 7-4)

表 7-4 元大都国立寺院简表

寺名	建造时间	建造者	所奉影堂
大护国仁王寺	世祖至元七年(1270 年)—十一年(1274 年)	昭睿顺圣皇后	昭睿顺圣皇后
大圣寿万安寺	至元十六年(1279 年)—二十五年(1288 年)	世祖	世祖、裕宗帝后、仁宗
大承华普庆寺	成宗大德四年(1300 年)建,至大元年增崇(1308 年)	仁宗为皇太子时(为皇祖妣徽仁裕圣太后报德作)	仁宗帝后
大天寿万宁寺	成宗大德九年(1305 年)	成宗	成宗帝后
大崇恩福元寺	武宗至大元年创(1308 年),仁宗皇庆元年成(1312 年)	武宗	武宗及二后
大永福寺	英宗至治元年二月(1321)	仁宗	英宗帝后、顺宗
大承天护圣寺	文宗天历二年间(1329),顺帝至正十三年重建(1353)	文宗隆祥总管府	文宗
大天源延圣寺	—	—	明宗帝后、显宗

注:据《元史》相关记载整理。

元代的这些敕建寺院与帝王家族有着直接关系。由帝室直接出资建造,并在帝王死后供奉各帝御容,神御殿的祭祀,与太庙相似,所谓"日有献,月有荐,时有享"⑧,而皇帝本人的临幸,也是这些寺院必须承担的义务。可以说这些寺院是为了帝王个人生前死后的祈福而存在的(表 7-5)。

---

① "金国英悼太子生日,诏海惠大师于上京宫侧,(并刃)造大储庆寺普度僧尼百万,大赦天下。"(念常,1999:卷 20)

② 《金史》:"济安,皇统二年二月戊子生于天开殿。……戊午,册为皇太子。……十二月,济安病剧,上与皇后幸佛寺焚香,流涕哀祷,曲赦五百里内罪囚。是夜,薨。谥英悼太子,葬兴陵之侧,上送至乌只黑水而还。命工塑其像于储庆寺,上与皇后幸寺安置之。海陵毁上京宫室,寺亦随毁。"(脱脱,等,1975)[1797]

③ 《金史》:"正隆二年,十月壬寅,命会宁府毁旧宫殿、诸大族第宅及储庆寺,仍夷其址而耕种之。"(脱脱,等,1975)[108]

④ 王磐《创建昭应宫碑(至元七年九月)》:

"……维至元六年,都邑肇新,中宫谕旨,太府监度西郊高梁河乡隙地以居新附之民。庐舍既营,市肆亦列,乃以季冬十有九日庚寅,致祭于金水之神……于是皇后分禁中供用之物,命太府监玉牒尺不花即于所见之地兴建庙貌以奉香火……"(李修生,1999:卷 62)[306-307]

⑤ 寺观的位置参见刘之光(2003):"《元史》通篇未提西镇国寺的建造,但在国俗旧礼中射草狗与佛诞行像都以西镇国寺为中心,疑西镇国寺为大护国仁王寺的俗称。"刘文将其分为二寺,可再议。

⑥ 刘敏中《敕赐大都大智全寺碑》(李修生,1999:卷 396)[523-524]

⑦ 《赵曼龄墓志铭》(虞集,1999:卷 19)

⑧ 《大承天护圣寺碑》(虞集,1999:卷 25)

表 7-5　元帝巡幸国立寺院表

世祖	至元二十六年(1289 年)	大圣寿万安寺	十二月幸大圣寿万安寺,置旃檀佛像,命帝师及西僧作佛事坐静二十会
成宗	元贞元年(1295 年)	大圣寿万安寺	正月壬戌以国忌,即大圣寿万安寺饭僧七万
成宗	大德十一年(1307 年)	大圣寿万安寺	十二月辛丑幸大圣寿万安寺
文宗	天历元年(1328 年)	大圣寿万安寺	己亥幸大圣寿万安寺,谒世祖、裕宗神御殿
文宗	天历二年(1329 年)	大圣寿万安寺	四月乙亥幸大圣寿万安寺,作佛事于世祖神御殿
泰定帝	泰定二年(1325 年)	大承华普庆寺	丁巳幸大承华普庆寺,祀昭献元圣皇后于影堂,赐僧钞千锭
文宗	天历元年(1328 年)	大崇恩福元寺	十二月丙午幸大崇恩福元寺,谒武宗神御殿
文宗	天历二年(1330 年)	大崇恩福元寺	正月时享于太庙。丙寅,帝幸大崇恩福元寺
文宗	至顺二年(1331 年)	大承天护圣寺	九月庚寅幸大承天护圣寺
文宗	至顺二年(1331 年)	大承天护圣寺	十月己酉,时享于太庙。癸丑,幸大承天护圣寺
文宗	至顺三年(1332 年)	大承天护圣寺	正月丁亥,幸大承天护圣寺
文宗	至顺三年(1332 年)	大承天护圣寺	五月戊寅,幸大承天护圣寺

注:据《元史》相关记载整理。

这些寺院的管理被纳入专门的皇家机构,既不隶属于僧官,也不属于行政系统,有着极大的独立性。诸寺中除了天寿万宁寺之外,大护国仁王寺、大圣寿万安寺、大崇恩福元寺、大承华普庆寺等都设有总管府。总管府的职责大体说来是总工役,司财赋。设达鲁花赤,秩正三品。

“(至元十六年八月)置大护国仁王寺总管府,以散扎儿为达鲁花赤,李光祖为总管。”(宋濂,1976)[215]

“延祐二年正月己巳,置大圣寿万安寺都总管府,秩正三品。”(宋濂,1976)[568]

“至大三年六月,庚戌,立规运都总管府,秩正三品,领大崇恩福元寺钱粮,置提举司、资用库、大益仓隶之。”(宋濂,1976)[525]

“致和元年三月辛未,大天源延圣寺显宗神御殿成,置总管府以司财赋。”(宋濂,1976)[685]

“天历二年八月甲寅,置隆祥总管府,秩正三品,总建大承天护圣寺工役。”(宋濂,1976)[740]

在元的政府组织中,与达鲁花赤是一种普遍设置的官职一样,总管府也是一个普遍设置的机构。兵部、工部、宣政院和中政院下皆有总管府,用于管理专门的人口,如工匠、鹰房等,管理地方民政的亦有各路总管府,其中以都总管府品秩较高,为正三品,如大都路都总管府,国立寺院的总管府等级即与此相同。文宗天历二年(1329 年),又立太禧宗禋院,专管神御殿事,各总管府为之属①。总管府下往往又设营缮司管修建事,营田提举司或田赋提举司,管理寺院在各地拥有的田产。

因此,总体而言,元代的一系列国立寺院不是单纯的宗教场所,而是为帝王家族处理宗教事务的皇家机构:这些寺院的建设都要成立专门的行工部,由官僚管理,建设经费出自内帑,同时施工的工人也从在籍工匠与军人当中抽取;各寺院都有专门的总管府,品秩等同于大都路都总管;这些寺院也只为皇室服务。

2) 道观

至于道教,全真教和真大道教都是在元太祖成吉思汗时获得蒙古统治者的宠信,其时中原汉地只是蒙古帝国的被征服的土地之一,远未成为帝国的政治中心,二教在华北政治中心金中都城中所获得的立足点一是由旧观改额而来,一则为道士自己买地所建。

① 《元史》:“太禧宗禋院,秩从一品,掌神御殿朔望岁时讳忌日辰禋享礼典。天历元年,罢会福、殊祥二院,改置太禧院以总制之。初,院官秩正二品,升从一品,置参议二员,改令史为掾史。二年,改太禧宗禋院,置院使六员,增副使二员,立诸总管府为之属。凡钱粮之出纳,营缮之作辍,悉统之。”(宋濂,1976)[2207]

《元史·长春宫条》：

“……岁甲申(1224年)诏往燕京之太极宫，丁亥(1227年)有旨改号其宫曰长春。凡道门事一听长春处置，仍赐虎符以尊显之。”(宋濂，1976)[43]

“……初太玄之主法席也，岁在丁亥(1227年)，冲虚高弟刘希祥等市燕故都开阳里废宅为焚修之所，为殿为门……”(宋濂，1976)[42]

其后至忽必烈即位，确立了汉地的政治地位，原金中都的重要地位渐渐凸显，直到新城大都成为比上都更主要的政治中心。忽必烈对各种宗教都持包容政策，所谓“可以为民祈福者，无不具举。”(宋濂，1976)[43]道教之太一教派和正一教派皆获青睐。因有敕建太一广福万寿宫之举。宫中各种费用皆由官给。

王恽《大都宛平县京西乡创建太一集仙观记》：

“……其四代东瀛子即祖房孙，讳辅道。师人品峻洁，博学富才智，士论有‘山中宰相’之目。大元壬子(1252年)岁，应世祖皇帝潜邸之聘，占对称旨。上以有道之士，特隆礼眷，赐号‘中和仁靖真人’，宝冠霞帔副焉。及登大位，中和已仙去，玄谈粹宇有不能忘者，诏五代度师居寿至京师，特建琳宇，敕额‘太一广福万寿宫’，命主秘祀，其香火衣粮之给，一出内府。……”(李修生，1999)[129-130]

王恽《太一五祖演化贞常真人行状》：

“……至元三年，以京师刘氏宅赐师，为斋洁待问之所。六年春，皇嗣请师祷祀上真，……十一年(1274年)，特旨于奉先坊，创太一广福万寿宫，中建斋坛，继太保刘秉忠？六丁神将，岁给道众粟帛有差。……”(李修生，1999)[330-331]

而正一教自宋理宗以来，其龙虎山正一天师即为各道派之首，入元以后也同样获得了正统的地位，正一教中心崇真万寿宫的建设不仅获得了国家的支持，也在大都新城中获得了一席之地。

“崇真万寿宫，在都城内。至元丙子(1276年)嗣汉天师张宗演自龙虎山被征命来京师，偕张留孙入觐。明年宗演还山，留孙侍辇下。世祖圣德神功文武皇帝以师严静自持，行业可尚，命以优数，别号上卿。由是靡行不从，有祷辄应。冠佩服履之珍，每示殊眷。制授凝真重静通玄法师，进玄教宗师，总摄江淮荆湘道教。至元十五年(1278)置祠上都。寻命平章政事段贞度地京师，建宫艮隅，永为国家储祉地。辟丈室斋宇，给浙右腴田，俾师主之。赐额曰崇真万寿宫。……”(孛兰肹，1996)[41-42]

但有元一代，由于帝室对藏传佛教的重视，以及全真教在宪宗八年(1258年)和世祖至元十八年(1281年)僧道大辩论中的失败，国家对于道观的建设并没有形成如国立寺院那样制度化的做法。

7.1.4 宗教活动

1) 行像

辽金时期都城中见于记载的宗教活动是与佛诞日相联系的“行像”。所谓“行像”即用宝车载着佛像巡行城市街衢的一种仪式。但关于“行像”本身，记载都较为简单，参与人员与巡城路线都不详，只知有此活动而已。且游行队伍从皇城东门经过。

《辽史》卷53记：“二月八日，为悉达太子生辰，京府及诸州雕木为像，仪仗百戏导从，循城为乐。”但《契丹国志》卷27则以四月八日为佛诞。

《金史》卷5：“二月庚辰，御宣华门观迎佛，赐诸寺僧绢五百匹、彩五十段、银五百两。”

《金史》卷11：“二月庚午，御宣华门，观迎佛。”

入元以后，有所谓“游皇城”，是与佛教行像相结合的一个活动，时间上也紧接在行像之后，但具体内容又与传统的“行像”有所不同。元代的“游皇城”来自国师八思巴的建议,《元史》与《析津志辑佚》分别记载了元初与元末的游皇城活动。

《元史》国俗旧礼:

“世祖至元七年,以帝师八思巴之言,于大明殿御座上置白伞盖一,顶用素段,泥金书梵字于其上,谓镇伏邪魔护安国刹。自后每岁二月十五日,于大[明]殿启建白伞盖佛事,用诸色仪仗社直,迎引伞盖,周游皇城内外,云与众生祓除不祥,导迎福祉。岁正月十五日,宣政院同中书省奏,请先期中书奉旨移文枢密院,八卫拨伞鼓手一百二十人,殿后军甲马五百人,抬舁监坛汉关羽神轿军及杂用五百人。宣政院所辖官寺三百六十所,掌供应佛像、坛面、幢幡、宝盖、车鼓、头旗三百六十坛,每坛擎执抬舁二十六人,钹鼓僧一十二人。大都路掌供各色金门大社一百二十队,教坊司云和署掌大乐鼓、板杖鼓、筚篥、龙笛、琵琶、筝、(纂)七色,凡四百人。兴和署掌妓女杂扮队戏一百五十人,祥和署掌杂把戏男女一百五十人,仪凤司掌汉人、回回、河西三色细乐,每色各三队,凡三百二十四人。凡执役者,皆官给铠甲袍服器仗,俱以鲜丽整齐为尚,珠玉金绣,装束奇巧,首尾排列三十余里。都城士女,闾阎聚观。礼部官点视诸色队仗,刑部官巡绰喧闹,枢密院官分守城门,而中书省官一员总督视之。先二日,于西镇国寺迎太子游四门,舁高塑像,具仪仗入城。十四日,帝师率梵僧五百人,于大明殿内建佛事。至十五日,恭请伞盖于御座,奉置宝舆,诸仪队仗列于殿前,诸色社直暨诸坛面列于崇天门外,迎引出宫。至庆寿寺,具素食,食罢起行,从西宫门外垣海子南岸,入厚载红门,由东华门过延春门而西。帝及后妃公主,于玉德殿门外,搭金脊吾殿彩楼而观览焉。及诸队仗社直送金伞还宫,复恭置御榻上。帝师僧众作佛事,至十六日罢散。岁以为常,谓之游皇城。或有因事而辍,寻复举行。夏六月中,上京亦如之。”(宋濂,1976)[1926-1927]

“至元丁卯四年,世祖皇帝用帝师班言,置白伞盖于御座之上,以镇邦国。仍置金轮于崇天门之右,铁柱高数丈,以铁緪四系之,以表金转轮王统治四天下,皆从帝师之请也。

(二月)八日,平则门外三里许,即西镇国寺,寺之两廊买卖富甚太平,皆南北川广精(麄)之货,(竄)为饶盛。于内商贾开张如锦,咸于是日。南北二城,行院、社直、杂戏毕集,恭迎帝座金牌与寺之大佛游于城外,极甚华丽。多是江南富商,海内珍奇无不凑集,此亦年例故事。开酒食肆与江南无异,是亦游皇城之亚者也。过此,则有诏游皇城,世祖之故典也。其例于庆寿寺都会,先是得旨,后中书劄下礼部,行移各属所司,默整教坊诸等乐人、社直、鼓板、大乐、北乐、清乐,仪凤司常川提点,各宰辅自办婶子车,凡宝玩珍奇,稀罕蕃国之物,与夫百禽异兽诸杂办,献赏贡奇互相夸耀,于以见京师极天下之壮丽,于以见圣上兆开太平与民同乐之意;下户部关拨钱粮,应付诸该衙门分办社直等用,各投下分办簇马只孙筵会,俱是小小舍人盛饰以显豪奢。凡两京权势之家,所蓄宝玩尽以角富。盖一以奉诏,二以国般,故内帑所费,动以二三万计。

五日二日或三日七日点举,每聚会则散茶饭、馒头、面食,俱各丰腴。省院台大小衙门,诸司局、寺、坊、院、社直人等,并用供给,乃能举此胜事。比及齐办,中书省官奏,于十五日蚤,自庆寿寺起行入隆福宫绕旋,皇后三宫诸王妃戚畹夫人俱集内廷,垂挂珠帘。外则中贵侍卫,纵瑶池蓬岛莫或过之。迤逦转至兴圣宫,凡社直一应行院,无不各呈戏剧,赏赐等差。由西转东,经眺桥太液池。圣上于仪天左右列立账房,以锦绣纹锦疙,捉蛮缬结,束珠翠软,殿望之若锦云绣谷,而御榻置焉。上位临轩,内侍中贵銮仪森列,相国大臣诸王驸马,以家国礼,列座下方迎引,幢幡往来无定,仪凤教坊诸乐工戏伎,竭其巧艺呈献,奉悦天颜。次第而举,队子唱拜,不一而足。从历大明殿下,仍回延春阁前萧墙内交集。自东华门内,经十一室皇后斡耳朵前,转首清宁殿后,出厚载门外。宫墙内妃嫔媵嫱罟罟皮帽者,又岂三千之数也哉?可谓伟观宫廷,具瞻京国,混一华夷,至此为盛!其游止斯,或就东华门而散会,寔盖累朝故事不缺。近年惟太师右丞相脱脱奉旨,前后相游城二次。上位储皇,三宫后妃俱有赏赉,慰其劳于后事也。……”(熊梦祥,2001)[214-216]

《元史》与《析津志辑佚》所记游皇城的路线略有差异。《元史》所述为至元七年"游皇城"活动刚开始形成的情况，队伍从厚载门入，自东而西出宫，此时隆福宫与兴圣宫尚未兴建。《析津志辑佚》所记则为后期情形，队伍由西入宫，从厚载门出。《析津志辑佚》对于路线与绕旋顺序描述得也更为详细。

综合两段记载可得到如下认识：

A. 活动分为两个阶段。第一阶段为传统的"行像"，第二阶段才是"游皇城"。

B. 巡行的主体，在第一阶段中，《元史》记载仅为"太子"，《析津志辑佚》中又加上了帝座金牌。其中原因，或者是因为《析津志》所记为元末情形。第二阶段除了第一阶段的内容，还加上了从宫中迎出的有镇国作用的白伞盖。

C. 组织者：前一阶段似为民间自发，后一阶段则完全由官方组织。

D. 参与者：前一阶段为南北二城的民众及外来商贾；后一阶段以中书省和枢密院为首，都城所有衙门都牵涉其中，与前一阶段不同的是，游皇城的队伍不仅限于南北两城，宣政院所辖的三百六十所官寺应是全国性的，而金门大社亦是以大都路为单位，而且队伍庞大，根据记载的人数计算，直接参加者超过了两万人，故而队伍有三十里长。这个活动的意义显然已经超出了城市的范围。

E. 路线：前一阶段以西镇国寺为出发点，在城外；后一阶段以庆寿寺为出发点，与前一阶段的队伍合在一起，围绕皇城的三宫进行，故名之"游皇城"(图 7-1)。

2）东岳庙会

东岳庙，在齐化门外二里(今朝外大街)，元时称为东岳仁圣宫，是道教正一教的重要道宫，始建于元延祐六年(1319 年)，现为民俗博物馆，现存建筑为清代重修，但基本保存了元代规制。

东岳庙的建造不仅获得了官方的资助，并且由于与鲁国大长公主之间的关系，每年官方都参与岳帝生辰的祭祀①。而在民间，如在前文中已经提及的，每年二三月间，都有为三月二十八日岳帝王诞辰而行的庙会。元时东岳庙会的盛况，可从《析津志》的描述中窥得一斑(见前文)。

将游皇城与东岳庙会联系起来便会发现，元代都城生活中，社会参与面最广，吸引人群最多的两种活动，中心都不在城市之中，而是在近郊，而且二者都有官方的参与，尤其是游皇城活动，进入城市的游行队伍完全通过中枢机构组织，并且有禁卫军队的参与，俨然属于国家正祀，被载于《元史》的祭祀志中。而将东岳庙与大都城中的都城隍庙的情况加以比较就会发现，虽然都城隍庙同样是城中士庶为了祈福避祸而常去祈祷的地方，但围绕城隍庙却没有形成东岳庙或是后世的城隍庙那样的庙会，从文献记载中我们知道，元代统治者曾屡次发布禁令禁止一切原因的民众聚集②。

---

① 《东岳仁圣宫碑》(虞集，1999：卷 23)

② 《元典章》"五十七 刑部十九 禁聚众"

四十二页 禁跳神师婆

"至元十一年中书兵刑部为五月十六日省椽元仲明传奉都堂钧旨，大都街上多有泼皮厮打底跳神师婆，并夜聚晓散底，仰本部行文字禁断，如是依前违犯，除将跳神师人并夜聚晓散人等治罪外，据泼皮厮打的发付着役，施行省部除外合下仰照验速为严行出榜禁治，如有违犯人等，依上治罪施行。"

四十三页 祈赛神社

"延祐四年五月行省准中书省咨照得近为诸处城邑村坊镇店多有一等游手末食之民，不事生业聚集人众祈赛神社赌博钱物，已尝遍行禁治去讫，切恐有司不为申明旧章，使下民枉遭刑宪，都省议拟到各各罪名开坐前去，咨请照验行移，合属排门粉壁严加禁治施行。"

四十五页 住罢集场聚众等事

"延祐四年六月行省准中书省咨大司农司呈燕南廉访司申起立集场，实使力本之人习为游惰，淳朴之俗变为浇浮，其间兴讼生盗及一切不便等事于延祐四年三月二十六日曾经奏过事内一件，各处县分村镇上立集众众买卖的至开春住罢者，又么道奏了行文书来，似这般立集呵，走透课程有，多人聚众呵，妨碍农务，滋长盗贼有，合住罢了么道在先各处与将文书来有，前者台里也，与将文书来有，他每说的是有住罢了集众依前叙众唱词的祈神赛社的住罢了，各处行将文书去呵，怎生商量来么道奏呵，那般者么道圣旨了也，钦此，都省咨请钦依施行。"

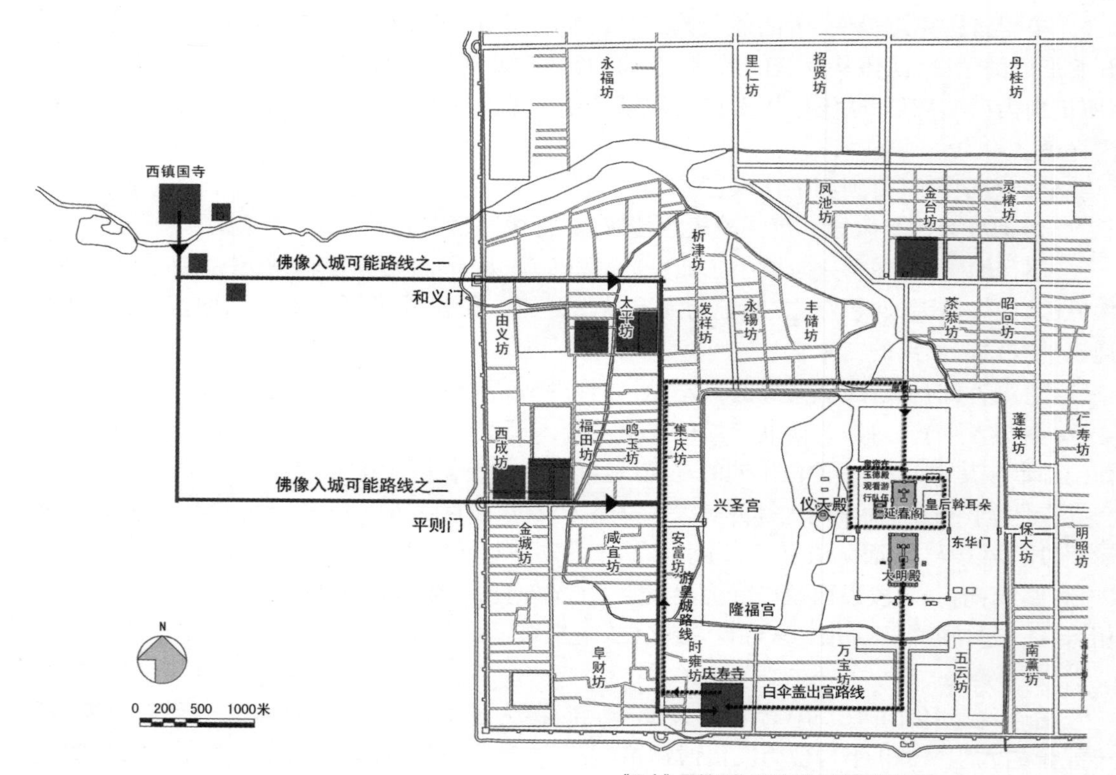

《元史》国俗旧礼所记元世祖时游皇城路线

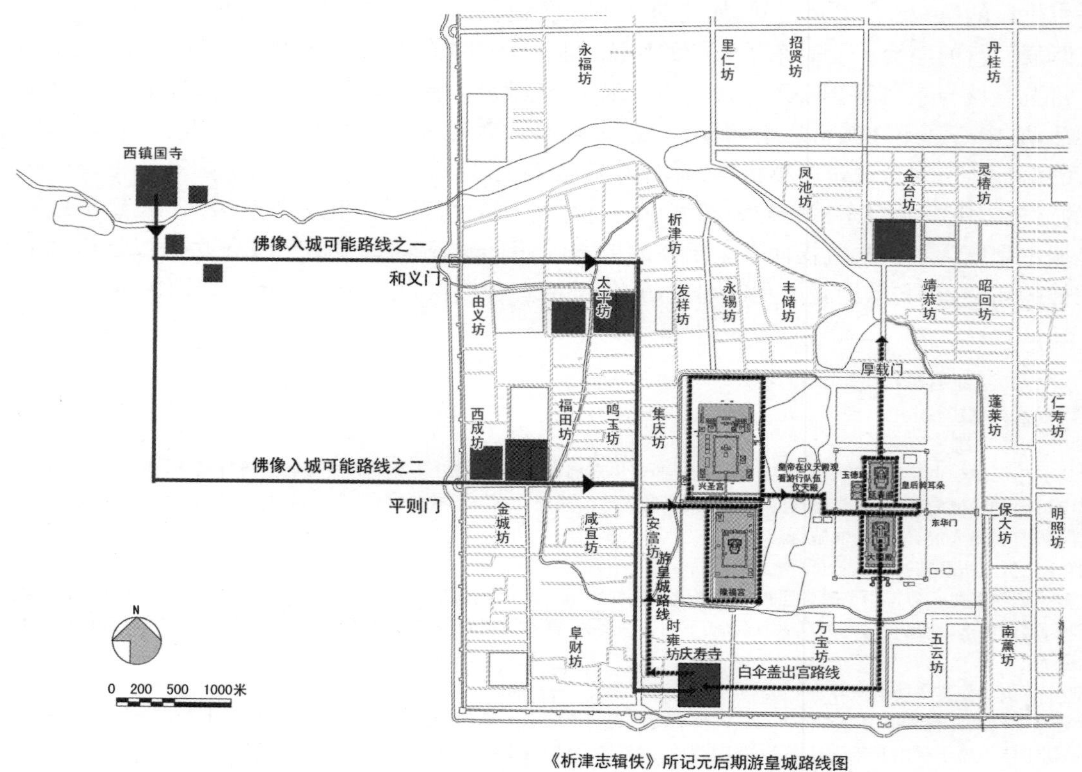

《析津志辑佚》所记元后期游皇城路线图

图 7-1　游皇城路线图

围绕西镇国寺的行像与围绕东岳庙的庙会虽然由于获得官方的支持而得以存在，却被排除在城市之外，或者也与惧怕民众集会的心理有关。

游皇城与东岳庙会之间的不同在于，东岳庙会民间性和自发性较强，没有有组织的庆典活动，参与进香的人员没有固定的组织，看热闹的人多为平民，所谓“乡老盲瞽老弱”等，买卖的货物也为食物等日常之物；由国家出面组织的游皇城则明显属于上层人士的活动，“国家岁以二月八日迎佛于城西高梁河，京府尽出，富民珠玉奇玩狗马器服绯优犹杂子女百戏眩鬻以为乐，禁卒外卫，中宫贵人大家设幕以观，庐帐蔽野，诸王近侍贵臣宝饰异服驰骏盛气以相先后，国家一日之费巨万，而民间之费称之。”①巡行队伍的参加者则根据行业身份的不同，各以最基层的组织为单位出人出力，如宣政院辖下的僧侣以寺为单位，普通居民以社为单位，商人以行为单位等，大体上社会的每个阶层都有代表参加，其中前半段的行像参加者主要限于城市，路线却在城外，后半段城内游行队伍的参加者则扩展为整个大都路，这个情形用较为时髦的话来说就是：游皇城的过程表达了一种国家领导下的社会整合的愿望。

7.1.5 寺观经济

何兹全认为元代的寺观经济与宋相比，是倒退回了唐时的庄园经济（何兹全，1992），这只说出了国立寺院的情形，并且对于国立寺院而言也只是部分情形。

如前所述，元代以一系列国立寺院供奉神御殿，其性质等同于皇室机构。国立道宫，如太一广福万寿宫、长春宫等，职责是为国祈福。这些寺院与道宫的日常用度都由国家负担。②

寺院宫观所牵涉的人口数量，道宫因无数据，无法确指，而国立寺院的人口是有定额的，大抵每寺有 262 人左右，元末由于冗滥，每寺约有僧人 340 人。③

另外像大庆寿寺与大圣安寺等，虽非国家敕建，但地位特殊。这些寺院都是历史悠久的名寺，且有名僧主持，更重要的是与皇家关系密切，大庆寿寺为太子功德院，大圣安寺则在元初奉过皇帝影堂。它们除去国家不负担日常用度之外，其余财产拥有方式及收入方式与国立寺观是相同的，故此一并述之。

这些寺观拥有的产业主要是大量官方赐予的田地、林木、水磨、房舍等，即所谓永业或常住，这些产业并不一定在都城附近，有可能散处全国各地，寺观只需坐收租赋，即所谓“割田外郡，收其租入，以给祝发”④从这个角度说，这些寺观的经营方式类似于唐时的庄园经济。

如大普庆寺：“十月辛未，赐大普庆寺金千两，银五千两，钞万锭，西锦、彩段、纱、罗、布帛万端，田八万亩，邸舍四百间。”（宋濂，1976）[547]

太一集仙观：“大元壬子岁，应世祖皇帝潜邸之聘，占对称旨。上以有道之士，特隆礼眷，赐号‘中和仁靖真人’，宝冠霞帔副焉。及登大位，中和已仙去，玄谈粹宇有不能忘者，诏五代度师居寿至京师，特建琳宇，敕额‘太一广福万寿宫’，命主秘祀，其香火衣粮之给，一出内府。逮今承化纯一真人全佑继奉祀事，十载间，以受业者众，国之经费日广，坚辞廪料，至于再三。有司上议，

---

① 《朝列大夫佥燕南河北道肃政廉访司事赠中议大夫礼部侍郎上骑都尉追封天水郡伯赵公神道碑》（虞集，1999：卷 42）

② 王恽《大都宛平县京西乡创建太一集仙观记（大德元年九月十五日）》：

“诏五代度师居寿至京师，特建琳宇，敕额“太一广福万寿宫“，命主秘祀，其香火衣粮之给，一出内府。”（李修生，1999：卷 173）

王恽《太一五祖演化贞常真人行状（至元十九年十二月廿一日）》：

“（至元）十一年，特旨于奉先坊，创太一广福万寿宫，中建斋坛，继太保刘秉忠禋六丁神将，岁给道众粟帛有差。……”（李修生，1999）[330-331]

③ 《元史》：“（至顺二年）五月……丙戌，太禧宗禋院臣言：‘累朝所建大万安等十二寺，旧额僧三千一百五十人，岁例给粮，今其徒猥多，请汰去九百四十三人。’制可。”（宋濂，1976）[262]

④ 姚燧《崇恩福元寺碑》（李修生，1999）[520-522]

祷祀重事，供给所需，不可阙也。全佑谦为之请，亦不可违也。良田果植隶大司农者，量宜颁赐，置为恒产，遂赐顺之坎上故营屯地四千余亩。复虑未臻丰赡。元贞改号，岁七月载生明之二日，上御神德殿，平章政事领大司农臣怗哥等，言宛平县京西乡冯家里隶农司籍。栗林从茂，川谷间以株而计者约五千数，若尽畀全佑，庶几资道广荫，永昭祀事。制可。……明年丙申春……榜曰'太一集仙观'……"①

大庆寿寺："皇太子大庆寿禅寺功德院事状，……及海云禅师北建太祖皇帝于行宫，奏对称旨，呼之曰小长老，即命居燕之庆寿寺，赐以固安新城，武清之地，房山栗园煤坑之利并京师之房舍恒资给之，特奉旨为国师统领诸路僧尼教门事，……

……常住有栗园，依华经字数，每一字种栗一株，岁收此以供大众，每岁设提点监寺，于寺之东收贮各庄佃所，纳栗如纳粮制，为数动以数千石为率，树若枯损则补之，无使亏其原数……"②

这些寺观的另一个收入来源是为国家做法事所获得的施舍，元廷每年都有额定的上百次法事，并为此向参与的寺观施予大量钱物：

"（至顺二年）宣政院臣言：'旧制，列圣神御殿及诸寺所作佛事，每岁计二百十六，今汰其十六为定式。'制可。"（宋濂，1976）[786]

"（元统二年）四月乙酉，中书省臣言：'佛事布施，费用太广，以世祖时较之，岁增金三十八锭、银二百三锭四十两、缯帛六万一千六百余匹、钞二万九千二百五十余锭。请除累朝期年忌日之外，余皆罢。'从之。"（宋濂，1976）[821]

依靠国家赐予的钱物田产，这些寺观已足以成为大资产所有者，并参与城市的商业体系之中。

寺观可用于投入商业活动的资本大概为钱钞和房产两种。从至元十四年（1277 年）的宫观不得安下诏中，可分辨出城市内的产业种类有解典库、浴塘、店舍、铺席等③，此外，亦有将钱钞用于高利贷的经营，以收取子钱。④

故"泰定三年（1326 年）十月中书省臣言：'养给军民，必藉地利。世祖建大宣文弘教等寺，赐永业，当时已号虚费，而成宗复构天寿万宁寺，较之世祖，用增倍半。若武宗之崇恩福元、仁宗之承华普庆，租榷所入，益又甚焉。……'"（宋濂，1976）[674]

相比之下，普通寺观建造经费的来源并不稳定，通常有三种途径：信众的施舍；寺观自身的财产（常住）；以及主持者自己的财产。因此，普通寺观的建造规模不可能太大，完整的布局大致包括主殿院落、讲堂、客寮、厨库。而且经常要经过很多年分几次建完。

其收入来源，自有田地蔬圃以糊口，此外还有做法事的宗教收入，以及随财力高下进行的经济活动。

比如佛教的燕京大觉禅寺的重建费用即来自寺院财产（常住），塔则由提控李德施舍，寺院菜地由另一人施舍，从而解决最基本的日常用度：

耶律楚材《燕京大觉禅寺创建经藏记》：

"辽重熙、清宁间，筑义井精舍于开阳门之郭，……贞佑初，天兵南伐，京城既降，兵火之余，僧

---

① 王恽《大都宛平县京西乡创建太一集仙观记（大德元年九月十五日）》（李修生，1999：卷 173）

② 见（永乐）《顺天府志》（即《永乐大典》之顺天府条）。此节文字根据党宝海先生之研究，应属《析津志》，为《析津志辑佚》所漏。见党宝海. 元《析津志》佚文新辑——兼论《析津志辑佚》之误. http://www.bjmuseumnet.org/bjwb/sjbw/index1.htm，2003

③ 《宫观不得安下诏（至元十四年十一月）》

"……但属宫观田地，水土、庄佃、竹苇、园林、碾磨、船只、解典库、浴塘、店舍、铺席、醋酵，不拣甚么差发休著者。"（李修生，1999：卷 104）

④ 《元史》："延祐六年六月壬子，赐大乾元寺钞万锭，俾营子钱，供缮修之费，仍升其提点所为总管府，给银印，秩正三品。"（宋濂，1976）[589]

童绝迹，官吏不为之恤，寺舍悉为居民有之。戊子之春，宣差刘公从立与僚佐高从遇辈，疏请奥公和尚为国焚修，因革律为禅。奥公罄常住之所有，赎换寮舍，悉隶本寺。稍成丛席，可容千指。……提控李德者，素党于糖蘗，不信佛教，至是改辙施材，完葺其塔。继有提控晋元者，施蔬圃一区于寺之南，以给众用，糊口粗给。……”(李修生，1999)[235-236]

全真教真常观修建靠的是住持理财收入，不仅修建道观，也置下菜圃和田地，用于日常开支。

王恽《真常观记》：

“大都南城故宜中里真常观，为全真学者重玄子樊君所建也。……真常师嗣主法席，委掌资用，出纳明，会计当，己无私焉。……至元二十二载，易张侯故第为幽栖所，榜曰‘真常观’，示不忘本也。崇堂为殿，下至斋厨库厩，修治完整，复置蔬圃一区，复郭田二百亩，资给道众。……”(李修生，1999)[138-139]

虽非国立，但较为富裕的寺观，常常通过房地产或其他经营获取收入，如“华严寺明公和尚碑”所记述的大同华严寺，其经营的项目包括浴室、药局、塌房等，尽管并非大都寺院，但也可看作当时寺观的一种普遍情况：“……庚戌中，西京忽兰大官人府尹总管刘公，华严本主法师英公具疏，敬请海云老师住持本府大华严寺。……大殿、方丈、厨库、堂寮，朽者新之，废者兴之，残者成之，有同创建。……又于市面创建浴室、药局、塌房及赁住房廊近百余间，以赡僧费，宏规远虑，因以深矣。……”(李修生，1999)[612-614]

因而在元代的城市中，寺观通过自己的经营活动提供了相当一部分服务性行业，同时也参与了城市与外部的货物流动。

7.2 寺院宫观之空间分布①

7.2.1 辽南京时期

辽以前所建寺院大概有两个特点，一个是围绕大悲阁(即圣恩寺)的聚集，另一个是在拱辰门—开阳门之间大街(即金中都崇智门—景风门之间的大街，也即今牛街一线)以东的坊中；大悯忠寺和大延寿寺都在城东靠近迎春门处(图 7-2)。

辽代始建的寺院出现向宫城以北的通玄门(通天门)大街一线聚集的趋势(图 7-2)。这其中大昊天寺、大开泰寺、竹林寺和天王院都是由辽贵族舍宅为寺的寺院②，辽祖庙所在之奉先坊亦在通玄门大街之西，可以推论，辽时的南京城通玄门内大街两旁聚集了不少贵族的住宅。从辽南京的

① 文后附表“寺院、宫观状况一览”中列出了根据史料可以判断始建年代的寺观，本节的分析以此表为基础展开。于杰、于光度的研究指出了金中都城的坊的大概位置与范围，与徐苹芳先生的《元大都城图》一起是标示寺观位置的基本参照。此外需要说明的是，本节不可能涉及这一时期所有的寺院，只能对始建年代与位置信息都能获得的寺院展开分析；另外，图中寺院的位置也非绝对位置，只表示在此坊范围内。

② 辽的旧寺，棠荫坊的大昊天寺：“道宗清宁五年秦越大长公主舍棠荫坊为寺，土百顷，道宗施五万缗以助，敕宣政殿学士王行已领役。既成，诏以大昊天寺为额，额与碑皆道宗御书。”(孛兰肹，1966)[23]

大开泰寺：“在昊天寺之西北。寺之故基，辽统军邺王宅也。始于枢密使魏王所置，初名圣寿，作坊大道场。圣宗开泰六年改名开泰。”(孛兰肹，1966)[29]

归厚坊的法云寺：“净土会碑记，五代唐同光二年二月十日，汴州马军都指挥使石敬瑭为亡过父母舍宅一所与僧知谭充净土讲院，有敕赐额牒。”(孛兰肹，1966)[28]

显忠坊竹林寺：“始于辽道宗清宁八年，宋楚国大长公主以左街显忠坊之赐地为佛寺，赐名竹林。”(孛兰肹，1966)[33]

延庆坊之天王院：“在天王寺西。比丘尼之有(疑有误)再建僧堂记，金天会十三年立石，骑都尉王履贞所撰云：此地乃辽祖庙也，内有景大圣三地塑像……”(孛兰肹，1966)[39-40]

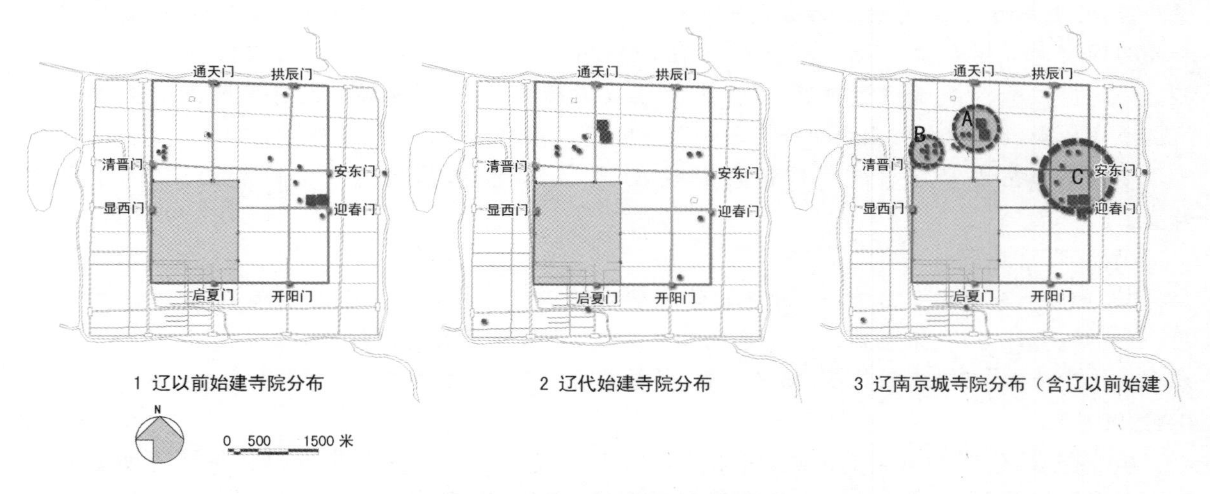

图 7-2　辽代南京寺院分布图

地位和地理位置来分析，对于契丹国，南京是南方边境的重要据点，它的交通主要是面向北方与契丹内地的联系，辽帝及贵族也并不长驻南京，只在捺钵时来此。通玄门及与宫城北门相通的通玄门大街自然成为帝后贵族的常用交通线，而通玄门大街两旁的坊亦因与宫城的联系方便成为贵族设置住宅的首选之地。

将辽及辽以前始建的寺院叠加起来之后则可以发现，除了在通玄门大街附近聚集的新趋势，辽代仍然保持了辽以前集中于大悲阁附近，以及拱辰—开阳门大街以东的这两个特点，而后者又更进一步的向清晋门—安东门大街(即檀州街)与拱辰—开阳门大街的交叉口靠拢(图 7-2)。这期间不同等级的寺院的分布并没有特别的规律。

如前面章节所讨论过的，大悲阁附近正是辽南京城北市场所在，檀州街亦是此时的重要商业街道①，而拱辰—开阳门大街的走向能一直延续至今，说明此街道始终具有一定的生命力，寺院分布与这几个因素有着明显的相关性说明这一时期城市中寺院的选址往往是在较为繁华的地段。

7.2.2　金中都时期

由资料可知始建于金的寺院大约有一半无法指示位置，从能够表示大致区域的寺院来看，金代的一个特点是由于金中都的扩城而导致在原辽南京城外围出现寺院的建造；此外，在东西开阳坊和景风关出现的寺院仍然延续了辽南京时期寺院分布与拱辰—开阳门之间大街的关系，在前文也已经讨论过，沿着这条街道，到金末元初时确实已成为居民密集的区域(图 7-3)。

7.2.3　元大都时期

1) 国立寺院

入元以后，在佛教寺院中，国立寺院的建造成为引人注目的景象，因之将其单独予以讨论(图 7-4，表 7-6)。

① “大街是在唐辽檀州街的基础上，将其向东延至施仁门、向西延至彰义门而建成，它通过城北最繁华热闹的地区。原檀州街即为唐辽时北市所在，国内、对外贸易市场皆位于此处。”(于杰，于光度，1989)[27]

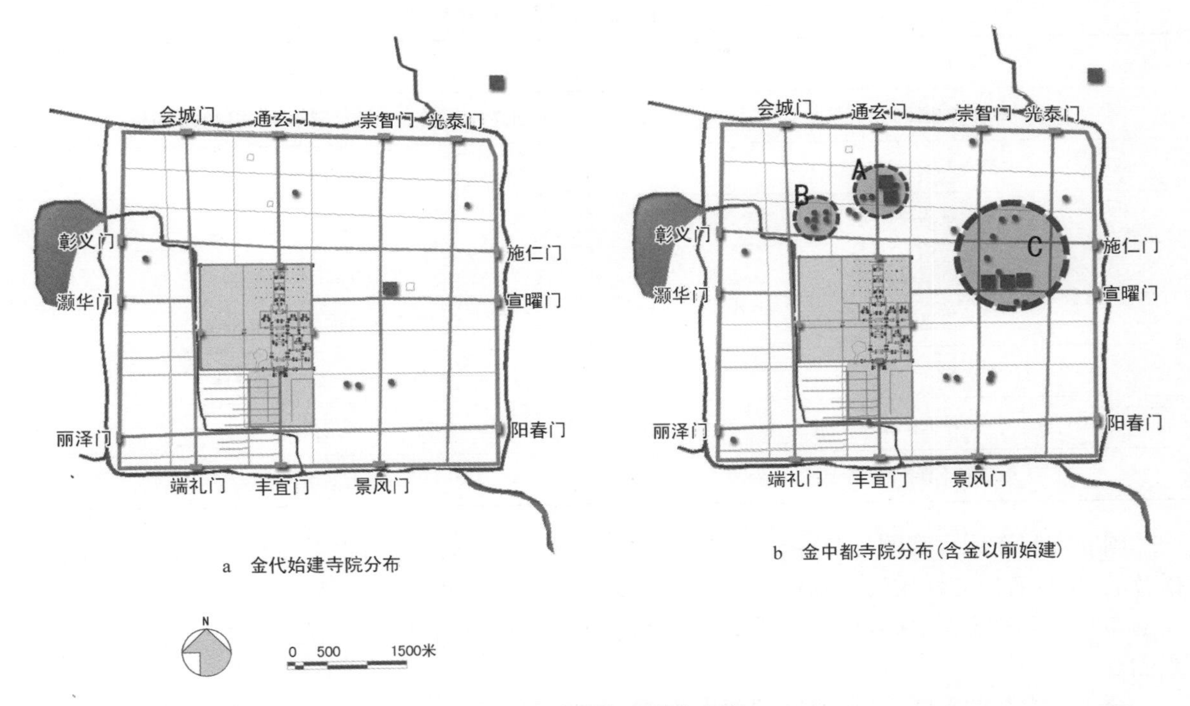

a 金代始建寺院分布

b 金中都寺院分布(含金以前始建)

图 7-3 金中都寺院分布图

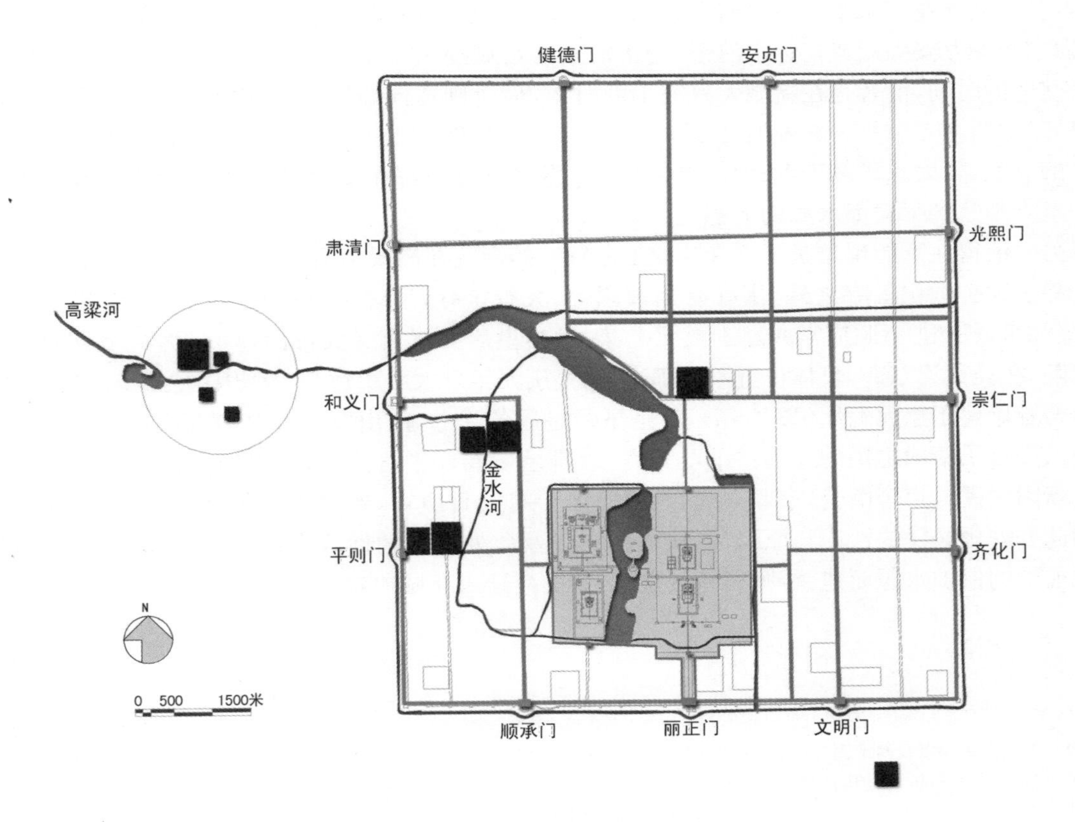

图 7-4 元大都国立寺院分布图

表 7-6　用作原庙的国立寺院位置表

寺　名	地　点
大护国仁王寺	城西高梁河，今紫竹院公园东，石刻博物馆附近①
大圣寿万安寺(白塔寺)	平则门内街北
大承华普庆寺	太平坊
大天寿万宁寺	金台坊(中心阁)
大崇恩福元寺	城南，崇文门花儿市四条胡同
大永福寺(青塔寺)	大都城平则门内，白塔寺西
大承天护圣寺	城西玉泉山
大天源延圣寺(黑塔寺)	太平坊

国立寺院在元大都的分布特点，一是大多在宫城的西北，二是与水系直接关联。如前文已经提及的，将具有原庙性质的寺院置于宫城的西侧与蒙古族以西为尊的习俗有关。因此，整个大都城的布局，以宫城为中心，国立寺院、太后宫与太子宫在西侧，而枢密院、御史台等职能部门在东侧。

至于与水系的关联，最初建造的两座寺院：大护国仁王寺[世祖至元七年(1270 年)—十一年(1274 年)]和大圣寿万安寺[至元十六年(1279 年)—二十五年(1288 年)]，前者选址在高梁河岸，如所周知，从莲花河水系向高梁河水系的迁移是建大都新城的原因之一，高梁河实为大都城的水源；而大圣寿万安寺则选在金水河旁，金水河是为宫城提供用水的御河，是禁止城市居民使用的。二者建造的时间，前者是在新城大致完工的时候，后者则在向新城迁入居民的时期。综合这些因素可知，这两座寺院是为新城消灾祈福而建，二寺的名称也正表达了镇国与祈福之意。其后历代所建的寺院，如大承华普庆寺、大永福寺和大天源延圣寺也都在金水河的附近，而在玉泉山的大承天护圣寺则是到了大都水源的上游了。

另一值得注意的现象是国立寺院或王室资助的寺院在高梁河沿岸大护国仁王寺附近的聚集。此处除了大护国仁王寺之外，佛寺有西镇国寺、大智全寺，道观有昭应宫。西镇国寺建于至元七年，贞懿皇后所建②；昭应宫亦建于至元七年，世祖皇后为祀真武大帝而建③。大智全寺的建造时间稍晚，在高梁河东南，具体位置不能确定，为皇庆元年皇太后所建④。大护国仁王寺、西镇国寺与昭应宫皆始建于至元七年(1270 年)，且是皇帝皇后各建一寺，由“创建昭应宫碑”可知，在此之前，此处已安排了新附之民的聚落：“维至元六年，都邑肇新。中宫谕旨，太府监度西郊高梁河乡隙地以居新附之民。卢舍既营，市肆亦列，乃以季冬十有九日庚寅，致祭于金水之神……”记载中没有明确此处安排居民的性质与原因，然从前后文以及此处寺观的性质来推断，似乎可以理解为是为了象征性的保护水源而建，否则以新城之建，居民应迁入新城才对。

---

① 护国仁王寺以及西镇国寺、昭应宫等的位置参见刘之光(2003)

② “西寺白玉石桥，在护国仁王寺南，有三拱，金所建也。庚午至元秋七月，贞懿皇后诏建此寺，其地在都城之西。”(熊梦祥，2001)[100]

③ 王磐《创建昭应宫碑》(李修生，1999)[306-307]

④ 刘敏中《敕赐大都大智全寺碑》(李修生，1999)[523-524]

国立寺院的建筑规模文献记载较完整的有成宗大德四年(1300年)年所建之大承华普庆寺①。已有学者对其格局进行了复原研究(姜东城,2007d)。

承华普庆寺大致分为东中西三路,中路以二浮屠为中心,以正殿、后堂和东西二殿围合成塔院;西路也是一个塔院,后为斋堂;东路有一阁,后为庖井。占地面积二百亩,略相当于大明殿。

总体布局分为东中西三路似为大型寺观的常规做法。参照刘敏中之《敕赐大都大智全寺碑》的记载②,大智全寺的布局亦分为东中西三路,只是中路以大殿为中心。虽经后代重修,但仍基本保持了元代规制的东岳庙也是这样。

从规模上来说,大承华普庆寺占地二百亩,大承华普庆寺的建造是在护国仁王寺和圣寿万安寺之后,作为同等级寺院的先例前二者至少也应和承华普庆寺相当,后建的寺院模仿护国仁王寺而可能略小,大约也会在一百亩以上。大护国仁王寺自元世祖以来就是百官习仪之所,殿陛栏杆一如殿庭之制(吴廷燮,1990)[239]。

由大承华普庆寺的布局亦可看出,塔是国立寺院的重要特点,也因此好几座寺院在民间的俗称中都以塔为名(参见前表)。从理论上来说,在平面展开的中国古代城市中,竖向耸立的塔总是能成为良好的地景标志,但是考察元大都城中国立寺院的位置与道路体系的关系就会发现,这几座寺院都不在通常进城的主要道路,即与南面三门和东面的齐化门相通的干道上。而是更靠近西面的和义门与平则门。从游皇城的叙述中可知,从西镇国寺迎来的佛像要入城先到庆寿寺与大内迎出的白伞盖会齐才开始正式的游皇城,从城门位置和道路关系分析,佛像入城不是经过和义门就是经过平则门,而城内国立寺院的建造时间均晚于至元七年"游皇城"开始的时间。因此也许可以推论,城内西侧的这几座国立寺院的选址除考虑了与水系的关系之外,还考虑了与游皇城路线的关系。至于在中心阁位置的大天寿万宁寺,则是处在元帝每年北巡返回大都之后入宫的必经之路上。

2) 其他寺院(图7-5)

始建于元的佛教寺院在大都新城开始建造后基本上集中在新城中。由于数量少,显得较为分散,相对来说,在宫城北部,坝河以南的区域中较多;中都旧城中的几座寺院仍分布在牛街两侧的区域之中。

3) 道教宫观

道教宫观中,长春宫、白云观是全真教的中心;天宝宫、玉虚观是真大道教的中心;太一教以太一宫(灵应万寿宫,太一广福万寿宫)为中心。崇真万寿宫则是正一教教主居留之地。长春宫、天宝宫与太一广福万寿宫的建造都在大都新城建设之前,玉虚观则建于金代(李兰肹,1966)[46-47],因此都在中都旧城中。正一教的崇真万寿宫建于大都新城建成之后,而且自宋理宗以来,龙虎山正

---

① 姚燧《普庆寺碑》:

"……乃市民居,倍售之估,跨有数坊,直其门,为殿七楹,后为二堂,行宁属之,中是殿堂,东偏仍故,殿少西甓甓为塔。又西再为塔殿,与之角峙。自门徂堂,庑以周之,为僧徒居。中建二楼,东庑通庖井,西庑通海会……"(李修生,1999)[529-531]

《大元大普庆寺碑铭》:

"凡为百亩者二,鸠工度材,万役并作,置崇祥监以董其事。其南为三门,直其北为正觉之殿,奉三圣大像于其中。殿北之西偏为最胜之殿,奉释迦金像。东偏为智藏之殿,奉文殊普贤观音三大士。二殿之间对峙为二浮屠。浮屠北为堂二,属之以廊。自堂徂门,庑以周之。西庑之间为总持之阁,中实宝塔,经藏环焉。东庑之间为圆通之阁,奉大悲弥勒金刚手菩萨。斋堂在右,庖井在左。最后又为二阁,西曰真如,东曰妙祥。门之南东西又为二殿,一以事护法之神,一以事多闻天王。合为屋六百间……凡工匠之佣,悉出内帑,一毫不役于民,既成,赐名曰大普庆寺。"(赵孟頫,1999)

② 刘敏中《敕赐大都大智全寺碑》:

"寺之制,为正殿,位三圣佛。为前殿,位观世音菩萨。殿于右,九子母所。殿于左,群经之藏。北为别殿,备临幸。辟三门,四天王掖之。有别殿左右(杤)而南,至于门,曰廊、曰僧房、曰斋堂……门之外二亭……又南中道为巨池……前为大门,为周垣……"(李修生,1999)[523-524]

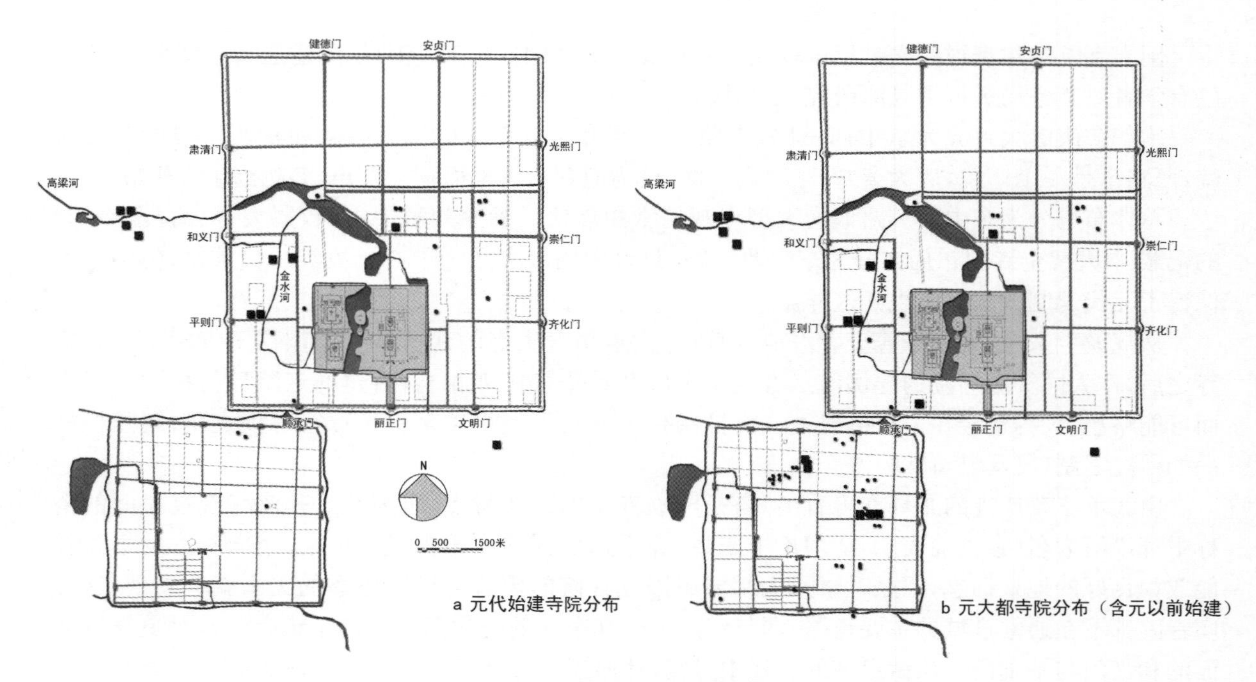

a 元代始建寺院分布

b 元大都寺院分布（含元以前始建）

图 7-5 元大都寺院分布图

一天师即为各道派之首，入元以后也同样获得了正统的地位，正一教中心崇真万寿宫的建设不仅获得了国家的支持，而且也在大都新城中获得了一席之地(图 7-6)。

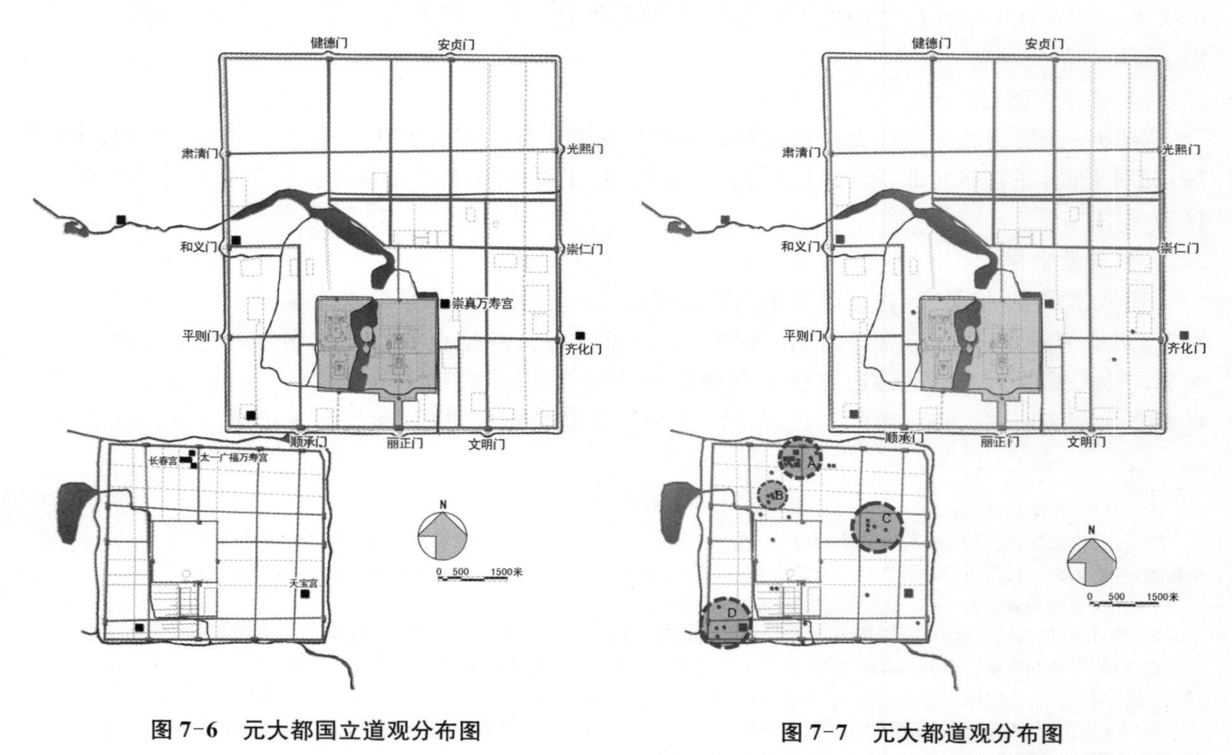

图 7-6 元大都国立道观分布图

图 7-7 元大都道观分布图

元代道观分布的最显著特点是大多集聚在中都旧城，新城之中寥寥无几。这种状况与道教进入元代以后社会地位的降低有关。正如在前文关于新道教的论述中已经提及的，新道教以全真教为代表，在蒙古国初期大获宠信，因此能够在当时的汉地政治中心燕京城中，占据了最古老的道观作为传教基地,真大道教亦是在宪宗蒙哥时期得到统治者的接纳,因此在至元初年(1264 年)也在中都旧城之中创建了中心天宝宫。但是由于在宪宗蒙哥及其以后的几次佛道大辩论中道教的失败,到忽必烈时期,道教地位已远远不如佛教,道教不仅被勒令退出强占的佛寺,道教的书籍如《老子化胡经》等也被判为伪书而焚毁①。此后,道教中只有正统的正一教始终与朝廷过从甚密,其中心崇真万寿宫就在宫城之旁,教主欲建一座东岳庙,也立刻大受王室之关注。

与被国家接纳程度形成对比的则是,在可以判断教派归属的道观中,属于全真教的占了大多数(见文后附表二)。这表明虽然新道教在地理上被排斥到了边缘,但他们在都城民众中的普及程度却是正统道教无法比拟的。如前文已述及的,在乱世之中,全真教对于民众的庇护,新道教的儒家背景,以及道士们行法术的能力,都使其获得了广泛的信仰基础。与这一时期新建的汉传佛教寺院加以比较也可以发现,在数量上,道观远多于佛寺。从某种程度上说,在这一时期的都城汉人社会中,新道教取代了原先佛教的作用,渗透到从权贵士大夫到平民百姓的社会各个阶层。

新建道观在中都旧城中的分布形成几个相对集中的区域(见图 7-7)。首先在奉先坊形成明显的聚集(A 区),这与全真教之长春宫与太一教之太一广福万寿宫都在此处直接相关;此外,围绕着大悲阁和悯忠寺也分别形成了道观相对集中的区域(B 区和 C 区)。在与辽金时期城中的佛教寺院的分布加以比较之后可以发现,两者的分布极其相似。如前所述,寺院的这种分布状态与城市的发展中心直接契合,另一方面,道观的生存方式与普通寺院之间并没有本质上的差别,因此可以认为元代道观的选址原则与辽金时期的寺院也不会有本质的差别,元代道观的分布也就从侧面证明了这个时期中都旧城仍然保持着原来的空间布局特征。

道观在中都旧城中的另一个相对集中处是城的西南隅(D 区),全真之烟霞崇道宫亦在此处,据《元一统志》的记载,烟霞崇道宫的基地是由马从道舍宅而成,占地三十亩,比照至元二十二年关于每户八亩地建宅的规定,可知马从道之宅已属于富家大户;位于常清坊的东阳观的基地亦来自于用白金千两购得的宅第(孛兰肹,1966)。从这两条,或者可以推测中都旧城的西南隅聚集了较多的大户人家。

最后,由于元时旧城中金代的宫殿已经毁弃,因而也有一些道观设立在了宫城左近,甚至如昭明观那样由原金之昭明宫改建而来(熊梦祥,2001)[90]。

综合而言,辽金元时期北京城市中寺院宫观的分布呈现出这么几个特点:

(1) 在辽南京金中都及元大都时期的中都旧城中,寺观分布的集中区域基本没有变化。

(2) 元大都时期,佛教寺院与道教宫观的空间分布产生明显的空间差异。

元代道观大多集聚在中都旧城,新城之中寥寥无几。始建于元的佛教寺院在大都新城开始建造后基本上集中在新城中。而同样是道观,不同的教派分布也有着空间上的差异。正一教中心崇真万寿宫在大都新城中获得了一席之地。大量的全真教道观则分布在中都旧城之中。

(3) 元大都城市中国立寺院特别引人注目,与皇家信仰及活动紧密相关。

(4) 城市扩建导致寺观出现新的分布区域。

总的来说,大多数寺观的分布与城市的繁华街道、商业中心或富人区直接相关,并且追随着城市的扩展而出现新的聚集区域。而不同等级、不同派别的寺观分布,以与政权中心的关系来看,又

---

① 比如,至元十七年的《玉泉寺圣旨碑》载:

"……马儿年和尚与先生每对证,佛修赢了先生每上头,将一十七个先生每剃了头,交做了和尚。□前属和尚每底先生每,占了四百八十二处寺院,内将二百三十七处寺院并田地水土一处回复与和尚每者么道。真人为头先生每与了迅口文书来,更将先生每说谎捏合来底文书根底,并即将文书底板烧了者。石碑上不捡甚么上他每镌来底写来底,都交毁坏了者么道。更有在前先生每三教里释迦牟尼佛,系当中间安直,老君底孔夫子底像,左右安直,自来如此。今先生每别了在先体例,释迦牟尼佛在下安直者么道说来底上头,依自在前三教体例安直者。……"

有着明显的空间差异。

7.3 小结

那么这些寺院宫观在城市空间中的分布受到何种因素制约呢?

1) 生计

对于普通寺观,生计是决定空间分布的重要因素。这些大量的非国立又不够著名的寺观,其日常收入相当依赖于信众供奉的香火钱以及为民众做法事而来的收入。从买卖的角度说,寺观属于卖者一方,并且它们所提供的商品是服务性的,僧侣道士及信众必须往来于寺观与住家之间,这必然使寺观选址在空间上对于买者构成依赖,远离市廛会使其远离收入的来源地。因此从辽南京到金中都再到元大都时期的中都旧城,大量的寺观分布状态,如前文所说,呈现出与城市繁华市街重合的趋势。

与此相对的,国立寺观收入稳定,财力雄厚,选址可以不受经济环境制约,而更多的与皇室活动与需求相联系。

2) 皇室与国立寺院

如前所述,元大都城中国立寺院分布的两个明显特点:作为家庙的寺院大多在宫城的西北,大多数与水系直接关联。这都与蒙古族的习俗有关。此外,这些寺院的分布也呈现出与"游皇城"和时巡等重要活动路线之间的相关性。综合而言,无论是家庙、水系还是游皇城,还是时巡回宫的路线,共同点都是与王室的活动有关,因此可以说国立寺院在各方面都是围绕着王室而服务的,其空间分布也受制于皇室的习惯与需求。

3) 政治地位与空间差异

随着与政权关系的亲疏不同,藏传佛教寺院、正统道教的道观都可以在大都新城中靠近权力中心的地方获得一席之地,在平民聚集的中都旧城,则显然是新道教的道观占据了上风。

辽金元时期佛道诸教在不同的层面上分割着国家的政治与经济资源,形成各自的领域,而佛道二教之寺院宫观在空间分布上的这些差异——新旧二城的区位差异,与象征着权力中心的宫城之间相对位置的差异——正反映了二教在国家政治经济势力的分割中的差异。

宗教信仰在社会生活中是否占有重要地位取决于当时的社会历史条件,城市本身的发展状态对于宗教的地位并无影响。并且从城市空间的角度来看,与宫殿等国家机构不同的是,寺院宫观也并非都城规划中必须包含的部分。但是一旦社会条件许可,宗教占据了城市生活中的重要位置之后,寺院宫观作为联结教团、施主与信徒三大人群的场所,即宗教活动的组织者,教团驻留生活的场所,施主们施予供奉的具体对象,以及信徒参加宗教活动的场所,也就会大量聚集到城市之中。这种聚集,是在城市建立之后的生长过程中,受着城市政治经济与文化资源的吸引而渐渐形成的,并且其聚集状态也直接受到城市经济资源与文化资源分布的影响,表现出来的就是大量的寺院宫观的分布与城市的主要空间结构呈现重合的趋势。

因此在城市空间形态的层面上,可以说像辽金元都城这样的大型城市中所存在的大量寺院宫观,其分布状态是依附于城市主要空间结构的,对于城市主要空间结构是被动的适应关系。而像国立寺院这样的大型寺院由于其规模以及在宗教和经济生活中的影响,与城市之间会形成互动。

8　居民、街巷体系与城市管理

总的说来，由于资料有限，这一章无法充分展开讨论，仅尽可能根据已有史料对相关问题提出一些想法，以期在获得更多的资料之后可以有进一步讨论的基础。

8.1　由史料略可推论的居民分布状况

关于辽南京，通过前文对于贵族舍宅为寺的分析，可知在宫城北沿通玄门大街两侧的坊中分布有不少贵族的宅第(图 8-1)。

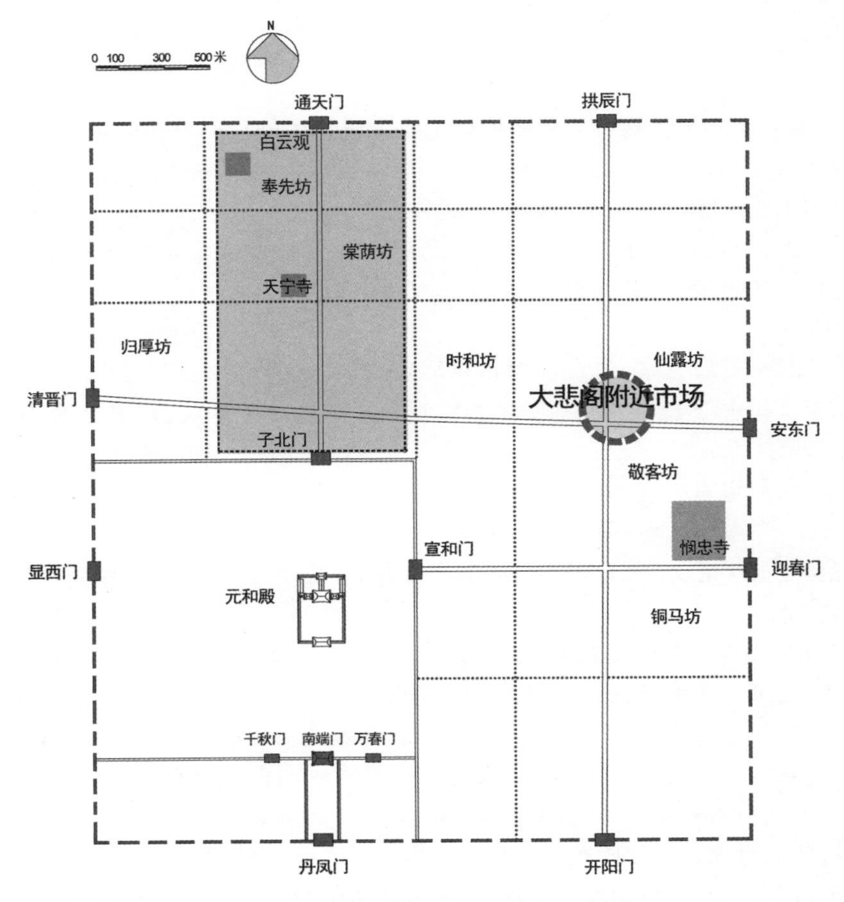

图 8-1　辽南京城宅邸集中分布区域示意图

辽金之际，城中居民有过一次大迁移，金在把辽南京城短暂交还给北宋政府之前，将城中居民悉数北迁，在此期间，北宋政府将城中房舍等分配给了郭药师的军队，北迁之居民后来因为将领叛乱而得以返回(徐梦莘，1999)，但城市格局的原有秩序已经被打乱了。在中都城以后的发展中，市场以外居民的分布未必延续了原状，尤其是通玄门大街一线贵族住宅存在的理由此时已不再存在。关于这一时期的居民分布状况，史料有限，目前所知大约有这么几条：

(1)“乌珠往祁州，元帅府朝辞即毕，众官饯于燕都檀州门里乌珠甲第。”①

(2) 鲁国大长公主墓志：“大安元年……大长公主疾薨于京师开阳里第。”(北京市文物研究所，1990)②

(3)“赵汲古，……父仕金朝，官至燕京留守掌判……家居城南周桥之西，即祖第也，有园名种德……有斋曰汲古，盖先生隐居之读书处也……”(缪荃孙，1983)

(4)“宋子玉，居周桥之西，是其故居，与种园主赵慎独为邻，亦有田园，甚幽邃。”(缪荃孙，1983)

(1)条所记乌珠，即金兀术，完颜宗弼。宗弼死于金皇统八年(1148年)，是以(1)条所指燕都是海陵扩建辽南京城为中都以前事。(2)条涉及的王室贵族，其宅第选址似乎更接近于通衢大道。

由(3)、(4)条可以大致推论在中都城扩建之后，宫城以南的地区，如开阳坊左右以及周桥之西一方面因为扩城而有了新的建设用地，另一方面这个区域较为靠近金的宫城以及三省六部等中枢机构，又远离城北与城东的闹市区，因此有可能吸引金时的官宦文人在此建宅。

在金中都宫城四门中，应天门为正南门，但只在重大仪式的时候才启用③，真正用于日常出入宫禁的是东门宣华门，也即东华门。可举数例如下：

《金史》卷64：

“(卫绍王大安元年)四月，诏曰：‘近者有诉元妃李氏，潜计负恩，自泰和七年正月，章宗暂尝违豫，……当先帝弥留之际，命平章政事完颜匡都提点中外事务，明有敕旨，‘我有两宫人有娠’，更令召平章，左右并闻斯语。李氏并新喜乃敢不依敕旨，欲唤喜儿、铁哥，事既不克，窃呼提点近侍局乌古论庆寿与计，因品藻诸王，议复不定。知近侍局副使徒单张僧遣人召平章，已到宣华门外，始发勘同。平章入内，一遵遗旨，以定大事。”(脱脱，等，1975)[1530]

《金史》卷129：

“遥设亦与笔砚令史白答书，使白答助裕以取富贵，白答奏其书。海陵信裕不疑，谓白答构诬之，命杀白答于市。执白答出宣华门，点检徒单贞得萧怀忠上变事入奏，遇见白答，问其故，因止之。”(脱脱，等，1975)[2791]

册太子仪中，引册宝官由宣华门入宫：

《金史》卷37：

“工部官与监造册宝官公服，自制造所导引册宝床，由宣华门入，……”(脱脱，等，1975)[858]

又《金史》卷132：

“(至宁元年)八月二十五日未五更，分其军为三军，由章义门入，自将一军由通玄门入。执中恐城中出兵来拒，乃遣一骑先驰抵东华门大呼曰：‘大军至北关，已接战矣。’既而再遣一骑亦如之。……执中至东华门，使呼门者亲军百户冬儿、五十户蒲察六斤，皆不应，许以世袭猛安、三品职事官，亦不应。呼都点检徒单渭河，渭河即徒单镐也。渭河缒城出见执中，执中命聚薪焚东华门，立梯登城。护卫斜烈、乞儿、亲军春山共掊锁开门纳执中。执中入宫，尽以其党易宿卫，自称监国都元帅，居大兴府，陈兵自卫……”(脱脱，等，1975)[2836]

从此段记载可见，纥石烈执中胡沙虎叛乱，军从中都北之通玄门入，从路程上看通玄门与宫城

---

① 《三朝北盟会编》卷197引《神麓记》。乌珠即兀术，完颜宗弼。

② 又见《金史》卷120：鲁国大长公主，金世宗长女，嫁给乌古论元忠。(脱脱，等，1975)

③ “通天门即内城之正南门也，四角皆垛楼，瓦(皆)琉璃，金钉朱户，五门列焉。门常扃，惟大礼祫享则由之。”(宇文懋昭，1986)[470-471]

北门拱辰门最近，但胡沙虎欲入宫中，却由东华门进入。

又《金史》卷 104 言："中都围急，诏于东华门置招贤所，内外士庶皆得言事，或不次除官，……"，这也从侧面说明了东华门是中都宫城的主要出入口。

因此官员入宫的路线，在朝参日是先从家里到宣华门入宫至仁政殿朝见，退朝之后，至各衙门治事，在非朝参日，有资格入宫奏事者有限，大抵为中枢机构之高官。中都城中上层阶级的居住区由于缺乏切实的资料，难以妄断，不过从交通方便的角度考虑，应该渐渐向宣华门一带靠拢。宣华门东的悯忠寺与官方关系密切，因此，可以大致推论宣华门与悯忠寺之间的道路，较为频繁地为官方使用①(图 8-2)。

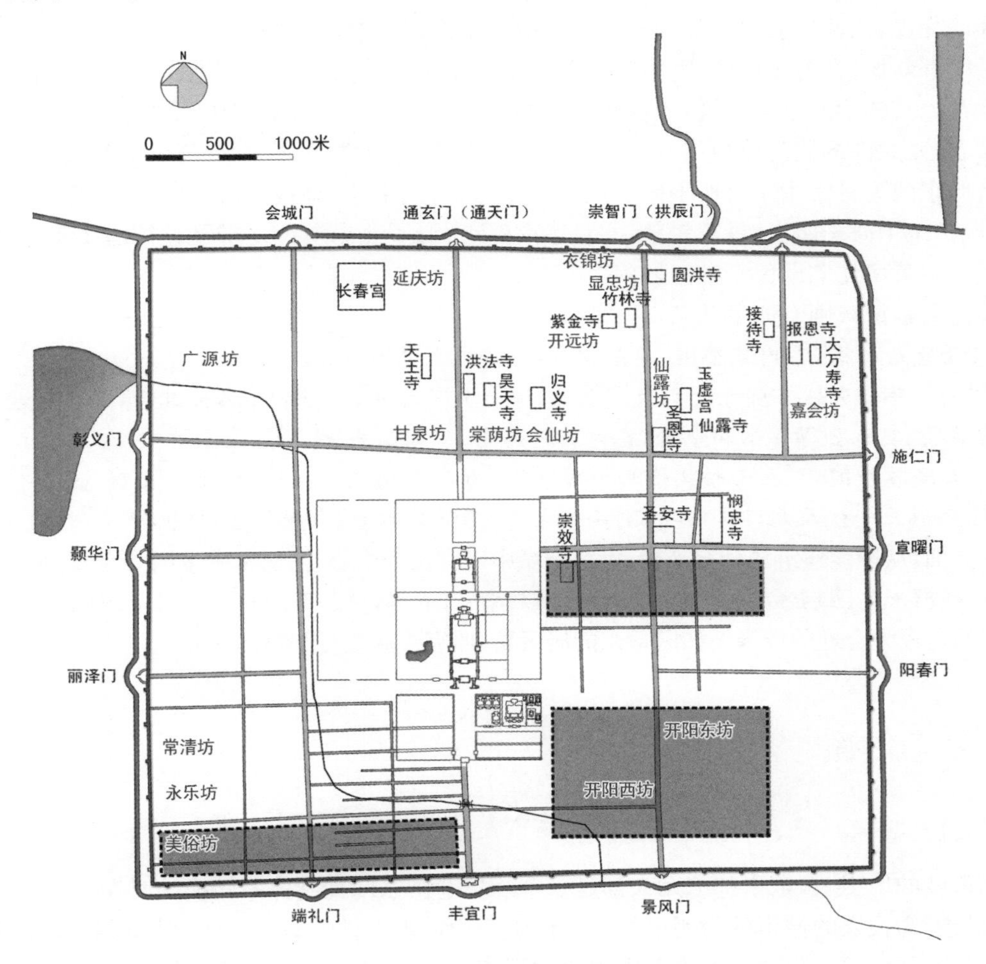

图 8-2 金中都宅地分布区域示意图

入元以后，大都新城与中都旧城之间的居民组成形成分化，除了各种服务性人口与商人之外，大都城中居住的应主要是在朝中任职的官吏，元政府中汉人儒生往往被排挤在政权之外，这部分人若祖居在燕，也就不会迁入新城。根据《永乐大典·顺天府》名宦条下所记：

"赵子明，有孙见居敬客坊。

刘清甫，有孙居燕之敬客坊。

① 金后期又在北面开光泰门，与城北的离宫水道有关，若是，则金帝出游离宫应也从东华门东的道路出城。暂时作为一个假设存于此。

张寿月，名琪，字廷玉……有子文礼承公荫至内黄尉兵部职官令史，卒无子，居阳春门内。

梁暗都，本汉人梁斗南之孙，奉国朝旨学西域法，因名是授平章，有孙见仕，居北城，南城有故宅，在阁西南针条巷内。”

这几处住宅关联到的区域或地标有敬客坊、阳春门以及大悲阁，这几处都是中都旧城中热闹繁华的地段，这个分布与城市的发展方向也是契合的。

另外，从上章道观部分的讨论也可知道，元代中都旧城西南隅聚集了较多的大户人家，这一点也是延续了金中都城形成的布局。

金元交替之际，虽然中都城曾经被围四五个月，但最后以投降告终，城中居民不像辽金之际经历过巨大的变动，因此入元以后的中都旧城仍能基本保持金中都时的格局。

至于大都新城，在海子南岸，宫城的西北部聚集了不少权贵人家。此地靠近宫城，对于宰相一级需要经常入宫的贵族官吏来说，入宫较为方便。从一开始大都规划将中书省建于城市中心宫城的北面来看，元大内的北门厚载门有可能是进宫的日常用门之一，这一点与金中都及以前的历朝都城以宫城东门为日常用门有所不同。从前文亦可知，元帝北巡后回大都也是从厚载门入宫。同时，该区域又位于海子南岸，景观较佳，并且远离闹市，海子北岸斜街一带是歌馆酒楼集中的地方。考古发现之后英房住宅即位于该区域内。

相关之文献记载则有如下几条：

(1)“西宫后北街，系内家公廨，率是中贵人居止。”(熊梦祥，2001)[209]

(2)“……年始大城京师于大兴故城之北，中为天子之宫，庙社朝市各以其位，而贵戚功臣悉受分地以为第宅，实喇公得建第和宁里，在内朝之西北，于朝谒为近。”①

(3)“大隆善护国寺，在西四牌楼北护国寺街，为元丞相托克托故宅，本名崇国寺，元僧定演所建。定演，俗姓王……至元二十四年，别赐地大都，乃兴建兹寺。”(吴廷燮，1990)[236]

另一方面，从职能建筑的分布来看，大都新城中以宫城为中心，西部集中了国立寺庙，东部则集中了官署，包括枢密院、御史台、国子监、司天台，以及南省，等等，从各部门官吏每日上班的便利来说，住在城市东部是较为合理的选择。如国学东的居贤坊，监官多居之(熊梦祥，2001)[4]。

8.2 街巷体系

8.2.1 坊、街、巷

在北京城的历史上，金中都与元大都是一个从坊巷体系向街巷体系转换的时期。

以唐长安为代表的城市的封闭里坊制，作为基于地域的居民基层组织，其范围划定的依据是占地而不是实际的居民户数。继承了唐幽州的辽南京城中的坊也属于这一类。然而自宋代起，这种状况似乎起了变化。通常所说北宋汴梁的里坊从封闭到开放的转变，着眼点是在坊的形态与管理上，而同时应该引起注意的是，伴随着这个变化的是坊的负责人的职责以及坊的范围的划定方法也随之改变了。城市中的“坊”与乡村中的“里”是对应的，里的划分依据是户数，这在史籍中有明确的记载，但坊的划分依据便语焉不详。从坊正和里正的职责来看，二者相当，包括清点户口，缴纳赋税，唯一的区别是城市中不需要劝农，因此有理由认为自宋以来城市中的坊也是基于人口的，因此坊与坊的面积会有很大的差别，坊在城市中的分布也会随着城市发展的不均匀性而不太均匀。如金中都的坊，在宫城西北部出现了密集的状态，如果以户口数作为坊的基础来考虑的话，

① 《力翊戴功臣大司徒金紫光禄大夫上柱国夏国公谥襄敏杨公神道碑》(虞集，1999：第二十六册)[34]

就可以合理地解释。

据《金史》卷46记载:"令民以五家为保。泰和六年,上以旧定保伍法,有司灭裂不行,其令结保,有匿奸细、盗贼者连坐。宰臣谓旧以五家为保,恐人易为计构而难觉察,遂令从唐制,五家为邻、五邻为保,以相检察。京府州县郭下则置坊正,村社则随户众寡为乡置里正,以按比户口,催督赋役,劝课农桑。村社三百户以上则设主首四人,二百户以上三人,五十户以上二人,以下一人,以佐里正禁察非违。置壮丁,以佐主首巡警盗贼。猛安谋克部村寨,五十户以上设寨使一人,掌同主首。寺观则设纲首。凡坊正、里正,以其户十分内取三分,富民均出顾钱,募强干有抵保者充,人不得过百贯,役不得过一年。(大定二十九年,章宗尝欲罢坊、里正,复以主首远,入城应代,妨农不便,乃以有物力谨愿者二年一更代。)"(脱脱,等,1975)[1031]

同样,大都城中坊的数目,根据《元一统志》记载,至元二十五年(1288年)分定街道坊门,此时应有50坊,书中收进了49坊,至《析津志》时,又多出22个坊。《元一统志》成书于大德七年(1303年),《析津志》成书于元末,至少在后至元六年(1340年)以后(熊梦祥,2001)[4]。这期间,大都新城的人口从8万左右增至10万(见表Ⅰ-1),如果将坊理解为按照人口的增加而增设的话,则两书坊数的前后不一致或者可以解决。若计算每坊平均户数,至元二十五年(1288年)有50坊,大约每坊1590户,至正九年(1349年)约72坊,每坊1388户,也还算接近。

从坊和街巷的关系来说,在以坊作为地域主体单位的情况下,城市街道仅仅是用于交通的坊之间的空隙。巷的含义也很明确,为坊中的次级道路。对于城市中的地理定位来说,坊成为基本的参照物,若更进一步则可以使用坊中的重要建筑物以及巷来定位,相应地,街就显得不那么重要。唐至金城中留下的街名,经过张清常先生的爬梳史料,只得寥寥几处:唐时留下的有檀州街;金时则有圣恩寺大悲阁十字街和南柳街(张清常,1997),而檀州街和大悲阁附近恰好都是当时城中最热闹的地区。

在《元一统志》所记录的107座位于新旧城的寺院宫观中,有60座有较具体的地理位置信息,其中8条来自元以前的旧记或碑铭:

大昊天寺:棠荫坊(金);大觉寺:开阳东坊(金);广福院:上林之西常乐坊(金);崇孝寺:析津府都总管之公署左(辽);洞真观:奉仙坊,面街而北(元初);竹林寺:左街显忠坊(金);福圣院:中都右街(金);奉福寺:中都右街(金)。

这8条中一半左右是通过坊来定位的。除此之外,《元一统志》中其余寺院宫观的记录中通过坊来定位的40处,通过重要建筑物来定位的有9处,通过城门来定位的有4处(其中3处位于新城)。另外只有2条记录涉及街巷:"延化禅寺,在旧城宣阳门西巷。""明远庵,燕京金故宫东南有坊曰开阳,街之北有庵曰明远。"(孛兰肹,等,1966)[90]

《析津志辑佚》中的171处祠庙宫观中,位于旧城的有105处,其中牵涉到街巷的有13处(见表8-1),其余通过坊来定位的有15处,通过重要建筑物来定位的有64处,通过城门来定位的有12处。

叙述方式的不同是变化了的社会现实在语言中留下的痕迹。金及元初的叙述中,以坊来定位占了大多数,元末的记载则主要以重要建筑物来定位。从叙述方式来看,金中都时期,坊作为城市居民基层单位的制度是比较严整的,与坊相比,街巷仍处在附属的地位,但入元以后情形渐有变化,虽然大都城仍然采用了坊,但是坊的概念在弱化,街巷体系相对于坊的独立性也逐渐显示了出来,这一时期的表述中单纯以坊来定位的大为减少,更多的同时使用坊和街巷,或者重点建筑物与街巷来对描述对象定位。由此也可理解《析津志》的条目中出现了专门的"街道"。大都建立的过程也是先迁入居民,再分定街道坊门(孛兰肹等,1966)[2]。因此可以认为,元大都是先定街巷,再划分坊,坊的边界以街巷为基准。

表 8-1 《析津志》中提及"街巷"的寺院位置记载

地标类型		寺院名称及相关街巷
南城	坊+巷	杜康庙:在南城春台坊西大巷内 楼桑大王庙:在南城南春台坊街东大巷内 崔府君庙:在南城南春台坊街东,火巷街南 胜严寺:城南春台坊西街北 驻跸寺:敬客坊南,双庙北,街东
	重要建筑物	三灵侯庙:南城天宝宫近西,街南大巷,……南旧市之南 宝集寺:在南城披云楼对巷之东五十步 状元楼:蓟门北街西
	城门	崇玄观:在南城施仁门北,水门街北 长生楼:丰宜门北街东 武安王庙:一在故城彰义门内黑楼子街;一在北城羊市角北街西
	其他	大头陀教胜因寺:圣安寺之东,悯忠阁之西;在四隅头 福圣寺:都城右街
新城	重要建筑物+街巷	华严寺:小木局北,枢密院南街西(新城) 太和宫:在天师宫北,去关王庙义井头东第二巷内 石佛寺又西转北,则城隍庙。自庙前巷口转北,金城坊是。此街坊之内有杨国公寺,杨总统之父也。坊之东,金玉府内有琉璃碧瓦所盖八座藏,藏经版在内,甚为精制。……坊内有军铁库帝师。有大佛殿,在坊之东。…… 遂初亭:崇恩福元寺西门西街北
	街巷	飞宇楼:钟楼街西北
	城门	太平楼:丽正门外西巷街北 庆元楼:顺承门内街西

在形态上,金中都虽然有坊,但坊已无坊墙。

"朕前将诣兴德宫,有司请由蓟门,朕恐妨市民生业,特从他道。顾见街衢门肆,或有毁撤,障以帘箔,何必尔也。"(脱脱,等,1975)这段话可说明中都的坊没有坊墙,若面对街道的是墙,则在世宗经过时,便不必毁撤街衢门肆,而障以帘箔了。

8.2.2 考古资料中所见之元大都居住形态与大都的街巷肌理

根据现有资料,大都城有三种居住形态(中国科学院考古研究所,1972):

图 8-3 雍和宫后居住遗址

图片来源:北京市文物研究所,1990:图版玖

1) 雍和宫后居住遗址(图 8-3)

三间北房是主要建筑物,建于砖台基之上。当心间面阔 4 米,进深 5.42 米。两明一暗。西暗间面阔 3.75 米,进深 7.08 米。两明间的后檐墙向内收入 1.66 米,形成两间后厦。这种形式在它稍东的一处居住遗址中也发现了,说明它在元大都还是比较流行的建筑形式。屋内四周用砖、坯围砌成炕,宽的是火炕,窄的是实心炕,火炕有灶膛和烟道,烟囱立在墙外。北房前有一方形砖月台,月台前用砖砌出十字形高露道,通往东、西厢房和南房,南房因已在明代城基范围之外而早被破坏。

2）第一〇六中学住房遗址

开间进深尺寸不详，仅一间。房内有一灶、一炕和一个石臼。房的四角上各有一直径不到18厘米的暗柱。

3）后英房居住遗址（图8-4，图8-5）

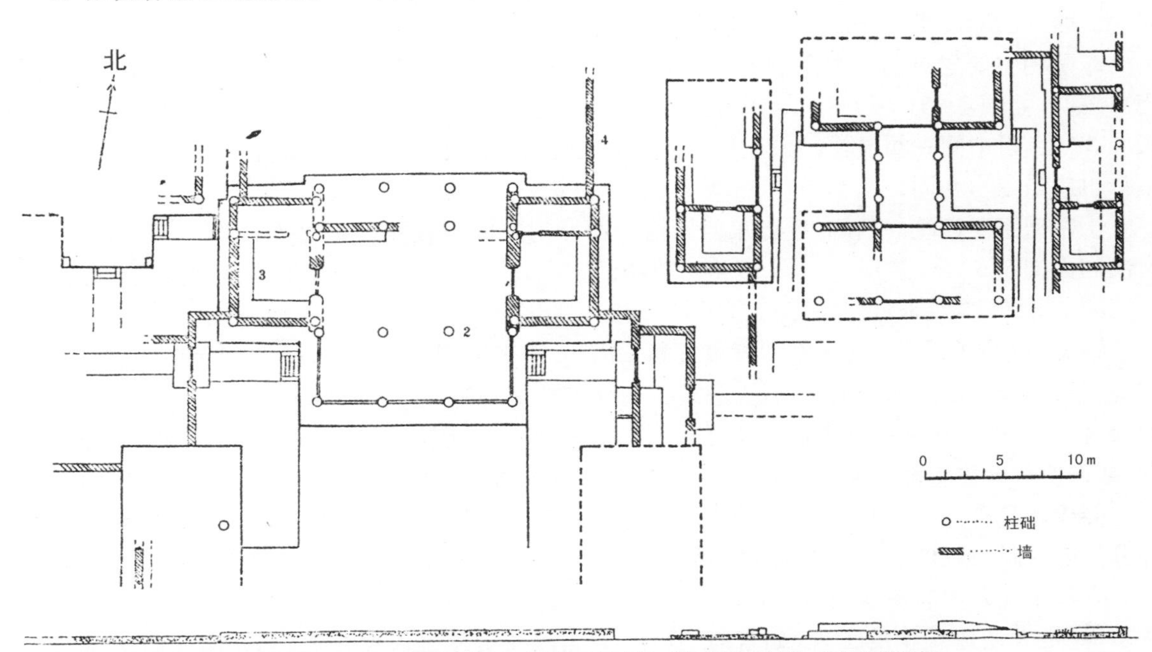

说明：1. 虚线处表示为复原部分。2. 柱础仅表示位置。少数柱础已破坏，制图时作了复原，但未以虚线表示。3. 室内的细单线，均表示炕及灶。4. 墙也只表示位置，而不代表宽度。

图8-4　后英房居住遗址平面图、剖面图

图片来源：北京市文物研究所，1990：图六一

图8-5　后英房居住遗址主院全景

图片来源：北京市文物研究所，1990：图版贰

从遗址的平面布局上看，可以分成三部分，中部是它的主院，两旁分列东西院。

主院正中偏北是由三间正屋和东西两挟屋(耳房)组成的五间北房。正屋面阔 11.83 米，当心间 4.07 米，两次间各为 3.88 米；进深一间 6.64 米。前出轩三间，面阔同正屋，进深一间 4.39 米。后出廊三间，面阔亦同正屋，进深一间 2.44 米。两狭屋面阔 4.90 米，进深两间 7.71 米，明间 5.67 米，北面套间 2.04 米。正屋的前轩整个突出于两狭屋之外，约占全进深的三分之一弱。

东院的主要建筑稍比主院的建筑偏北一点。这是一座以工字型平面建筑物为主体的院落。南房三间，面阔 11.16 米，三间等阔，皆为 3.72 米，进深一间 4.75 米。柱廊三间，间宽 3.72 米，总长 6.32 米，以中间一间最长，为 2.48 米。北房也是三间，面阔与南房相同，北部被破坏，进深不详，估计也应与南房相同。

工字型主要建筑的两侧，建有东西厢房。西厢房三间也建在台基之上，当心间面阔 3.76 米，南次间面阔 3.67 米，进深一间 4.65 米。当心间正中处的台阶下设有踏道，与南北露道相接。东厢房三间，面阔 11.25 米，进深一间 3.90 米。

根据姜东成的研究，元大都的城市规划采用 44 步×50 步(1 步＝5 尺，1 尺＝0.33 米)的平格网控制大都城内街道胡同的间距、大建筑群与住宅的用地范围(姜东城，2007a)。对于这样的标准地块，住宅规模须达到后英房住宅这样东西向有两到三个跨院才行，而正如在上篇中已经计算过的，如果所有的住宅都占地这么大，那么大都城中可供居住的面积只能容下大约一万户，而且这个居住面积还没有去掉官府、仓库与国立寺观等的面积，因此比较接近实际的情况应是大都城中大部分住宅形制与规模更接近于雍和宫后的居住遗址，即东西向一路院落，南北向一至两进院落。

大都城规划中的基本的街巷肌理应是大街之间整齐等距排列的巷道，有两种情况会打破这种状态，一是大型建筑物的出现，如官府、仓库、寺庙以及贵族之大型住宅，会在南北向跨越几个巷道，从而打破了原有的肌理；另一种情况是如果有如一〇六中学住宅遗址，或者比这规模大，但南北向只有一个院落从而占不满巷与巷之间的长度的小型住宅的聚集，则会导致原有街巷的碎化与重新组织，其结果是形成的肌理大大偏离计划中的街巷。

徐苹芳先生的元大都城图依据的底图当是《乾隆京城图》等后世的地图，如果完全以此图为依据对大都街巷状况作出肯定的推断定然是不合逻辑的；但是另一方面，元明清以来北京城市没有经过大的破坏，城市肌理具有一定的延续性，而且北京城的东四一带也仍然基本保持着元代的布局，因此根据此图也可以对于元代的状况作一个推想。

城内街巷布局最为规整的几个区域，一是今天的东四一带，二是钟鼓楼一带，三是西四之北最不规整的区域是海子南岸和顺承门里的街区。东四一带正处于官署等职能部门之间，推想这一带的住户应是以官吏为主的中等人家，其住宅规模近似于雍和宫后住宅，因此不会打破原有的街巷肌理；钟鼓楼一带是最为繁华的商业区，但也格外的整齐，这和这一带的商业以行市为主有关，商人按照行业随街巷分布；顺承门里的街区，因靠近羊马市，有不少的外地客商临时在此居留，这个街区会有不少的旅店和相应的服务业存在，而城东的进城人流，应是被东岳庙消解了。至于海子南岸，如前所述应是聚集了不少权贵，其住宅规模很可能大于后英房。

8.3 城市管理

8.3.1 警巡院

辽金元时期，京城或都城中均设置警巡院来行使专门的城市管理职能。关于警巡院的职能、性质等问题，韩光辉先生已有过专门的研究(韩光辉，1999)，在此简述之。

警巡院创置于辽五京时期，金代之中都与其余五京也均有设置。其中中都在世宗大定初年置左右警巡院。入元以后，在新建大都城之初期，设大都警巡院与左右二院，此左右二院领中都旧城事，当即原金左右警巡院的延续，后大都及中都旧城的警巡院设置或废或并或分，屡有变动：

"元初设大都警巡院及左右二院。右院领旧城之西南、西北二隅四十二坊；左院领旧城之东南、东北二隅二十坊。大都警巡院领京师坊市，建置于至元十二年(1275)，至二十四年(1287)省并，止设左右二院，分领京师城市民事。"(孛兰肹，1966：左右警巡院)

"成宗大德九年(1305年)置南城警巡院。"(宋濂，1976)[466]

"武宗至大三年(1310年)增大都警巡院二，分治四隅。"(宋濂，1976)[522]

"右警巡院。左警巡院。初设警巡院三，至元(二十)四年，省其一，止设左右二院，分领坊市民事。"(宋濂，1976)[1347]

"警巡院。至正十一年(1351年)七月，升左、右两巡院为正五品。十八年(1358年)，又于大都在城四隅，各立警巡分院，官吏视本院减半。"(宋濂，1976)[2332]

其中至大三年(1310年)增警巡院二，此时似是有四个警巡院，到至正十八年(1358年)，则称在城四隅各立警巡分院，似是以左右二警巡院领四隅四警巡分院，但至大三年至至正十八年之间具体的警巡院的设置变动情况却无法明了。

至于警巡院的职能，"金代中都左、右警巡院和诸京警巡院确已上升为独立的都市行政机构，专门从事平理狱讼、阅实户口、推排物力、均平赋役等都市民事及各项行政事务，是统一封建政权之下的独立都市行政建制，和附郭赤县及京县平行地隶属于诸京府。"金中都之警巡院隶属于大兴府，元大都的警巡院则隶属于大都路总管府。

按金代的状况，警巡院司吏的人数与所管辖的居民人口是直接相关的。反观元代的警巡院设置情况，世祖末年省并旧城警巡院后不久，大德九年(1305年)就再次设南城警巡院，同时，从至大三年到至正十八年，大都的警巡院也是在增设之中，这种警巡院越设越多，辖区越分越细的情形不仅说明中都旧城的城市生活始终没有废弃，亦可以从侧面证明这一阶段大都的人口的增长。

8.3.2 坊、巷、社

从行政建制的角度来说，警巡院与县一样，已是行政层级的最低一级。在此之下，则是有一定自治意义的居民基层单位。

入金以后，虽然里坊不再是封闭的地域单位，但是"坊"作为城市居民的基层管理方式仍是被有效施行的。坊设坊正，与乡村之里的里正相对应，职责是按比户口、催督赋役，俨然是警巡院职能的直接实行机构。乡村之中还要劝课农桑。乡村之中另又有主首之设，主要职责在治安。任坊正之人是雇的。城市之中，坊的直接上一级行政机构就是警巡院。

到了元代，值得注意的是，一方面城市中仍保留了坊，坊正的基本职责虽《元史》中无明言，但应仍与户口赋役相关。另一方面，居民基层管理中还设置了社长和巷长。

中都等城市中的巷社长立于至元七年(1270年)，入社之人为在城关厢见住诸色户计，即是将在城市中居住的人，无论是赋役人口还是官匠或投下人员全部以社为单位加以组织，其职能似更偏重于道德教化。

《通制条格》卷16：

"立巷社长

至元七年闰十一月，尚书省司农司呈：大名、彰德等路在城居民俱系经济买卖之家，并各局分人匠，恐有不务本业游手好闲凶恶之人，合依真定等路选立社巷长教训，于十一月十八日奏奉圣旨：既是随路有已立了社呵，便教一体立去者。又奏中都、上都立社呵，切恐诸投下有不爱的去也，奉圣旨：立社是好公事也，立去者。钦此。除已行下各路，及令所属州县，在城关厢见住诸色户计，钦依圣旨事理并行入社。"（黄时鉴，1986）[186]

至元二十八年（1291年），社之设亦推广到乡村地区。

《元典章》二十三，户部九：

"立社

劝农立社事理（一十五款）

至元二十八年尚书省奏奉圣旨节该将行司农司劝农司衙门罢了，劝课农桑事理并入按察司，除遵依外照得中书省先于至元二十三年六月十二日奏过事内一件奏立大司农司的圣旨奏呵与者么道圣旨有来……

一、诸县所属村庄凡五十家立为一社，不以是何诸色人等，并行立社，令社众推举年高通晓农事有兼丁者立为社长，如一村五十家以上只为一社，增至百家者另设社长一员，如不及五十家者与附近村分相并为一社，若地远人稀不能相并者，斟酌各处地面各村自为一社者听，或三四村五村并为一社，仍于酌中村内选立社长，官司并不得将社长差占别管余专一教劝本社之人务劝农桑业不致惰废，如有不肯听从劝教之人，籍记姓名，候点官到彼对社众责罚，仍省会社长却不得因而骚扰，亦不得率领社众非礼动作聚集以妨农时，外据其余聚众做社者并行禁断，若有违犯从本处官司就便究治。"

乡村社长的主要职责亦在道德教化，此外又有劝农桑业的责任，因而任职者为"年高通晓农事有兼丁者"。而具体的赋役等事则应由里正管理。由此推想，城市中的社长与坊长的职责关系亦如是。

从民间社会的角度来看，这样的年高通晓农事者在基层社会中，往往会比承担差役的坊正或里正更有威望，从某种程度上说起到了地方精英的作用。因此，在关于立社的规定中，也预先禁止了以社长为首的所谓聚众骚扰。同时，在游皇城或地方城市的祝寿等大型活动中，社也取代坊或里成为民众参与活动的基层单位。

在坊和社的各自管辖范围上，没有明文记载。在《永乐大典·顺天府》"学校"条中记录了宛平县所属的社学："社学一十七：顺承关，日中坊，安富坊，太平坊，咸宜坊，积庆坊，时雍坊，发祥坊，阜财坊，丰储坊，金城坊，玉河乡，京西乡，香山乡，永安乡，桑榆社，清水社"。作为明初的状况，此时北京城中的行政建制应仍与元大都时期接近。从这条记载中可以看出，社学是以坊为单位的，从这里或者可以推论元大都时期，都城中是每坊一社，坊正负责这一区的赋役与户口，社长负责这一区的道德教化。

另外《元典章》中有一则至元十年（1273年）关于孝节的记录，记载了大都路左警巡院咸宁坊住人魏阿张的事，为之证明的则是本坊巷长朱进，社长何长①。从这里可以看出，巷长与社长是分设的，但两者之间的关系为何却仍不得而知。仅从字面上推断，一个坊或者一个社总是包含了不止一巷，似乎都城中按巷设长，巷长从属于社长，基本职能则相似。

综上所述，金代的都城基层管理仅有警巡院—坊两级，而元代的都城中则形成了警巡院—坊、社—巷这样的层级体系。

---

① 《元典章》礼部六，十五页　孝节：

"至元十年二月中书吏部奉中书省判送御史台呈据监察御史奉圣旨条画内一款节该孤老幼疾贫穷不能自守者，仰本路官司验实官为养济，而不收养或不如法者委监察纠察。钦此。体察得大都路左警巡院咸宁坊住人魏阿张年一十六岁适魏子明蔓，其夫荒纵不事家业，取回回债二定，将魏蔓监收，寅夜掣锁逃窜，不知所往，其魏阿张父代还所欠钱数，唯有魏蔓老母及魏阿张同居，阿张佣计孝养，甘旨不缺，十多年后其夫还家复与阿张合台，举一子，至至元三年其夫因病身故，并无产业行运，赁房居住，其子七岁，老姑年九十五岁，依旧孝养，其姑眼昏且病，不能行止，遇有事出置姑并与其子寄于邻居学舍，后蒙馆司拘刷户计，标附收养，为此取到本坊巷长朱进，社长何长等文状，与所察相同，又取到左巡院司吏江亨魏秉宗等状称据阿张今岁差发钞一钱二分半丝五钱六分，见行定夺，未曾纳送……"

下篇小结

一、关于变迁

对于中原城市形制的模仿，根本上来说是对中原生活方式和礼仪制度的模仿。礼仪制度更多地表现在与朝廷直接相关的宫室制度与礼制建筑中，相对而言，生活方式则更多地表达在城市的总体布局之中。

前述几章分别分析了辽金元时期都城的宫殿坛庙、寺观、市场以及居住等几个层面，再重新审视城市生长的整体过程，或者可以对这样几个问题加以讨论：在这座城市的历史中，哪些是变的？哪些是不变的？作为与地方城市相对的都城，哪些是都城特有的？哪些是与地方城市类似的？作为辽金元时期由游牧民族政权所建立的城市，与中原都城相比，哪些是相同的？哪些是特有的？

对这个特定的城市而言，建都无疑是最具关键性的事件。这一事件在宏观上，如在上篇中已经分析过的，不仅导致城市政治角色的变化，亦导致相关区域经济体系的重组，而具体来说，在社会层面，建都首先导致的是城市人口数量的骤然增加与社会结构的变化，同时城市也拥有了地方城市所不具备的政治与经济的特权，从而能够为城市建设集聚大量的人力与物力，这些也是金中都扩城与元大都建设新城的前提条件。

在形态的层面，为了能够履行都城的职能，宫殿、中枢机构与礼制建筑这一既为国家机构的运作提供具体场所又有着象征意义的空间序列被引入城市之中，并且以其体量与所占据的显著位置，主导了城市的空间结构。纵观历代都城，这一序列的变化有着自己的相对独立性，它与礼仪制度、国家的权力分配方式以及中央机构的组织方式直接相关，而不受具体城市本身发展变化的影响，因此对于特定时期的特定城市，这一序列总是处于相对稳定的状态，为城市的变迁提供一定的空间形态的依托，但是不对城市变化发生主动的影响。

而在地方城市，唐宋时期所实行的子城制度，使得地方城市的空间结构在某种程度上成为都城的缩影；但入元以后对于城墙的普遍破坏同时也破坏了这种子城制度，这意味着城市之中不再有某个特定区域被用来安置地方行政机关，发展到明清常见的状态就是衙署散处于城市之中。大多数情况下，它们的空间分布取决于城市既有的状态，不能主导城市的空间结构。

那么是什么主导了城市形态的变迁呢？

从城市的发展过程看，商业与交通体系直接影响了城市的生长方式。这一点无论是对于都城还是对于地方城市都是适用的。在都城中，如在前文中已分析过的，宫廷与官吏军队的日常需求都并不依靠城市中的市场，撇开这些都城特有的阶层，剩下的人物与需求就与地方城市相差不远了。地方城市除了作为基层行政管理机构之所在以外，从类型上来说大致可以分为防卫、消费、集散与生产等几种，其中除了防卫型城市的选址、人口等各方面都受到目的性极强的军事要求的制约，其余几种都属于商品流通的不同环节，因此与商品相关的人与物的流通方式，也就是市场与交通的分布，必然会影响城市的发展方式。具体而言，对于消费型城市，市场依靠本地人口的支撑。因此，城市内部交通与对外交通对于市场的形成同样重要，对于这样的城市，居民分布与市场之间往往形成互动的关系;对于集散型城市,这种城市坐落的地点通常都在交通枢纽处,人流与物流从各处汇集到一起,然后又扩散开,因此对外交通往往成为这一类城市发展的主导性力量,同时城市中的各种设施也是围绕着这些流动性极强的人与物提供服务的;对于生产一种或几种特定产品的生产性城市,与产业相关的作坊与人口显然构成城市的主体,并也成为影响城市形态与生长方式的主导力量。另一方面,为了将产品外运,城市的对外交通方式也仍然是重要的因素,但与前两种城市不同的是,在这里,交通的需求是由于产品而产生的,交通路线会根据需求而被动的开发出来,因此决定交通路线的将是产地与上一级产品集散地之间的联系方式,这种联系方式又转而对城市的发展起到一定的影响。当然,在大多数情况下,一座城市往往兼具好几种功能,因此影响城市生长方式的因素也就比较复杂,但总的来说仍不脱离市场与交通这两大要素。

对辽金元时期的北京城,在辽南京时期,城市还只是一个有限区域的政治与经济中心,其承担的经济职能至多只是周边地区产品的集散地。金中都与元大都则不同,作为统一国家的首都,城市首先是消费型的,尤其是金中都时期,由于城市在全国疆土中所处的位置以及国家政策的导向,使得中都基本处于交通线的北端,因此城市以消费为主。入元以后,上都与时巡的存在,以及上都从粮食到日常用品等各方面都需要南方的供给这一事实,使元大都在一定程度上也成为南部与上都之间的商品集散地。在此意义上,都城也就同样可以作为消费型与集散型的城市来加以理解与考察。

作为游牧民族入主中原后所建造的都城,辽金元三代的都城在城市形制等各方面受到的中原城市的影响是显而易见的。首先城市本身就是定居文化的产物,在契丹或女真或蒙古部分或全部地接受了中原地区的生产与生活方式时,城市也就必然作为这种生活方式的一部分而被接受;其次,这三者都经过了从部落到国家的转变,他们的国家组织方式也是主要以中原地区的国家组织方式为模仿对象的,相应地与都城相关的宫殿等一系列建筑物也作为中原政治体制的一部分被接受。

在辽南京、金中都与元大都三者中,辽南京由于只是陪都,没有按照都城形制进行大规模改建,因此仍然保留着中原地区地方城市的规模与形制;金中都则是女真统治者全盘接受中原文化的一个结果,其各方面与唐长安的接近,也显示出金统治者试图使自己成为中原正统王朝的努力;相比之下,元大都虽然整体来说是一座标准的中原都城,但是在空间布局上的尊西卑东,国立寺庙作为原庙在城中所占据的显著地位,以及对于正统礼制建筑与礼制的漫不经心,都显示出这个蒙古王朝的自身特点。至于大圣寿万安寺的白塔这样中亚地区建筑式样的引进则是属于建筑层面的问题,已经超出了本文关心的范围。

二、关于形态

从空间形态上说,辽金元时期的都城存在着三个层次的结构,城市以这三个层次的结构为生长的依托。

- 以里坊制为基础的方格网,特点均质,没有方向性,可以任意延展;
- 受到方位观念制约的象征体系,包括一系列相对的平面方位:南与北、东与西、中心与边缘,每一组方位界定了空间在平面中的差别;
- 市场与交通体系,为城市的生长提供了核与轴。

1. 方格网

作为北方平原上的城市,格网形态无论在规划、建设还是管理上都有显著的优势,这种形态与作为居民管理制度的里坊制的结合以唐长安城最具代表性。在唐辽旧城基础上发展的金中都,虽然不再有封闭的坊墙，但是作为居民管理制度的里坊制，仍以接近方格网的形态保留了下来。至于平地新建的元大都，居民的基层组织是社而不是坊，但在规划中也还是以方格网作为基本构架，再顺应地形作出相应的变化。棋盘状的街道与街道之间的空间为城市居民以及不同的社会空间提供最基本的生长构架。

2. 象征体系——方位、中心与边缘

但是单纯的格网形态本身并没有明确的方向与限定，空间与空间之间也不存在差异，城市各种内容在其中的渐次分布更多地受到其他因素的影响。

首先是方位观念。对于东南西北四个方向的明晰观念，即所谓的“辨方正位”，导致以方形作为城市的形状。方形城墙为无限延展的格网引入了四个方向明确的边界的限定。封闭城墙上城门的开启带来的影响是两方面的，一是带来了城市内部道路的等级分化，城门是城市内部与外部人与物交流的有限孔道，与城门相连的道路的使用率自然大大增高，其重要性也相应地提高，由此，构成格网的街道不再是均质的；其次，城门也限定了城市越过城墙向外发展的可能性。

而在城市内部，与方位观念相关的南与北的差别、东与西的差别以及中心与边缘的差异以宫城为中心参照点而展开，直接影响了都城中象征体系，即宫廷与太庙、社稷、郊坛等礼制建筑的相对关系与使用方式。而附着在象征体系与格网之间的则是中枢机构与上层阶级的居住区。

金中都的建设较多地接受了中原文化的影响，坐北朝南的南北向轴线成为都城的主导轴线。扩建之后，以宫城为中心，南北向轴线组织起仪式性的空间，太庙、郊坛与尚书省六部都沿此展开。中心与边缘的差异明确表达在朝参仪中，以仁政殿为中心，自北往南依次外推的空间层次中。

大都城中的国家机构与宫城的位置关系，更多地受到蒙古方位观念的影响，以宫城为基点，东西向展开。大致说来，为家族服务的寺庙在西，官署在东。也因此，所谓的面朝后市、左祖右社都是以宫城为中心的考虑，并不适宜于用来评价大都的规划。

相应的宫廷服务机构，包括留守司及众多的国家寺庙，则都围绕着宫城组织。中心与边缘的差异在元大都中明显地表达在寺庙宫观的分布之中。围绕着宫城的是国立寺观与佛教寺庙，渐次外推到中都旧城，才有众多的道教宫观。

3. 市场与交通

在格网的基础上，对城市整体生长起决定性作用的第三个层次，是由市场与交通交互作用所形成的网格，或者说是包含着生长核与生长轴的骨架。它在城市的生长过程中有时起主导作用，有时与宫城等共同形成制约。

作为城市生长点的核，往往表现为一种社会空间区域，其功能主要是吸引与凝聚，同时也是周围地区成长的动力源。与核相联系的则是轴，核所提供的生长动力，总是顺应着一定的方向扩散，或者反过来说，核所吸引的人与物总是顺应着一定的方向向核靠拢，而这扩散或是凝聚的过程也正是城市的变迁过程。

金元时期的商业交通体系及其对于城市生长的影响在第三章中已有过详细的论述，因此在此不再赘述。

综上所述，都城中的空间结构是由四向均质的方格网、具有一定方向规则的象征体系以及不规则的商业交通体系共同构成，在规则与不规则之间所产生的张力，或者说城市中不同区域的不同的吸引力，最终影响了居民以及寺庙宫观等要素在城市中的分布状态。同时在此三者中，商业交通体系对于城市的生长则起着主导作用。

结　语

城市如钻石，无论从哪一个角度看，都会有独特的光彩。本文之上下篇分别探讨了辽金元时期的都城体系，并选择了这一时期北京城市发展的几个层面加以分析，这样的讨论当然不可能揭示这个时期城市变迁的所有方面，但从某种程度上来说，这几个层面较能反映北京城市在辽金元时期的特点。

北京在中国封建社会后半期的建都史始于辽南京，从地区性中心到统一帝国的首都的转变则完成于辽金元时期。这种转变并非由城市孤立进行，在这个过程中，城市的政治经济地位的转变与国家在地域中的强弱、疆域的大小与范围，以及政权的组织形式直接相关。

与这种宏观转变相应的是城市建设的变化。城市人口的增加首先促使金的统治者在辽南京旧城的基础上加以扩建，继而又促使元世祖在中都旧城的邻近建造了一座宏伟的新城，并成为以后明清两代都城的基础。

而更重要的则是城市角色的变化在政治与经济以及相应的空间结构层面上的影响。诚如在本文下篇及下篇小节中所论述的，在接受了中原封建王朝统治方式的同时，宫殿、中央政府以及礼制建筑所构成的空间序列也就成为辽金元时期北京城中不可缺少的部分，并在城市的空间格局中占据重要与相对稳定的地位；同时由众多人口所组成的城市的发展离不开经济活动，因此相关的商业与交通体系主导了城市的变迁方式。

辽金元时期都城社会生活的另一个重要特点是宗教的活跃，包括辽金元三代的佛教、金元时期的道教以及元时的伊斯兰教和聂思脱里教。各教派不同规模等级的宗教建筑遍布城中，成为这一时期引人注目的城市景观之一，同时这些宗教建筑的分布又受到政治层面与经济层面的空间格局的制约。

作为游牧民族建立的都城，辽金元时期的北京城，尤其是元大都时期，仍然表现出一些不同于中原传统都城的特点。从格局上说，皇城内宫殿布置的疏朗与中原都城的严整不同，尊西卑东的方位习惯亦与中原都城不同；从建筑上来说，规模庞大的国立寺庙以及中亚地区建筑风格的引进亦使这一时期的城市景观与传统中原城市相异。

辽金元时期既是北京城市史上的转折过渡期，也是中国封建社会都城中晚期之间的过渡期。在中国封建社会都城史的脉络中，唐长安与洛阳可说是中国中古时期都城形制的代表，二者的差异在文中已有论述。随着南宋与金的对峙，都城形制也形成南北两支。南宋临安继承了汴梁的传统，空间格局接近于洛阳，而在金中都，虽然城市的总体布局，如皇城居于城中等受到汴梁影响，但是由宫室制度所体现出来的空间格局却近于长安太极宫。金中都的格局影响了元大都，并为明清所继承，金中都与南宋临安的差别则由于南宋的灭亡而消失。因之，从都城制度史的角度看，辽金元时期的北京城也是一个承前启后的时期。

最后，在方法论的层面上，本文也尝试提供一种剖析城市个案的可能角度。建筑、园林、城市等历史的讨论，或者都是观看古人生活的方式，但是所研究的具体层面和尺度是不同的，研究建筑单体需要讨论形式、风格、结构体系，但是城市关注的是空间格局、建筑类型以及要素间的关系。

作为建筑历史一部分的城市史研究重点考察的自然是城市形态的变迁，但城市形态作为人的活动的结果，往往只是政治经济等各种社会因素变化的外在表征，所牵连的方面甚广，历时性的面面俱到的描述能为读者提供一幅城市形态变迁的概括性图像，但未必能深入考察变迁之内在动力。因此，根据具体情况，本文将城市之整体分解成互相关联又相对独立的几个层面，每一个层面都既影响城市的社会生活，也与城市形态的形成与变迁直接相关，每个层面所包含的通常也不仅仅是某一类型的建筑，而是由一系列相关建筑类型构成的空间体系。以这样的方式或者我们可以获得对于特定城市的深入了解。

附录一　金中都宫室之相关文献记载

记载了金中都布局的文献数据按时间顺序，主要有以下几种：

1. 宇文懋昭撰《大金国志》卷三十三“燕京制度”

根据崔文印的研究，《大金国志》卷一至十五的帝纪及典章制度各卷所记下限截止于海陵正隆伐宋失败，因之所记燕京制度当为海陵迁都不久的制度。

“炀王弑熙宗，筑宫室于燕，逮三年而有成。城之四围凡九里三十步。天津桥之北曰宣阳门，中门绘龙，两偏绘凤，用金钉钉之。中门惟车驾出入乃开，两偏分双单日开一门。过门有两楼，曰文曰武，文之转东曰来宁馆，武之转西曰会同馆。正北曰“千步廊”，东西对焉。廊之半各有偏门，向东曰太庙，向西曰尚书省。至通天门，后改名应天楼，(观)高八丈，朱门五，饰以金钉。东西相去一里余，又各设一门，左曰左掖，右曰右掖。

内城之正东曰宣华，正西曰玉华，北曰拱辰。(内)殿凡九重，但凡三十有六，楼阁倍之。正中位曰“皇帝正位”，后曰“皇后正位”。位之东曰“内省”，西曰十六位，乃妃嫔居之。西出玉华门曰同乐园，若瑶池，蓬瀛，柳庄，杏村，尽在于是。

都城四围凡七十五里，城门十二，每一面分三门，其正门两旁又设两门。正东曰宣曜、阳春、施仁，正西曰灏华、丽泽、彰义，正南曰丰宜、景风、端礼，正北曰通玄、会城、崇智，此四城十二门也。此外有宣阳门，即内城之南门。上有重楼，制度宏大，三门并立，中门常不开，惟车驾出入。通天门即内城之正南门也，四角皆垛楼，瓦(皆)琉璃，金钉朱户，五门列焉。门常扃，惟大礼祫享则由之。宣华乃内城之正东门，玉华正西门也。左掖东偏，右掖西偏门也。各有武夫守卫，士夫过者不敢瞬目。拱辰即内城正北门也，又曰“后朝门”。制度守卫，一与宣华、玉华等。……”

2. 张棣《金虏图经》，楼钥《北行日录》，范成大《揽辔录》，均记大定年间事

(1)《金虏图经》

录于《三朝北盟会编》，崔文印作《大金国志校证》一书时，亦将其收入。文中记内城南门由通天改为应天，根据《金史·地理志》，此门改名是在大定五年，因此《金虏图经》记事的时间不会早于大定五年。下文即根据崔书辑出：

“宫室。亮欲都燕，遣画工写京师宫室制度，至于阔狭修短，曲画其数，授之左相张浩辈按图以修之。城之四围九里有三十步。自天津桥之北曰宣阳门(如京师朱雀门)，门分三，中绘一龙，两偏绘以凤，用金镀铜钉实之，中门常不开，惟车驾出入。两偏分双单日开一门，无贵贱皆得往焉。过门有两楼，曰文曰武。文之转东曰来宁馆，武之转西曰会同馆，二馆皆为本朝人使设也。正北曰千步廊，东西对焉，廊之半各有偏门，向东曰太庙，向西曰尚书省。通天门今改为应天楼，观高八丈，朱门五，饰以金钉，东西相去里余，又为设一门，左曰左掖，右曰右掖。

内城之正东曰宣华，正西曰玉华，北曰拱辰门，内殿凡九重，殿三十有六，楼阁倍之，正中位曰‘皇帝正位’，后曰‘皇后正位’。位之东曰内省，西曰‘十六位’①，乃妃嫔所居之地也，西出玉华门，

---

① 《三朝北盟会编》所录该句为：“位之东曰东内，西曰西内，各十六位，乃妃嫔所居之地也。”

同乐园、瑶池、蓬瀛庄、杏林尽在于是。”

(2) 乾道六年(1170 年,即大定十年)八月,范成大使金,所著《揽辔录》记中都宫阙:

“丙戌至燕山城外燕宾馆,燕至毕与馆伴副并马行柳堤,缘城过新石桥,中以杈子隔绝,道左边过楼桥,入丰宜门,即外城门也,过玉石桥,燕石色如玉,桥上分三道,皆以栏隔之,雕刻极工,中为御路,亦拦以杈子,两傍有小亭,中有碑,曰龙津桥。入宣阳门,金书额,两旁有小四角亭,即登门路也,楼下分三门,北望其阙,由西御廊首转西至会同馆,戊子早入见,上马出馆后循西廊至横道,至东御廊首,转北循檐行几二百间,廊分三节,每节一门,路东出第一门通街,第二门通球场,第三门通太庙,庙中有楼。将至宫城,廊即东转又百许间,其西亦有三间,出门但不知所通何处,望之皆民居。东西廊之中驰道甚阔,两旁有沟,沟上植柳,两廊屋脊皆覆以青琉璃瓦,宫阙门户即纯用之。驰道之北即端门,十一间,曰应天之门,旧尝名通天,亦开两狭有楼,如左右升龙之制,东西两角楼,每楼次第攒三檐,与狭楼接,极工巧。端门之内有左右翔凤门,日华月华门。前殿曰大安殿,使人入左掖门,直北循大安殿东廊后壁行入敷德门,自侧门入,又东北行,直东有殿宇,门曰东宫,墙内亭观甚多,直北面南列三行门,中曰集英门,云是故寿康殿,母后所居。西曰会通门,自会通东小门北入承明门,又北则昭庆门,东则集禧门,尚书省在门外,又西则有右嘉会门,四门正相对,入右嘉会门,门有楼,与左嘉会门相对,即大安殿后门之后,至幕次。有顷,入宣明门,即常朝后殿门也,门内庭中列卫士二百许人,贴金双凤幞头团花红锦衫散手立入仁政门,门盖隔门也,至仁政殿下,大花毡可半庭,中团双凤,两旁各有朵殿,朵殿之上有两高楼,曰东西上阁门,两傍悉有帘幕,中有甲士。东西御廊循檐各列甲士,东立者红茸甲金缠竿枪黄旗画青龙,西立者碧茸甲金缠竿枪,白旗画青龙,直至殿下皆然,惟立于门下者,皂袍执弓矢,殿两阶杂立仪物幢节之属,如道士醮坛威仪之类。使人由殿下东行上东阶却转南由露台北行入殿。虏主幞头红袍玉带,坐七宝榻,背有龙水大屏风,四壁帟幕皆红绣龙,拱斗皆有绣衣,两楹间各有大出香金狮蛮地铺礼佛毯可一殿,两傍玉带金鱼或金带者十四五人,相对列立,遥望前后殿屋崛起处甚多,制度不经,工巧无遗力,所谓穷奢极侈者”(《说郛》卷四十一,十三、十四页,涵芬楼藏版,据明抄本)

(3)《三朝北盟会编》(四库全书光盘版)卷二百四十五:30-32

“范成大《揽辔录》曰过卢沟河三十五里至燕山城外燕宾馆,自馆行柳堤缘城过新石桥,中以杈子隔驰道,从左边过桥入丰宜门,即外城门也,两边皆短墙,有两门东西出,通大路,有兵寨在墙外,玉石桥,燕石色如玉石,上分三道,皆以栏楯隔之,雕刻极工,中为御路,拦以杈子,桥四傍皆有玉石柱,甚高,两傍有小亭,中有碑也,龙津桥入宣阳门,金书额,两头有小四角亭,即登门路也,楼下分三门,北望其阙,由西御廊首转西至会同馆,出复循西廊首横过至东御廊首,转北循廊檐行几二百间,廊分三节,每节一门,路东出第一门通御市,二门通球场,三门通太庙,中有楼,将至宫城,廊即东又百许间,其西亦然,亦有三门,但不知所通何处,望之皆民居,东西廊之东驰道甚阔,西旁有沟,沟上植柳,两廊屋脊覆以青琉璃瓦,宫阙门户即纯用之葱然翠色。驰道之北即端门十一间,曰应天之门,旧常门通天,下亦开五门,两狭有楼,如左右升龙之治,东西两角门,每楼次第攒三檐,与狭楼接,极工巧。端门之内有左右翔门,日华月华门,前殿曰大安殿,使人入在掖门,宜在循大安殿东廊后屋行入复德殿,自侧门入,又东北行,直东有殿宇,门曰东宫,墙内亭观甚多,直北面南列三门,中门集英门,云是故寿康殿,母后所居。西曰会通门,自会通东小门北入承明门,又北则昭庆门,东则禧门集,尚书省在门外,又两侧,右嘉会门,四门正相对,入右嘉会门,门有楼,与左嘉会门相对,即大安殿,后门之后至幕次,黑布拂庐,待班有顷。入宣明门,即常朝后殿门也,门内庭中列围士二百许人贴金双凤(巾)璞头团花红锦衫手列入仁政门,盖隔门也,入仁政殿,大花毯可半庭中双凤,殿两旁各有朵殿,之上两高楼,曰东西上阁门两悉有连幕,中有甲士。东西御廊循檐各列甲士,东立者红茸甲金缠竿枪黄旗画青龙,西立者金缠竿枪,白旗画青龙,直至殿下皆然,惟列于门下者,皂袍弓矢……使人由殿下车行上阶却转南繇露台北行入殿阙，谓之栏子，金主幞头红袍玉带，坐七宝榻，背有大龙大屏风，四壁帘幕皆红绣龙，拱斗皆有绣衣，两楹门各有大出香金狮蛮地铺礼佛坛可一殿，两旁玉带金鱼或金带者四五十，相对列立，遥望前后殿庑矗起处甚多，制度不经，工巧无遗力，所谓穷奢极侈者。”

（4）楼钥以书状官随使贺干道六年正旦，作《北行日录》（知不足斋丛书本）：

“（干道五年十二月）二十七日戊申……车行六十里过卢沟河至燕山城外……道旁无居民，城壕外土岸高厚，夹道直柳甚整。行约五里，经端礼门外方至南门，过城壕上大石桥，入第一楼，入第一楼，七间，无名，傍有二亭，两傍青粉高屏墙甚长，相对开六门以通出入，或言其中细军所屯也。次入丰宜门，门楼九间，尤伟丽，分三门，由东门以入。又过龙津桥。二桥皆以石栏分三道，中道限以护穽，国主所行也。龙津雄壮特甚，中道及扶栏四行华表柱，皆以燕石为之，其色正白，而镌镂精巧如图画然。桥下一水，清深东流。桥北二小亭，东亭有桥名牌。次入宣阳门，楼九间，分三门，由西门入会同馆，馆在内廊之西，南向……馆之西有门，门外皆居民。宣阳门内街分三道，中有朱栏二行，跨大沟为限，栏外植柳。高丽人、西夏人二馆在东，与会通馆相对……长廊东西曲尺各二百五十间，廊头各有三层楼亭，护以绿栏杆，廊有三路贯其中，南路两门外皆民居，中路无门，而路甚阔，左为太庙，右为三省，北路左门外有屏墙夹道，中有官府，南向，右门入六部，盖在三省之后也。正门十一间，下列五门，号应天门。左右有行楼折而南，朵楼曲尺各三层四垂。朵楼城下有检鼓院。又有左右掖门在东西城中，两脚又朵楼曲尺三层。初出馆，横过驰道……至东廊北头下马，使副至左掖门皆步而入。左掖门后为敷德门，其东廊之外，楼观翚飞，闻是东苑。西廊有门，即大安殿门外左翔龙门之后。敷德后为集英门。两门左右各又有门。集英之右曰会通，其东偏为东宫。西有长廊，中起高楼，即大安殿前广佑楼也。会通门内之西廊即大安之东荣，为丽、夏茶酒幕次。其后为承明门，北向，相对为昭庆门。东为集禧门，西即左嘉会门，之后相对有右嘉会门，其中即大安殿后宣明门之前，待班幕次在其西。敷德之西门及会通、承明、左嘉会皆所由之路也。如宣明门及仁政殿左门，在隔门外当中立，俟百官里见退，即左入殿下大毡上……大殿九楹，前有露台。金主坐榻上，仪卫整肃，殆如塑像。殿两傍廊二间，高门三间，又廊二间，通一行二十五间，殿柱皆衣文秀。两廊各三十间，中有钟鼓楼……干道六年庚寅正月一日壬子……与馆伴同入贺。由应天东门步入东廊幕次中。大安殿门九间，两傍行廊三间，为日华、月华门各三间，又行廊七间，两厢各三十间，中起左右翔龙门，皆垂红簾，庭中小井亭二……殿下砌阶两道……大安殿十一间，朵殿各五间，行廊各四间，东西廊各六十间，中起二楼各五间，左曰广佑，后对东宫门；右曰弘福，后有数殿以黄琉璃瓦结盖，好为金殿，闻是中宫。”

3.《金史·地理志》所记中都制度

“中都路，辽会同元年为南京，开泰元年号燕京。海陵贞元元年定都，以燕乃列国之名，不当为京师号，遂改为中都。府一，领节镇三，刺郡九，县四十九。天德三年，始图上燕城宫室制度，三月，命张浩等增广燕城。城门十三，东曰施仁、曰宣曜、曰阳春，南曰景风、曰丰宜、曰端礼，西曰丽泽、曰颢华、曰彰义，北曰会城、曰通玄、曰崇智、曰光泰。浩等取真定府潭园材木，营建宫室及凉位十六。应天门十一楹，左右有楼，门内有左、右翔龙门，及日华、月华门，前殿曰大安，左、右掖门，内殿东廊曰敷德门。大安殿之东北为东宫，正北列三门，中曰粹英，为寿康宫，母后所居也，西曰会通门，门北曰承明门，又北曰昭庆门。东曰集禧门，尚书省在其外，其东西门左、右嘉会门也，门有二楼，大安殿后门之后也。其北曰宣明门，则常朝后殿门也。北曰仁政门，傍为朵殿，朵殿上为两高楼，曰东、西上阁门，内有仁政殿，常朝之所也。宫城之前廊，东西各二百余间，分为三节，节为一门。将至宫城，东西转各有廊百许间，驰道两傍植柳，廊脊覆碧瓦，宫阙殿门则纯用碧瓦。应天门旧名通天门，大定五年更。七年改福寿殿曰寿安宫。明昌五年复以隆庆宫为东宫，慈训殿为承华殿，承华殿者，皇太子所居之东宫也。泰和殿，泰和二年更名庆宁殿。又有崇庆殿。鱼藻池、瑶池殿位，贞元元年建。有神龙殿，又有观会亭。又有安仁殿、隆德殿、临芳殿。皇统元年有元和殿。有常武殿，有广武殿。为击球、习射之所。京城北离宫有太宁宫，大定十九年建，后更为寿宁，又更为寿安，明昌二年更为万宁宫。琼林苑有横翠殿。宁德宫西园有瑶光台，又有琼华岛，又有瑶光楼。皇统元年有宣和门。正隆三年有宣华门，又有撒合门。”

附录二　元大都宫室之相关文献记载

主要有两种，其一为陶宗仪《南村辍耕录》中之宫阙制度条，前贤已指明此文从《经世大典》中抄出，故可信度极高；其二是萧洵的《故宫遗录》。

1.《南村辍耕录》卷二十一“宫阙制度”(陶宗仪，1997)[250-257]

至元四年正月，城京师，以为天下本。右拥太行，左注沧海，抚中原，正南面，枕居庸，奠朔方，峙万岁山，浚太液池，派玉泉，通金水，萦畿带甸，负山引河。状哉帝居，择此天府。城方六十里，里二百四十步，分十一门。正南曰丽正，南之右曰顺承，南之左曰文明，北之东曰安贞，北之西曰健德，正东曰崇仁，东之右曰齐化，东之左曰光熙，正西曰和美，西之右曰肃清，西之左曰平则。大内南临丽正门，正衙曰大明殿，曰延春阁。宫城周回九里三十步，东西四百八十步，南北六百十五步。高三十五尺。砖甃。至元八年八月十七日申时动土。明年三月十五日即工。分六门，正南曰崇天，十一间，五门。东西一百八十七尺。深五十五尺。高八十五尺。左右垛楼二。垛楼登门两斜庑。十门。阙上两观皆三垛楼。连垛楼东西庑，各五间。西垛楼之西，有涂金铜幡杆。附宫城南面，有宿卫直庐。凡诸宫门，皆金铺、朱户、丹楹、藻绘、彤壁、琉璃瓦饰檐脊。崇天之左曰星拱，三间，一门。东西五十五尺，深四十五尺，高五十尺。崇天之右曰云从。制度如星拱。东曰东华，七间，三门。东西一百十尺，深四十五尺，高八十尺。西曰西华，制度如东华。北曰厚载，五间，一门，东西八十七尺，深高如西华。角楼四，据宫城之四隅，皆三垛楼。琉璃瓦饰檐脊。直崇天门，有白玉石桥三虹，上分三道，中分御道，镌百花蟠龙。星拱南有御膳亭，亭东有拱辰堂，盖百官会集之所。东南角楼。东差北有生料库，库东为柴场。夹垣东北隅有羊圈。西南角楼。南红门外，留守司在焉。西华南有仪鸾局，西有鹰房。厚载北为御苑。

外周垣红门十有五，内苑红门五，御苑红门四。此两苑之内也。大明门在崇天门内，大明殿之正门也，七间，三门。东西一百二十尺，深四十四尺。重檐。日精门在大明门左，月华门在大明门右。皆三间，一门。大明殿，乃登极正旦寿节会朝之正衙也，十一间，东西二百尺，深一百二十尺，高九十尺。柱廊七间，深二百四十尺，广四十四尺，高五十尺，寝室五间，东西夹六间，后连香阁三间，东西一百四十尺，深五十尺，高七十尺，青石花础，白玉石圆碣文石甃地，上藉重裀(夹衣)，丹楹金饰，龙绕其上。四面朱琐窗，藻井间金绘，饰燕石，重陛朱阑，涂金铜飞雕冒。中设七宝云龙御榻，白盖金缕褥，并设后位，诸王百僚怯薛官侍宴坐床，重列左右。前置灯漏。贮水运机，小偶人当时刻挂牌而出。木制银裹漆瓮一，金云龙蜿绕之，高一丈七尺，贮酒可五十余石。雕象酒卓一，长八尺，阔七尺二寸。玉瓮一，玉编磬一，巨笙一。玉笙、玉箜篌，咸备于前。前璇绣缘珠簾，至冬月，大殿则黄猫皮壁幛，黑貂褥，香阁则银鼠皮壁幛，黑貂暖帐。凡诸宫殿乘舆所临御者，皆丹楹、朱琐窗，间金藻绘，设御榻，裀褥咸备。屋之檐脊皆饰琉璃瓦。文思殿在大明寝殿东，三间，前后轩，东西三十五尺，深七十二尺。紫檀殿在大明寝殿西，制度如文思。皆以紫檀香木为之，缕花龙涎香，间白玉饰壁，草色髹绿，其皮为地衣。宝云殿在寝殿后，五间，东西五十六尺，深六十三尺，高三十尺。凤仪门在东庑中，三间，一门，东西一百尺，深六十尺，高如其深。门之外有庖人之室，稍南有酒人之室。麟瑞门在西庑中，制度如凤仪门。门之外有内藏库二十所，所为七间。钟楼，又名文楼，在凤仪南。鼓楼，又名武楼，在麟瑞南。皆五间，高七十五尺。嘉庆门在后庑宝云殿东，景福门在后庑宝云殿西，皆三间一门。周庑一百二十间，高三十五尺。四隅角楼四间，重檐。凡诸宫周庑，并用丹楹，彤壁，藻绘，琉璃瓦饰檐脊。延春门在宝云殿后，延春阁之正门也。五间，三门，东西七十七尺，重檐。懿范门在延春左，嘉则门在延春右，皆三间，一门。延春阁九间，东西一百五十尺，深九十尺，高一百尺，三檐重屋。柱廊七间，广四十五尺，深一百四十尺，高五十尺。寝殿七间，东西夹四间，后香阁一间。东西一百四十尺，深七十五尺，高如其深。重檐，文石甃地，藉花毳（兽细毛）裀，檐帷咸备。白玉石重陛，朱阑，铜冒，楯涂金雕翔其上。阁上御榻二。柱廊中设小山屏床，皆楠木为之，而饰以金。寝殿楠木御榻，东夹紫檀御榻。壁皆张素画，飞龙舞凤。西夹事佛像。香阁楠木寝床，金缕褥，黑貂壁幛。慈福殿又曰东暖殿，在寝殿东，三间，前后轩。东西三十五尺，深七十二尺。明仁殿又曰西暖殿，在寝殿西，制度如慈福。景耀门在左庑中，三间，一门。高三十尺。清灏门在右庑中，制度如景耀。钟楼在景耀南，鼓楼在清灏南，各高七十五尺，周庑一百七十二间。四隅角楼四间。玉德殿在清灏外，七间，东西一百尺深四十九尺，高四十尺。饰以白玉，甃以文石，中设佛像。东香殿在玉德殿东，西香殿在玉德殿西，宸庆殿在玉德殿后，九间，东西一百三十尺，深四十尺，高如其深。中设御榻，帘帷裀褥咸备。前列朱阑，左右辟二红门。后山字门三间。东更衣殿在宸庆殿东，五间，高三十尺。西更衣殿在宸庆殿西，制度如东殿。隆福殿在大内之西。兴圣宫之前。南红门三，东西红门各一。缭以砖垣。南红门一，东红门一，后红门一。光天门，光天殿正门也，五间，三门。高三十一尺。重檐，崇华门在光天门左。膺福门在光天门右。各三间，一门。光天殿七间，东西九十八尺，深五十五尺，高七十尺。柱廊七间，深九十八尺，高五十尺。寝殿五间，两夹四间，东西一百三十尺，高五十八尺五寸。重檐，藻井，琐窗，文石甃地，藉花毳（兽细毛）裀，悬朱帘，重陛，朱阑，涂金雕冒楯。正殿缕金云龙樟木御榻，从臣坐床重列前两傍。寝殿亦设御榻，裀褥咸备。清阳门在左庑中，明晖门在右庑中，各三间，一门。翥（注：振翼而上，高飞）凤楼在青阳南，三间，高四十五尺。骖龙楼在明晖南，制度如翥凤。后有牧人宿卫之室。寿昌殿又曰东暖殿，在寝殿东，三间，前后轩，重檐。嘉禧殿又曰西暖殿，在寝殿西，制度如寿昌。中位佛像，傍设御榻。针线殿在寝殿后，周庑一百七十二间。四隅角楼四间。侍女直庐五所，在针线殿后。又有侍女室七十二间，在直庐后。及左右浴室一区，在宫垣东北隅。文德殿在明晖外，又曰楠木殿，皆楠木为之，三间。前后轩一间。盝顶殿五间，在光天殿西北角楼西，后有盝顶小殿。香殿在宫垣西北隅，三间，前轩一间，前寝殿三间，柱廊三间，后寝殿三间，东西夹各二间。文宸库在宫垣西南隅，酒房在宫垣东南隅，内庖在酒房之北。

兴圣宫在大内之西北，万寿山之正西，周以砖垣。南辟红门三，东西红门各一，北红门一。南红门外，两傍附垣有宿卫直庐，凡四十间。东西门外各三间，南门前夹垣内有省院台百司官侍直板屋。北门外，有窨（地下室）花室五间。东夹垣外，有宦人之室十七间，凌室六间，酒房六间。南北西门外，棋置卫士直宿之舍二十一所，所为一间。外夹垣东红门三，直仪天殿吊桥。西红门一，达徽政院。门内差北，有盝顶房二，各三间。又北有屋二所，各三间。差南，有库一所，及屋三间。北红门外，有临街门一所，三间。此夹垣之北门也。兴圣门，兴圣殿之正门也，五间，三门，重檐，东西七十四尺。明华门在兴圣门左，肃章门在兴圣门右，各三间，一门。兴圣殿七间，东西一百尺，深九十七尺。柱廊六间，深九十四尺。寝殿五间，两夹各三间，后香阁三间，深七十七尺。正殿四面，朱悬琐窗，文石甃地，藉以毳裀，中设扆屏榻，张白盖帘帷，皆锦绣为之。诸王百僚宿卫官侍宴坐床，重列左右。其柱廊寝殿，亦各设御榻，裀褥咸备。白玉石重陛，朱阑，涂金冒楯，覆以白磁瓦，碧琉璃饰其檐脊。弘庆门在东庑中，宣则门在西庑中，各三间，一门。凝晖楼在弘庆南，五间，东西六十七尺。延颢楼在宣则南，制度如凝晖。嘉德殿在寝殿东，三间，前后轩各三间，重檐。宝慈殿在寝殿西，制度同嘉德。山字门在兴圣宫后，延华阁之正门也，正一间，两夹各一间，重檐，一门，脊置金宝瓶。又独脚门二,周阁以红板垣。延华阁五间,方七十九尺二寸,重阿,十字脊,白琉璃瓦覆,青琉璃瓦饰其檐,脊立金宝瓶,单陛,御榻从臣坐床咸具。东西殿在延华阁西,左右各五间。前轩一间,圆亭在延华阁后。芳碧亭在延华阁后圆亭东,三间,重檐,十字脊,覆以青琉璃瓦,饰以绿琉璃瓦,脊置金宝瓶。徽青亭在圆亭西,制度同芳碧亭。浴室在延华阁东南隅东殿后,傍有盝顶井亭二间,又有盝顶房三间。畏吾儿殿在延华阁右,六间,傍有窨花半屋八间。木香亭在畏吾儿殿后。东盝顶殿在延华阁东版垣外,正殿五间,前轩三间,东西六十五尺,深三十九尺。柱廊二间,深二十六尺。寝殿三间,东西四十八尺。前宛转置花朱阑八十五扇。殿之傍有盝顶房三间,庖室二间,面阳盝顶房三间,妃嫔库房三间。红门一。盝顶之制,三椽,其顶若笥(一种盛饭食或衣物的竹器)之平,故名。

西盝顶殿在延华阁西版垣之外,制度同东殿。东殿之傍,有庖室三间,好事房二,各三间。独脚门二,红门一。妃嫔院四,二在东盝顶殿后,二在西盝顶殿后。各正室三间,东西夹四间,前轩三间,后有三椽半屋二间。侍女室八十五间,半在东妃嫔院左,西向,半在西妃嫔院右,东向。室后各有三椽半屋二十五间。东盝顶殿红门外,有屋三间,盝顶轩一间,后有盝顶房一间。庖室一区,在凝晖楼后,正屋五间,前轩一间,后披屋三间,又有盝顶房一间,盝顶井亭一间。周以土垣,前辟红门。酒房在宫垣东南隅庖室南,正屋五间,前盝顶轩三间,南北房各三间。西北隅盝顶房三间。红门一,土垣四周之。学士院在阁后西盝顶殿门外之西偏,三间。生料库在学士院南。又南,为鞍辔库。又南,为军器库。又南,为牧人庖人宿卫之室。藏珍库在宫垣西南隅,制度并如酒室。惟多盝顶半屋三间,庖室三间。万寿山在大内西北太液池之阳,金人名琼花岛,中统三年修缮之,至元八年赐今名。其山皆迭玲珑石为之,峰峦隐映,松桧隆郁,秀若天成。引金水河至其后,转机运䣛,汲水至山顶,出石龙口,注方池,伏流至仁智殿后,有石刻蟠龙,昂首喷水仰出,然后由东西流入于太液池。山前有白玉石桥,长二百余尺,直仪天殿后。桥之北有玲珑石,用木门五,门皆为石色。内有隙地,对立日月石。西有石棋坪,又有石坐床,左右皆有登山之径,萦纡万石中,洞府出入,宛转相迷。至一殿一亭,各擅一景之妙。山之东有石桥,长七十六尺,阔四十一尺半,为石渠以载金水,而流于山后以汲于山顶也。又东为灵圃,奇兽珍禽在焉。广寒殿在山顶,七间,东西一百二十尺,深六十二尺,高五十尺。重阿藻井,文石甃地,四面琐窗,板密其里,遍缀金红云,而蟠龙矫蹇于丹楹之上。中有小玉殿,内设金嵌玉龙御榻,左右列从臣坐床。前架黑玉酒瓮一,玉有白章,随其形刻为鱼兽出没于波涛之状,其大可贮酒三十余石。又有玉假山一峰,玉响铁一悬。殿之后有小石笋二,内出石龙首,以噀所引金水。西北有厕堂一间。仁智殿在山之半,三间,高三十尺。金露亭在广寒殿东,其制圆,九柱,高二十四尺,尖顶上置琉璃珠。亭后有铜幡杆。玉虹亭在广寒殿西,制度如金露。方亩亭在荷叶殿后,高三十尺,重屋八面,重屋无梯,自金露亭前复道登焉。又曰线珠亭。瀛洲亭在温石浴室后,制度同方亩。玉虹亭前仍有登重屋复道,亦曰线珠亭。荷叶殿在方?前,仁智西北,三间,高三十尺,方顶,中置琉璃珠。温石浴室在瀛洲前、仁智西北,三间,高二十三尺,方顶,中置涂金宝瓶。圜亭,又曰胭粉亭,在荷叶稍西,盖后妃添妆之所也。八面。介福殿在仁智东差北。三间,东西四十一尺,高二十五尺。延和殿在仁智西北,制度如介福。马湩室在介福前,三间。牧人之室在延和前,三间,庖室在马湩前,东浴室更衣殿在山东平地,三间,两夹。太液池在大内西,周回若干里,植芙蓉。仪天殿在池中圆坻上,当万寿山,十一楹,高三十五尺,围七十尺,重檐,圆盖顶。圆台址,甃以文石,藉以花裀,中设御榻,周辟琐窗,东西门各一间,西北厕堂一间,台西向,列甃砖龛,以居宿卫之士。东为木桥,长一百廿尺,阔廿二尺,通大内之夹垣。西为木吊桥,长四百七十尺,阔如东桥。中阙之,立柱,架梁于二舟,以当其空,至车驾行幸上都,留守官则移舟断桥,以禁往来。是桥通兴圣宫前之夹垣。后有白玉石桥,乃万寿山之道也。犀山台在仪天殿前水中,上植木芍药。隆福宫西御苑在隆福宫西,先后妃多居焉。香殿在石假山上,三间,两夹二间，柱廊三间，龟头屋三间。丹楹，琐窗，间金藻绘，玉石础，琉璃瓦。殿后有石台，山后辟红门，门外有侍女之室二所，皆南向并列。又后直红门，并立红门三。三门之外，有太子斡耳朵荷叶殿二，在香殿左右，各三间。圆殿在山前，圆顶上置涂金宝珠，重檐，后有流杯池，池东西流水圆亭二，圆殿有庑以连之，歇山殿在圆殿前，五间，柱廊二，各三间。东西亭二，在歇山后左右，十字脊。东西水心亭在歇山殿池中，直东西亭之南，九柱，重檐。亭之后，各有侍女房三所，所为三间，东房西向，西房东向。前辟红门三，门内立石以屏内外，外筑四垣以周之。池引金水注焉。棕毛殿在假山东偏，三间，后盝顶殿三间。前启红门，立垣以区分之。仪鸾局在三红门外西南隅，正屋三间，东西屋三间，前开一门。

2.《北平考·故宫遗录》(萧洵，1963)[67-71]

南丽正门内曰千步廊，可七百步，建灵星门。门建萧墙，周回可二十里，俗呼红门阑马墙。门内数(一作二)十步许有河，河上建白石桥三座，名周桥，皆琢龙凤祥云，明莹如玉。桥下有四百石龙，擎带水中，甚壮。绕桥尽高柳，郁郁万株，远于内城西宫海子相望。度桥可二百步为崇天门。门分为五，总建阙楼其上，翼为回廊，低连两观。观(一无下观字)旁出为十字角楼，高下三级。两旁各去午门百余步有掖门，皆崇高阁。内城广可六七里，方布四隅，隅上皆建十字角楼。其左有门为东华，右为西华。由午门内可数十步为大明门，仍旁建掖门，绕为长庑，中抱丹墀之半。左右有(一作为)文武楼，楼与庑相连。中为大明殿，殿基高可十(一作五)尺，前为殿陛，纳为三级，绕置龙凤白石阑。阑下(一作外)每楯(一作柱)压以鳌头，虚出阑外，四绕于殿。殿楹四向皆方柱，大可五六尺，饰以起花金龙云。楹下皆白石龙云花顶，高可四(一作三)尺，楹上分间仰为鹿顶斗拱，攒顶中盘黄金双龙。四面皆缘金红琐窗，间贴金铺，中设山字(一作宇)玲珑金红屏台，台上置金龙床，两旁有二毛皮伏虎，机动如生。(一无上十二字)殿右连为主廊十二楹，四周金红琐窗，连建后宫，广可三十步，深入半之，不显(一作列)楹架，四壁立，至为高旷，通用绢素冒之，画以龙凤。中设金屏障。障后即寝宫，深只十尺，俗呼为弩头殿。龙床品列为三，亦颇浑朴。殿前宫东西仍相向为寝宫，中仍金红小平床，上仰皆为实研龙骨方槅，缀以彩云金龙凤，通壁皆冒绢素，画以金碧山水。壁间每有小双扉，内贮裳衣，前皆金红推窗，间贴金花，夹以(一作中实)玉版明花油纸，外笼黄油绢幕，至冬则代以油皮。内寝屏障重复帷幄，而裹以银鼠，席地皆编细簟，上加红黄厚毡，重复茸单。至寝处床座，每用裀褥，必重数迭，然后上盖纳失失，再加金花，贴熏异香，始邀临幸。宫后连抱长庑，以通前门，前绕金红阑槛，画列花卉，以处妃嫔。而每院间必建三，东西向为床(一作绣榻)。壁间亦用绢素冒之，画以丹青。庑后横亘长道，中为(一作以入)延春堂，丹墀皆植青松，即万年枝也。门庑殿制，大略如前。甃地皆用浚州花版石甃之，磨以核桃，光彩若镜。中置玉台床。(一有两旁有毛皮伏虎，机发如生句)。前设金酒海，四列金红小连(一作连床)。其上为延春阁，梯级由东隅而升，长短凡三折而后登，虽至幽暗，阑楯皆涂黄金云龙，冒以丹青绢素，上仰亦皆拱为攒(一作鹿)顶，中盘金龙。四周皆绕金珠琐窗，窗外绕护金红阑干，凭望至为雄杰，宫后仍为主廊。后宫寝宫，大略如前。廊东有文思小殿，西有紫檀小殿，后东有玉德殿，殿楹拱皆贴白玉龙云花片，中设白玉金花山字屏台，上置玉床。又东为宣文殿，旁有秘密堂。西有鹿顶小殿，前后散为便门，高下分引而入，彩阑翠阁，间植花卉松桧，与别殿飞甍凡数座。又后为清宁宫，宫制大略亦如前。宫后引抱长庑，远连延春宫，其中皆以处嬖幸也。外护金红阑槛，各植花卉异石。又后重绕长庑，前(一作别)虚御道，再护雕阑，又以处嫔嫱也。又后为厚载门，上连高阁，环以飞桥，舞台于前，回阑引翼。每幸阁上，天魔歌舞于台，繁吹导之，自飞桥而升，市人闻之，如在霄汉。台东百步有观星台。台旁有雪柳万株，甚雅。台西为内浴堂，有小殿在前。由浴室西(一作而)出内城，临海子。海广可五六里，架飞桥于海中，西渡半起瀛洲圆殿，绕为石城圈门，散作洲岛拱门，以便龙舟往来。由瀛洲殿后北引长桥，上万岁山，高可数十丈，皆崇奇石，因形势为岩岳。前拱石门三座，面直瀛洲，东临太液池，西北皆俯瞰海子。由三门分道东西而升，下有故殿基，金主围棋石台盘。山半有方壶殿，四通，左右之路，幽芳翠草纷纷，与松桧茂树荫映上下，隐然仙岛。少西为吕公洞，尤为幽邃。洞上数十步为金露殿。由东而上，为玉虹殿。殿前有石岩如屋，每设宴，必温酒其中更衣。玉虹金露，交驰而绕层阑，登广寒殿。殿皆线金珠琐窗，缀以金铺，内外有一十二楹，皆绕刻龙云，涂以黄金，左右后三面则用香木凿金为祥云数千万片，拥结于顶，仍盘金龙。殿有间玉金花玲珑屏台床四，列金红连椅，前置螺甸酒卓，高架金酒海。窗外出为露台，绕以白石花阑。旁有铁杆数丈，上置金葫芦三，引铁链以系之，乃金章宗所立，以镇其下龙潭。凭栏四望空阔，前瞻瀛洲，仙桥与三宫台殿，(一作楼观)金碧流晖；后顾西山云气，与城阙翠华高下。(一作缥缈献翠)而海波迤回，(一作尘回)天宇低沉，欲不谓之清虚之府不可也。山左数十步，万柳中有浴室，前有小殿。由殿后左右而入，为室凡九，皆极明透，交为窟穴，致迷所出路。中穴有盘龙，左底印首而吞吐一丸于上，注以温泉，九室交涌，香雾从龙口中出，奇巧莫辨。自瀛洲西度飞桥上回阑，巡红墙而西，则为明仁宫，(一作殿)沿海子导金水河，步邃河，南行为西前苑。苑前有新殿，半临邃河，河流引自瀛洲西邃地，而绕延华阁，阁后达于兴圣宫，复邃地西折咊嘶(一作禾嘶，一作乐嘶)后老宫而出，抱前苑，复东下于海，约远三四里。龙舟大者，长可十丈，绕设红彩阑，前起龙头，机发五窍皆通。余船三五，亦自奇巧。引挽游幸，或隐或出，已觉忘身，况论其它哉！新殿后有水晶二圆殿，起于水中，通用玻璃饰，日光回彩，宛若水宫。中建长桥，远引修衢而入嘉禧殿。桥旁对立二石，高可二丈，阔止尺余，金彩光芒，利锋如斳。度桥步万花入懿德殿，主廊寝宫，亦如前制，乃建都之初基也。由殿后出掖门，皆丛林，中起小山，高五十丈，分东西延缘而升，皆崇怪石，间植异木，杂以幽芳，自顶绕注飞泉，岩下穴为深洞，有飞龙喷雨其中。前有盘龙，相向举首而吐流泉，泉声夹道交走，泠然清爽，又一幽回，仿佛仙岛。山上复为层台，回阑邃阁，高出空中，隐隐遥接广寒殿。山后仍为寝宫，连长庑。庑后两绕邃河，东流金水，亘长街，走东北，又绕红墙，可二十步许，为光天门。仍辟左右掖门，而绕长庑，中为光天殿。殿后主廊如前，但廊后高起为隆福宫，四壁冒以绢素，上下画飞龙舞凤，极为明旷。左右后三向，皆为寝宫，大略亦如前制。宫东有沉香殿，西有宝殿，长庑四抱，与别殿重阑曲折掩映，尚多莫名。又后为兴圣宫，丹墀皆万年枝。殿制比大明差小。殿东西分(一作殿后外)道为阁门，出绕白石龙凤阑楯，槲楯上每柱皆饰翡翠，而寘黄金鹏鸟狮座。中建小直殿，引金水绕其下，甃以白石。东西翼为仙桥，四起雕窗，中抱彩楼，皆为凤池飞檐，鹿顶层出，极尽巧奇。楼下东西起日月宫，金碧点缀，欲像扶桑沧海之势。壁间来往多便门出入，有莫能穷。楼后有礼天台，高跨宫上，碧瓦飞甍，皆非常制。盼望上下，无不流辉，不觉夺目，亦不知蓬瀛仙岛又果何似也。又少东，有流杯亭，中有白石床如玉，临流小座，散列数多。刻石为水兽，潜跃其旁，涂以黄金。又皆秦制水鸟浮杯，机动流转而行，劝罚必尽欢洽，宛然尚在目中。绕河沿流，金门翠屏，回栏小阁，多为鹿顶，凤翅重檐，往往于此临幸又不能悉数而穷其名。总引长庑以绕之。又少东，出便门，步邃河上，入明仁殿，主廊后宫，亦如前制。宫后为延华阁，规制高爽，与延春阁相望，四向皆临花苑。苑东为端本堂，上通冒青纻丝。又东，有棕毛殿，皆用棕毛以代陶瓦。少西，出掖门为慈仁殿。又后苑中有金殿，殿楹窗扉皆裹以黄金，四外尽植牡丹，百余本高可五尺。又西有翠殿，又有花亭毡(一作毬)阁，环以绿墙兽闼，绿障皒窗，左右分布，异卉幽芳，参差映带。而玉床宝座，时时如浥流香，如见扇影，如闻歌声出户外而若度云霄，又何异人间天上也！金殿前有野果名姑娘，外垂绛囊，中空如桃，子如丹珠，味甜酸可食，盈盈绕砌，与翠草同芳，亦自可爱。苑后重绕长庑，庑后出内墙，东连海子，以接厚载门。绕长庑中宫娥所处之室。后宫约千余人，掌以阉寺，给以日饭，又何盛也！……

附表一　寺院状况一览表

1. 辽以前

寺院名称	创建朝代	重修记录			地点	出资	备注	来源
		辽	金	元				
法云寺	五代				归厚坊	石敬瑭旧宅		《元一统志》
奉福寺	后魏	乾统(1101—1110年)重建	承安三年(1198年)重建,泰和三年(1203年)完工		中都右街	北平王割俸		《元一统志》
大悯忠寺	唐	咸雍六年(1070年)表寺额,加大字	世宗大定十五年(1175年)重建释迦太子之殿		今之法源寺			《元一统志》
		统和八年(990年)建释迦太子之殿						《元一统志》
		大安七年(1091年)重修						《元一统志》
大延寿寺	起于东魏,隋复之,唐灾于大中。立精舍,赐额延寿				旧城悯忠阁之东	节度使奏立		《元一统志》
善化寺	唐				遵化坊	侍中张公	奏请赐额为善化	《元一统志》
崇孝寺	唐				辽析津府都总管之公署左	刘庄武公舍宅为寺	德宗贞元五年创建	《元一统志》
驻跸寺	唐	辽初銮舆多驻此地,改名驻跸	金毁,正隆间(1156—1160年)重修		大都丽正门外西南三里旧城施仁关			《元一统志》
					敬客坊南,只庙北,街东			《析津志》
		保宁中(969—978年)建殿九间						《元一统志》
		重熙灾,复修						《元一统志》
			皇统二年(1142年)修			留守邓王		《元一统志》
			天德三年(1151年)为宫					《元一统志》
			大定二十一年(1181年)别赐地重建			世宗		《元一统志》

续表

寺院名称	创建朝代	重修记录			地点	出资	备注	来源
		辽	金	元				
宝集寺	唐		大定十六年(1176年)重修		旧城			《元一统志》
					南城披云楼对巷之东五十步			《析津志》
崇国寺	唐	改名崇国			旧城			《元一统志》
					大悲阁北			《析津志》
延洪禅寺	唐			元壬子,赐白金为香资				《元一统志》
				元重修	崇智门内			《析津志》
天王寺	唐			至元七年(1270年)建三门,未能完集	延庆坊(旧)			《元一统志》
归义寺	唐				时和坊(旧)			《元一统志》
仙露寺	唐	圣宗太平十年(1030年)重修			仙露坊			《元一统志》
					玉虚宫前		万寿寺支院	《析津志》
北清胜寺	唐				广阳坊			《元一统志》
圣恩寺(大悲阁)	唐	开泰(1012—1020年)重修	皇统九年(1149年)重建	至元十九年(1282年)重修	旧城旧市中			《析津志》
广济院	唐	道宗清宁六年(1060年)赐额			旧城阁西	僧结庐,施药,远近为立佛屋		《元一统志》
			大定九年(1169年)建禅寮					《元一统志》
吉祥寺	唐			泰定建				《元大都寺观庙宇建置沿革表》

2. 辽

寺院名称	重修记录			地点	出资	备注	来源
	辽	金	元				
大昊天寺	道宗清宁五年(1059年)			棠阴坊	公主舍宅为第		《元一统志》
大万寿寺				顺承门外东南		谭柘	《元一统志》/《日下旧闻考》
						有金世宗、章宗后御容	《析津志》
大开泰寺	圣宗开泰六年(1017年)改名开泰			昊天寺之西北	枢密使魏王购统军邺王宅置	禅宗	《元一统志》
		金重修					《元一统志》
			元宪宗修,壬子海云大老讲法,为五代祖		宪宗(未能确定)	海云禅寺之支院	《元一统志》

续表

寺院名称	重修记录			地点	出资	备注	来源
	辽	金	元				
昭觉禅寺		金贞祐—元至元间重修			捐款		《元一统志》
				常清坊			《析津志》
法宝寺				旧城延寿寺之南	舍地基建寺		《元一统志》
仰山寺				归厚坊(旧)			《元一统志》
	穆宗应历十年(960年)建			竹林寺西			《析津志》
胜严寺	乾统五年(1105年)赐额净土	大定初(1161年)改名胜严		仙露坊	辽侍中牛温舒建	比丘尼	《元一统志》
				城南春台坊西街北			《析津志》
下生寺			中统初(1260年)名殿额曰弥勒	仙露坊	比丘尼自建	比丘尼	《元一统志》
龙泉寺				开阳东坊(旧)	龙泉老人创建		《元一统志》
				天宝宫西北			《析津志》
竹林寺	道宗清宁八年(1062年)			左街显忠坊	楚国大长公主以赐第为佛寺		《元一统志》
				海云寺前稍东		有古台城之制，有洞房	《析津志》
荐福寺	始建于辽		宪宗元年(1251年)重建，八年(1258年)成	归厚坊			《元一统志》
				药师寺西			《析津志》
宝塔寺	道宗太康九年(1083年)重修						《元一统志》
				竹林寺西北			《析津志》
圆明寺				康乐坊		原三学寺，后格律为禅	《元一统志》
延庆禅院		大定二年赐额		旧城宣阳门西巷			《元一统志》
昭庆禅院	清宁间重修			驻跸寺之西	土人修	辽石槽寺	《元一统志》
		天会起废如旧					《元一统志》
		大定赐名					《元一统志》
天王院				天王寺西		辽祖庙	《元一统志》

3. 金

寺院名称	重修记录		地点	出资	备注	来源
	金	元				
大庆寿寺	大定二十六年(1186年)创建	至元十二年至十九年(1175—1182年)修			以兴国为祖庭	《元一统志》/《元大都寺观庙宇建置沿革表》
			顺承门里			《析津志》
大圣安寺	天会中(1123—1137年)创建			帝后		《元一统志》
	金皇统(1141—1148年)赐名大延寿寺	元大定三年至六年重修(存疑,元无大定年号)		内府		《元一统志》
		元大定七年改寺额大圣安寺(存疑,元无大定年号)				《元一统志》
大明寺	正隆二年(1157年)创建		安仁坊	安远大将军	律宗	《元一统志》
大觉寺	大定中(1161—1189年)赐额大觉		开阳东坊			《元一统志》
弘法寺					比丘尼	《析津志》
海云禅寺	天会十年(1132年)创建					《元一统志》
	大定二年(1162年)赐名普济院			岁次辛丑,普济院僧众举寺以施于师		《元一统志》
		元壬子修,赐寺额海云				《元一统志》
资福寺	大定二十四年(1184年)		旧城昊天寺之东北	僧法成建		《元一统志》
永庆寺	大定(1161—1189年)		揖楼坊(旧)			《元一统志》
报恩禅寺		癸丑岁重修	旧城		宫人祝发之所	《元一统志》
		中统四年(1263)重修	嘉会坊,万寿寺西			《析津志》
福圣院	大定(1161—1189年)		中都右街	金吾上将军出资质屋,并请方丈住持	《析津志》中为寺	《元一统志》
十方观音院					中都城扩展而入郭	《元一统志》
广福院	贞元三年(1155年)建		上林之西长乐坊			《元一统志》
	大定初请于朝,以广福为院额					《元一统志》
西开阳坊观音院			开阳坊	僧市此僻地		《元一统志》
圆明禅院			安仁坊(旧)		即千佛寺,比丘尼	《元一统志》
修真院	金天会(1123—1134年)创建		西开阳坊		处剪发头陀	《元一统志》

续表

寺院名称	重修记录		地点	出资	备注	来源
	金	元				
建福院	天会十四年(1136年)创建		旧城			《元一统志》
	大定十七年(1177年)重修					《元一统志》
兴化院	天德中(1149—1152年)建		旧城景风关		十方万佛兴化院之别院	《元一统志》
	大定三年(1163年)赐额					《元一统志》

4. 元

寺院名称	新旧城	始建时间	地点	出资	备注	来源
大护国仁王寺	新城外	世祖至元七年(1270年)	都城之外西	国立	每岁二月八日佛会	《元一统志》/《元大都寺观庙宇建置沿革表》
大圣寿万安寺	新	至元十六年(1279年)建,二十五年(1288年)成	平则门里街北	国立		《元一统志》/《元大都寺观庙宇建置沿革表》
		至元二十二年(1285年)			宝集寺之分	《析津志》
大承华普庆寺	新	大德四年(1300年)建	太平坊	国立		《元史》/《元大都寺观庙宇建置沿革表》
大天寿万宁寺	新	大德九年(1305年)	金台坊	国立		《元史》/《元大都寺观庙宇建置沿革表》
大崇恩福元寺	新	至大元年(1308年)建,皇庆元年(1312年)成	大都城南	国立		《元史》/《元大都寺观庙宇建置沿革表》
大天源延圣寺	新		太平坊			《元史》/《元大都寺观庙宇建置沿革表》
大崇国寺	新	至元二十四年(1287年)建		国家赐地		《元大都寺观庙宇建置沿革表》
大永福寺	新	至治元年(1321年)成	白塔寺西	国立		《元史》/《元大都寺观庙宇建置沿革表》
大承天护圣寺	新	天历二年(1329年)	大都城西玉泉山	国立		《元史》/《元大都寺观庙宇建置沿革表》
大寿元忠国寺	新	至正三年(1343年)	建德门外	脱脱建		《元史》
兴教寺	新	至元二十年(1283年)	顺承门里街西阜财坊			《元一统志》/《元大都寺观庙宇建置沿革表》
延福寺	旧	至元九年(1272年)	开远坊	善人买地结庐		《元一统志》
药师寺	旧	至元壬辰(1292年)	永平坊	比丘尼自建		《元一统志》
净居寺		至元六年(1269年)前		僧,以净居故基建		《元一统志》
至元禅寺	旧	世祖至元三年(1266年)	敬客坊南双庙北街东	功德主鬻古盐招提寺古基创佛寺,改额		《元一统志》/《顺天府志(永乐)》/《析津志》
崇圣寺	新	至元五年(1268年)	咸宁坊			《析津志》

续表

寺院名称	新旧城	始建时间	地点	出资	备注	来源
紫金寺	旧	中统二年(1261年)兴修	北开远坊(旧)			《元一统志》
			彰义门内		庆寿寺支院	
大头陀教胜因寺	旧	至元二十四年(1287年)至大德七年(1303年)	圣安寺之东,悯忠阁之西			《析津志》
			在四隅头	有司给地,燕人高翔助之	金之苜蓿苑	《析津志》
无量寿庵	新	至元二十一年(1284年)建,皇庆二年(1313年)重建	寅宾坊	居士出资,重建僧筹资		《日下旧闻考》
极乐寺	新	世祖至元中(1264—1294年)	崇教北坊			《顺天府志(明)》
			安定门街东			《日下旧闻考》
圆恩寺	新	至元间(1264—1294年)	昭回坊			《顺天府志(明)》
千佛寺	新	成宗元贞二年(1296年)	金台坊			《日下旧闻考》
兴福院	新	延祐五年(1318年)成	保大坊北	贵族资助		《元大都寺观庙宇建置沿革表》
能仁寺	新	延祐六年(1319年)建				《日下旧闻考》
万岩寺	新		崇教坊			《顺天府志》
柏林寺	新	至正七年(1347年)	雍和宫东			《日下旧闻考》
法通寺	新	至正间(1341—1368年)	金台坊			《日下旧闻考》
半藏寺	新	至正间(1341—1368年)	集庆坊			《日下旧闻考》
福安寺	新	至正间(1341—1368年)	居贤坊			《日下旧闻考》
宝磬寺	新		城东			《日下旧闻考》
石湖寺	新		德胜门内北湖旁			《元大都寺观庙宇建置沿革表》
圆宁寺	新		羊管胡同			《日下旧闻考》
居坚院	新	至元三年(1266年)	美俗坊	僧建		《元大都寺观庙宇建置沿革表》
天宁禅院	旧	至元十四年(1277年)	阳春关	僧罄衣钵之资,得广济废址,大兴土木		《元大都寺观庙宇建置沿革表》
城南寺		至元十七年(1280年)				《元大都寺观庙宇建置沿革表》
天庆寺	旧	至元二十二年(1285年)建,二十三年(1286年)成		原辽之永泰寺。郡王、皇孙捐资		《元大都寺观庙宇建置沿革表》
崇效寺	旧	至正初(1341年)	明宣武门外,原为唐旧寺基			《日下旧闻考》
宝磬寺	新					《元大都寺观庙宇建置沿革表》

5. 始建年代不明

寺院名称	新旧城	辽	金	元	地点	出资	备注	来源
崇仁寺	旧				玉田坊(旧)			《元一统志》
招提寿圣寺	旧				甘泉坊			《元一统志》
报恩寺/方长老寺	新				齐化门太庙西北		太子影堂在内	《析津志》
绵山寺	旧				悯忠阁之西		已废	《析津志》
清安寺	旧				崇国寺东庆堂			《析津志》
殊胜寺	旧				光泰门近南			《析津志》
南清胜寺	旧				旧城			《元一统志》
寿圣寺	旧				富义坊			《元一统志》
兴国寺	旧				北永平坊			《元一统志》
罗汉寺	旧				奉福寺东			《析津志》
法光寺	旧				竹林寺东街北			《析津志》
兴禅寺				辛丑冬再兴建,赐额万安禅寺				《元一统志》
				癸丑火,是年三月重建大殿方丈				《元一统志》
				中统三年(1262年)立传法正宗之殿				《元一统志》
崇教寺	旧				大悲阁南			《析津志》
普安寺								《析津志》
普安寺	旧				开远坊			《析津志》
净垢寺	旧				美俗坊			《析津志》
冰井寺	旧				白马神堂街西			《析津志》
持精寺	旧				春台坊东局之南			《析津志》
观音寺	旧				天寿寺西			《析津志》
毗卢寺	旧				开阳坊,天寿寺西			《析津志》
宝喜寺	旧				披云楼东街西			《析津志》
九圣寺	旧				殊胜寺后			《析津志》
永宁寺	旧				殊胜寺北东			《析津志》
原教寺	旧				南巡院			《析津志》
昭庆寺	旧				天庆寺西			《析津志》
心宝寺	旧				弥陀寺东			《析津志》
诏庆寺	旧				施仁门外			《析津志》
天宁寺	旧				宣曜(耀)门外			《析津志》
天寿寺					阁街东		宝集寺分支	《析津志》
万佛兴化寺					天寿寺西北			《析津志》
华严寺	新				小木局北,枢密院南街西			《析津志》
普照寺	新				大长公主府西北			《析津志》

续表

寺院名称	新旧城	辽	金	元	地点	出资	备注	来源
法藏寺	新				金城坊，石佛寺西北			《析津志》
凤林寺	旧				彰义门外			《析津志》
释迦寺	新				海子桥东			《析津志》
顺天寺	新				咸宜坊			《析津志》
妙善寺	新				咸宜坊			《析津志》
三觉寺	旧				天庆寺东			《析津志》
西祥寺	旧				仙露坊			《析津志》
兴教院	旧				右铁牛坊			
延福院	旧				咸宁坊			
妙真院	旧				铁牛坊			
释迦院	旧				咸宁坊			
定真院	新				齐化门里，思诚坊南			
灵泉禅院	旧	清宁间赐额			甘泉坊西		治国舅病，请朝名赐额	《元一统志》
十方万佛兴化院	旧		大定三年(1163年)请于朝，赐名		都城之南郭		中都西南扩展纳入城中	《元一统志》
							周垣迫于通衢，择地景风关，作别院	《元一统志》
魏家道院	旧				曲河坊			
肃清院	旧				卢龙坊			《析津志》

附表二　宫观状况一览表

1. 元以前

宫观名称	创建朝代	位置	地点	重修记录		出资	备注	来源
				金	元			
天长观	唐	旧城	昊天寺之东会仙坊	明昌三年（1192年）重建	全真道重建	皇帝	永为圣朝祈福之地	《元一统志》
				大定初（1161年）增修				《元一统志》
				泰和间（1201—1208年）毁				《元一统志》
			归义寺南					《析津志》
玉虚观	金	旧城	仙露坊（旧）		太祖二十二年（1227年）重葺，监国元年（1228年）又葺			《元一统志》/《顺天府志（永乐）》
玄真观	金	旧城	奉先坊（旧）				女道	《元一统志》

2. 元

宫观名称	种类	位置	地点	修建时间	出资	备注	来源
崇真万寿宫	正一	新城	大都蓬莱坊	至元十五年（1278年）	朝廷，给浙右腴田	永为国家福祉地	《元一统志》/《元大都寺观庙宇建置沿革表》
天宝宫	大道	旧城	南春台坊（旧）	丁亥创建	燕故都开阳里废宅		《元一统志》
				至元八年（1271年）增殿、坛			《元一统志》
				至元十年（1273年）赐额			《元一统志》
太一广福万寿宫	太一	新城					《全元文》
灵应万寿宫		新城	大都城西西山	元开国始创			《顺天府志（永乐）》
万寿宫		旧城	旧城				《元一统志》
长春宫	全真	旧城	会仙坊	太祖二十一（1226年）重修，成宗元贞二年（1296年）再修		原金之太极宫	《元大都寺观庙宇建置沿革表》
烟霞崇道宫	全真	旧城	美俗坊		舍宅地三十亩		《元一统志》
东岳仁圣宫	正一	新城	齐化门外	仁宗延祐中（1314—1320年）	张留孙自买地，皇帝拨款	庙会兴盛	《道园学古录》/《元大都寺观庙宇建置沿革表》

续表

宫观名称	种类	位置	地点	修建时间	出资	备注	来源
东岳庙		旧城	长春宫东南				《道园学古录》/《元史》
白云观(宫)	全真	旧城	长春宫东		丘处机死后,尹易长春宫东之甲第为观,葬丘处机		《析津志》/《元大都寺观庙宇建置沿革表》
佑圣宫		新城	新都城隍庙之一方				《析津志》
太清宫		旧城	南城东太保				《析津志》
崇仙宫		旧城	长春宫东南			女冠,有顺宗皇帝影堂	《析津志》
昭应宫		新城外	西镇国寺东	世祖至元七年(1270年)	国立		《析津志》/《元史》/《元大都寺观庙宇建置沿革表》
太和宫			天师宫北,去关王庙义井头东第二巷内				
五福太乙宫		新城	和义门内近北	至顺二年(1331年)			《元史》
丹阳观	全真	旧城	旧城		所交游达官贵人施财物,助之买地致材		《元一统志》
			周桥西南				《析津志》
洞真观	全真	旧城	奉先坊	太宗元年(1229年)	施主别业改		《元一统志》/《顺天府志(永乐)》
			烟霞观东南				《析津志》
福元观	大道	旧城	春台坊(旧)				《元一统志》
兴真观	全真	旧城	康乐坊(旧)				《元一统志》
崇元观	全真	旧城	春台坊(旧)	大德三年(1299年)碑记			《元一统志》
			大井头近东				《析津志》
玉阳观	全真	旧城	康乐坊(旧)				《元一统志》
			敬客坊				《析津志》
真元观	全真	旧城	广阳坊(旧)			原为金世宗妃嫔老而无子者所居之孝清宫	《元一统志》
洞神观	全真	旧城					《顺天府志(永乐)》
太清观		旧城	北卢龙坊(旧)				《元一统志》
清逸观	全真	旧城	广阳坊(旧)或周桥之西延庆寺之西	太宗四年(1232年)	潘公捐金买民居		《元一统志》/《顺天府志(永乐)》
十方昭明观	全真	旧城	旧城,金废宫北		平章军国重事密里沙施地。道人兴建		《元一统志》
宁真观	全真	旧城	旧城西南永乐坊	中统四年(1263年)前			《元一统志》
			正南礼乐坊				《析津志》

续表

宫观名称	种类	位置	地点	修建时间	出资	备注	来源
静远观	全真	旧城	永平坊			女道，长春赐号	《元一统志》
			荐福寺南				《析津志》
玉华观	全真	旧城	都西北隅广源坊	至元九年（1272年）成	道，出所积白金市地得养素庵，改立此观	女道，得名额于嗣教真人	《元一统志》
玉真观		旧城	开远坊	宪宗七年(1257年)	道，买地创建道舍	掌教者额	《元一统志》
固本观	全真	旧城	开远坊(旧)	癸卯		全真女道，请名于长春	《元一统志》
			长春宫之南				《析津志》
东阳观		旧城	常清坊(旧)		子万户于燕京西南隅常清坊用白金千两得第宅一区	女道	《元一统志》
			西营之北				《析津志》
崇真观	全真	旧城	美俗坊(旧)				《元一统志》
清都观	全真					紫微之故地	《元一统志》
			太庙寺(原教寺)之西				《析津志》
玄禧观	全真		长春宫之南				《元一统志》/《顺天府志(永乐)》
清真观	全真	旧城	奉先坊(旧)	太宗时			《元一统志》
清本观	全真	旧城			移剌监军故宅，其妻舍之		《元一统志》
			长春宫东南				《析津志》
长生观	全真	旧城	旧都丰宜关				《元一统志》
明远庵	全真	旧城	开阳坊(旧)	太祖二十二年(1227年)		全真女道	《元一统志》/《顺天府志(永乐)》
玉华庵	全真	旧城	常清坊(旧)			女道	《元一统志》
真常观	全真	旧城	宜中里	至元二十二年(1285年)		全真	《元大都寺观庙宇建置沿革表》
十方洞阳观		新城	思诚坊		长春宫下观		《析津志》
清微观			甄乐院东				《析津志》
洞祥观			前堂局西				《析津志》
静真观			广济寺西				《析津志》
昭明观		旧城	旧皇城内，原昭明宫				《析津志》
清和观		旧城	敬客坊南，至元寺之西，真常之北				《析津志》
葆光观		旧城	圣安寺东北				《析津志》
重阳观		旧城	奉佛寺西				《析津志》
清虚观		旧城	大悲阁前沙地				《析津志》
云阳观		旧城	西华潭西				《析津志》

续表

宫观名称	种类	位置	地点	修建时间	出资	备注	来源
披云观		旧城	大悲阁西南				《析津志》
灵虚观		旧城	悯忠寺前，虾（虫莫）北岸				《析津志》
碧虚观		旧城	玉虚观西南				《析津志》
修真观		旧城	南城里楼子庙近北有龙头				《析津志》
紫峰观		旧城	延寿寺后				《析津志》
五岳观		旧城	文庙西北				《析津志》
冲和观			顺承门外				《析津志》
弘阳观		旧城	大悲阁西，前门药局				《析津志》
遇真观		新城	兵马司后				《析津志》
栖真观		旧城	大悲阁西南				《析津志》
延祥观		旧城	南巡警院东				《析津志》
通真观			南兵马司北				《析津志》
崇禧观			御酒库西				《析津志》
通玄观			遇真观之北				《析津志》
紫虚观		旧城	阳春门内小巷近南				《析津志》
保安观			南院之东				《析津志》
玉华观	全真	新城	广源坊		女冠自出资购地		《顺天府志》
云岩观		新城	集庆坊		道自建		《顺天府志（永乐）》

图表目录

1 绪论

2 辽之京城体系

3 大金国的京与都

4　元代的两都制

上篇结语

5　关于帝制的空间技术——建筑、礼仪与空间秩序

参考文献

艾森斯塔德. 1992. 帝国的政治体系[M]. 阎步克，译. 贵阳：贵州人民出版社.

白珽. 1995. 湛渊静语：卷二 使燕日录[M]//历代笔记小说集成. 石家庄：河北教育出版社.

班固. 1976. 汉书[M]. 北京：中华书局.

北京测绘研究院. 2008. 北京市地图册[M]. 北京：中国地图出版社.

北京大学历史系《北京史》编写组. 1999. 北京史[M]. 增订版. 北京：北京出版社.

北京市东城区园林局. 1999. 北京庙会史料[M]. 北京：北京燕山出版社.

北京市文物研究所. 1990. 北京考古四十年[M]. 北京：北京燕山出版社.

北京市文物研究所. 1994. 北京西厢道路工程考古发掘简报[J]//北京市文物研究所编. 北京文物与考古(第四辑)：46-51.

孛兰肹，等撰. 1966. 元一统志[M]. 赵万里，校辑. 北京：中华书局.

蔡蕃. 1987. 北京古运河与城市供水研究[M]. 北京：北京出版社.

蔡美彪，李洵，南炳文，等. 1997. 中国通史：第八册[M]. 北京：人民出版社.

蔡美彪，李燕光，杨余练，等. 1997. 中国通史：第九册[M]. 北京：人民出版社.

蔡美彪，汪敬虞，李燕光，等. 1997. 中国通史：第十册[M]. 北京：人民出版社.

蔡美彪，周良宵，周清澍，等. 1997. 中国通史：第七册[M]. 北京：人民出版社.

蔡美彪，周清澍，朱瑞熙，等. 1997. 中国通史：第六册[M]. 北京：人民出版社.

蔡美彪. 1997. 中国通史：第五册[M]. 北京：人民出版社.

CHARIGNON A J H. 1999. 马可波罗行纪[M]. 冯承钧，译；党宝海新注. 石家庄：河北人民出版社.

陈高华，史卫民. 1988. 元上都[M]. 长春：吉林教育出版社.

陈高华，史卫民. 1996. 中国政治制度通史：第八卷 元代[M]. 北京：人民出版社.

陈高华. 1982. 元大都[M]. 北京：北京出版社.

陈高华. 1986. 论元代的和雇和买[J]//元史研究会编. 元史论丛. 第3辑. 北京：中华书局.

陈高华. 1988. 关于元大都研究的几点意见[J]. 北京社会科学(1)：54-55.

陈高华. 1992. 元代大都的皇家佛寺[J]. 世界宗教研究(2)：2-6.

陈高华. 1998. 元中都的兴废[J]. 文物春秋(3)：17-20.

陈其泰，郭伟川，周少川. 1998. 二十世纪中国礼学研究论集[G]. 北京：学苑出版社.

陈述. 1963. 契丹社会经济史稿[M]. 北京：三联书店.

陈述. 1986. 契丹政治史稿[M]. 北京：人民出版社.

陈述. 1989. 辽金史论集：第四辑[M]. 北京：书目文献出版社.

陈涛，李相海. 2009. 隋唐宫殿建筑制度二论——以朝会礼仪为中心[M]//王贵祥主编. 中国建筑史论汇刊(第一辑). 北京：清华大学出版社：117-136.

陈喜波，韩光辉. 2008. 试析金代中都路城市群的发展演变及其空间分布特征[J]. 中国历史地理论丛(1)：25-33.

陈戍国. 2001. 中国礼制史——宋辽金夏卷[M]. 长沙:湖南教育出版社.
陈垣. 1962. 南宋初河北新道教考[M]. 北京:中华书局.
程妮娜. 1999. 金朝前期军政合一的统治机构都元帅府初探[J]. 吉林大学社会科学学报(3):27-31.
单庆麟. 1960. 渤海旧京城址调查[J]. 文物(6):69-70.
渡边信一郎. 2006. 元会的建构——中国古代帝国的朝政与礼仪[M]. //沟口雄三,等主编. 中国的思维世界. 南京:江苏人民出版社.
段光达. 2007. 金上京遗址[J]. 文史知识(2):148-152.
弗拉基米尔佐夫. 1980. 蒙古社会制度史[M]. 北京:中国社会科学出版社.
傅海波,崔瑞德. 1998. 剑桥中国辽西夏金元史,907—1368[M]. 北京:中国社会科学出版社.
傅乐焕. 1984. 辽史丛考[M]. 北京:中华书局.
傅熹年. 1998. 傅熹年建筑史论文集[M]. 北京:文物出版社.
傅熹年. 2001. 中国古代建筑史:第二卷[M]. 北京:中国建筑工业出版社.
耿升,何高济. 2002. 柏朗嘉宾蒙古行纪·鲁布鲁克东行纪[M]. 北京:中华书局.
郭长海. 2000. 金上京都城建筑考[J]. 哈尔滨市经济管理干部学院学报(1):76-79.
郭黛姮. 2003. 中国古代建筑史:第三卷[M]. 北京:中国建筑工业出版社.
郭湖生. 1997. 中华古都——中国古代城市史论文集[M]. 台北:空间出版社.
郭沫若. 1990. 中国史稿地图集(上、下)[G]. 北京:中国地图出版社.
韩光辉. 1994. 金元明清北京粮食供应和消费研究[J]. 中国农史,13(3):11-21.
韩光辉. 1996. 北京历史人口地理[M]. 北京:北京大学出版社.
韩光辉. 1999. 金代都市警巡院研究[J]. 北京大学学报(哲学社会科学版),36(5):71-77.
韩茂莉. 1999. 辽金农业地理[M]. 北京:社会科学文献出版社.
韩儒林. 1986. 元朝史[M]. 北京:人民出版社.
何一民. 1994. 中国城市史纲[M]. 成都:四川大学出版社.
何兹全. 1986. 五十年来汉唐佛教寺院经济研究[M]. 北京:北京师范大学出版社.
何兹全. 1992. 宋元寺院经济[J]. 世界宗教研究(2):16-19.
贺业钜. 1996. 中国古代城市规划史[M]. 北京:中国建筑工业出版社.
侯仁之,邓辉. 1997. 北京城的起源与变迁[M]. 北京:北京燕山出版社.
侯仁之,唐晓峰. 2000. 北京城市历史地理[M]. 北京:北京燕山出版社.
侯仁之. 1979. 历史地理学的理论与实践[M]. 上海:上海人民出版社.
侯仁之. 1988. 北京历史地图集:第一集[M]. 北京:北京出版社.
侯仁之. 1997. 试论元大都城的规划设计[J]. 城市规划(3):10-13.
侯仁之. 1998. 北大院士文库·侯仁之文集[M]. 北京:北京大学出版社.
侯旭东. 1998. 五、六世纪北方民众佛教信仰[M]. 北京:中国社会科学出版社.
胡昭曦. 1992. 宋蒙(元)关系史[M]. 成都:四川大学出版社.
胡祇遹. 1999. 折狱杂条[M]//李修生编. 全元文(第五册):卷 166. 南京:江苏古籍出版社:603-606.
黄时鉴点校. 1986. 通制条格[M]//元代史料丛刊. 杭州:浙江古籍出版社.
贾敬颜. 2004. 五代宋金元人边疆行记十三种疏证稿[M]. 北京:中华书局.
贾洲杰. 1977. 元上都调查报告[J]. 文物(5):65-74.
箭内亘. 1933. 元朝怯薛及斡耳朵考[M]. 陈捷,陈清泉,译. 北京:商务印书馆:134.

姜东成. 2007a. 元大都孔庙、国子学的建筑模式与基址规模探析[J]. 故宫博物院院刊(2):10-27.

姜东成. 2007b. 元大都大承华普庆寺复原研究. 建筑师(126):68-73.

姜东成. 2007c. 元大都敕建佛寺分布特点及建筑模式初探. [2007-7-8]. http://news. fjnet. com/wywz/wywznr/t20061014_40003. htm.

姜东城. 2007d. 元大都城市形态与建筑群基址规模研究[D]. 北京:清华大学.

景爱. 1991a. 金上京[M]. 北京:三联书店.

景爱. 1991b. 金中都与金上京比较研究[J]. 中国历史地理论丛(2):151-164.

拉施特. 1992. 史集[M]. 北京:商务印书馆.

劳延煊. 2003. 金元两代捺钵一辞之意义[M]//叶新民,齐木德道尔吉. 元上都研究文集. 北京:中央民族大学出版社.

李诚. 2005. 北京历史舆图集[G]. 北京:外文出版社.

李涵. 1989. 金初汉地枢密院试析[M]//陈述. 辽金史论集:第四辑. 北京:书目文献出版社:185.

李孔怀. 1993. 中国古代政治与行政制度[M]. 上海:复旦大学出版社.

李乾. 1986. 元代社会经济史稿[M]. 武汉:湖北人民出版社.

李锡厚. 2001. 临潢集(宋史研究丛书·第二辑)[M]. 石家庄:河北大学出版社.

李修生. 1999. 全元文[M]. 南京:江苏古籍出版社.

李治安. 1992. 元代分封制度研究[M]. 天津:天津古籍出版社.

历史研究编辑部编. 1985. 辽金史论文集[M]. 沈阳:辽宁人民出版社.

梁思成. 2001. 梁思成全集:第七卷. 北京:中国建筑工业出版社.

辽中京发掘委员会. 1961. 辽中京城址发掘的重要收获[J]. 文物(9):34-40.

林梅村. 2007. 元大都形制的渊源[J]. 紫禁城(10):186-189.

刘春迎. 2004. 北宋东京城研究[M]. 北京:科学出版社.

刘春迎. 2005. 论北宋东京城对金上京、燕京、汴京城的影响[J]. 河南大学学报(社会科学版)(5):108-112.

刘敦桢. 1987. 六朝时期之东西堂[M]//刘敦桢. 刘敦桢文集(三). 北京:中国建筑工业出版社:456-463.

刘祁. 1997. 归潜志[M]. 北京:中华书局.

刘之光. 元代大护国仁王寺与西镇国寺位置的商榷. [EB/OL]. [2003-01-04]http://www. bjmuseumnet. org/bjwb/bjsd/index23. html.

路振. 1985. 乘轺录(丛书书集成初编,93:指海第九集)[M]. 北京:中华书局.

梅宁华. 2003. 北京辽金史迹图志[M]. 北京:北京燕山出版社.

妹尾达彦. 2006. 唐长安城的礼仪空间——以皇帝礼仪的舞台为中心[M]//沟口雄三,小岛毅. 中国的思维世界. 南京:江苏人民出版社:466-498.

孟元老撰,邓之诚注. 1982. 东京梦华录注[M]. 北京:中华书局.

缪荃孙辑. 1983. (明永乐)顺天府志(北京大学图书馆藏善本丛书)[M]. 北京:北京大学出版社.

那海洲. 2007. 金上京遗址分布示意图[J]. 文史知识(2):53.

念常. 1999. 佛祖历代通载[M]//迪志文化出版有限公司. 文渊阁四库全书电子版. 上海:上海人民出版社.

潘谷西. 2001. 中国古代建筑史:第四卷[M]. 北京:中国建筑工业出版社.

齐心. 1994. 近年来金中都考古的重大发现与研究[M]//北京市文物研究所编. 北京文物与考古:第四辑:14-21.

乞剌可思・刚扎克赛,鄂多立克,火者・盖耶速丁. 2002. 海屯行纪・鄂多立克东游录・沙哈鲁遣使中国记[M]. 何高济,译. 北京:中华书局.
卿希泰. 中国道教[EB/OL]. [2007-08-01]http://www.historykingdom.com/simple/? t35935.html.
屈文军. 2002. 2001年国内蒙元史研究综述[J]. 中国史研究动态(7):3.
三上次男. 1984. 金代女真研究[M]. 金启孮,译. 哈尔滨:黑龙江人民出版社.
沈应文,等纂修;张元芳汇编. 1959. 顺天府志[G]. 万历二十一年刻本影印. 北京:中国书店.
史明正. 2000. 北京史研究在海外[J]. 城市史研究(17-18):196-213.
史明正. 1995. 走向现代化的北京城——城市建设与社会变革[M]. 北京:北京大学出版社.
宋濂. 1976. 元史[M]. 北京:中华书局.
苏鲁格,宋长红. 1994. 中国元代宗教史[M]. 北京:人民出版社.
孙健. 1996. 北京古代经济史[M]. 北京:北京燕山出版社.
谭其骧. 1982. 中国历史地图集(宋卫金辽时期)[G]. 上海:地图出版社.
谭其骧. 1985. 辽后期迁都中京考实[M]//辽金史论文集. 吉林:辽宁人民出版社:284-296.
谭其骧. 1991. 简明中国历史地图集[G]. 北京:中国地图出版社.
陶宗仪. 1997. 南村辍耕录[M]. 北京:中华书局.
脱脱,等. 1974. 辽史[M]. 北京:中华书局.
脱脱,等. 1975. 金史[M]. 北京:中华书局.
脱脱,等. 1976. 宋史[M]. 北京:中华书局.
汪维辉. 2005. 朝鲜时代汉语教科书丛刊(一至四)[M]. 北京:中华书局.
王璧文. 1936. 元大都城坊考[J]. 中国营造学社汇刊 6(3):69-161.
王璧文. 1937. 元大都寺观庙宇建制沿革表[J]. 中国营造学社汇刊 6(4):130-161.
王德忠. 2002. 论辽朝五京的城市功能[J]. 北方文物(1):77-90.
王贵祥,等. 2008. 中国古代建筑基址规模研究[M]. 北京:中国建筑工业出版社.
王可宾. 2000. 金上京新证[J]. 北方文物(2):84-90.
王瑞平,王俊芳. 2006. 北平市城郊地图[M]. 北京:中国地图出版社.
王育民. 1987. 中国历史地理概论[M]. 北京:人民教育出版社.
魏坚. 1999. 元上都及周围地区考古发现与研究[J]. 内蒙古文物考古(2):21-28.
魏坚. 2004. 元上都的考古学研究[M]. 长春:吉林大学文学院.
吴建雍,等. 1997. 北京城市生活史[M]. 北京:开明出版社.
吴廷燮. 1990. 北京市志稿・宗教志・名迹志[M]. 北京:北京燕山出版社.
喜仁龙 O. 1985. 北京的城墙和城门[M]. 许永全,译;宋惕冰,校. 北京:北京燕山出版社.
萧洵. 1963. 北平考・故宫遗录[M]. 北京:北京出版社.
熊梦祥. 2001. 析津志辑佚[M]. 北京:北京古籍出版社.
徐梦莘. 1999. 三朝北盟会编[M]// 迪志文化出版有限公司. 文渊阁四库全书电子版. 上海:上海人民出版社.
徐苹芳. 1995. 中国历史考古学论丛[M]. 台北:台湾允晨文化.
徐萍芳. 1988. 元大都在中国古代都城史上的地位——纪念元大都建城720年[J]. 北京社会科学(1):52-53.
徐苏斌. 1999. 日本对中国城市与建筑的研究[M]. 北京:中国水利水电出版社.
薛居正. 2003. 旧五代史[M]. 北京:中华书局.

阎文儒.1959.金中都[J].文物(9):8-12.
杨宽.1993.中国古代都城制度史研究[M].上海:上海古籍出版社.
杨志刚.2001.中国礼仪制度研究[M].上海:华东师范大学出版社.
叶隆礼撰.1985.契丹国志[M].上海:上海古籍出版社.
叶新民,齐木德道尔吉.2003.元上都研究文集[M].北京:中央民族大学出版社.
叶新民,齐木德道尔吉.2003.元上都研究资料选编[G].北京:中央民族大学出版社.
叶新民.1983.元上都的官署[J].内蒙古大学学报(哲学社会科学版)(1):79-92.
伊葆力.2006.金上京周边部分建筑址及陵墓址概述[J].哈尔滨学院学报(3):1-6.
尹钧科.2001.北京郊区村落发展史[M].北京:北京大学出版社.
于杰,于光度.1989.金中都[M].北京:北京出版社.
于杰.1986.北京史资料长编:辽金部分[M].北京:北京燕山出版社.
于敏中.2000.日下旧闻考[M].北京:北京古籍出版社.
虞集.1999.道园学古录.[M]// 迪志文化出版有限公司.文渊阁四库全书电子版.上海:上海人民出版社.
宇文懋昭撰,崔文印校证.1986.大金国志校证[M].北京:中华书局.
岳升阳.2005.金中都历史地图绘制中的几个问题[J].北京社会科学(3):81-89.
张博泉. 1984.金史简编[M].沈阳:辽宁人民出版社.
张践.1994.中国宋辽金夏宗教史[M].北京:人民出版社.
张金吾.1990.金文最[M].北京:中华书局.
张清常.1997.北京街巷名称史话[M].北京:北京语言文化大学出版社.
张玮,等. 1999.大金集礼[M]// 迪志文化出版有限公司.文渊阁四库全书电子版.上海:上海人民出版社.
赵孟頫.1999.松雪斋文集外集[M]// 迪志文化出版有限公司.文渊阁四库全书电子版.上海:上海人民出版社.
赵世瑜.2002.狂欢与日常——明清以来庙会与民间社会[M].北京:生活·读书·新知三联书店:38.
中国大百科全书出版社编辑部.2004.中国大百科全书:宗教[M].北京:中国大百科全书出版社.
中国科学院考古研究所,北京市文物管理处,元大都考古队. 1972a.北京后英房元代居住遗址[J].考古(1):2-11.
中国科学院考古研究所,北京市文物管理处,元大都考古队. 1972b.元大都的勘察和发掘[J].考古(1):19-28.
周峰.2001.辽南京皇城位置考[J].黑龙江社会科学 (1):63-64.
朱启钤.1930.元大都宫苑图考[J].中国营造学社汇刊,1(2):1-116.
总参谋部测绘局.2006.中华人民共和国地图集[G].北京:星球地图出版社.
STAVRIANOS L S. 2004. A Global History: from prehistory to 21st century[M].北京:北京大学出版社.
STEINHARDT N S. 1990. Chinese imperial city planning[M]. Honolulu:University of Hawaii Press.

后　记

本书是完成于2003年底的申请博士学位论文，论文题目是导师郭湖生先生指定的。这不是一个容易写的题目，如何在给定的宏大题目之下找到具体问题也是首先要思考的事情。当时所能见到的城市史个案研究以编年史的写法居多，这一写法提供了梳理城市发展过程的有力工具，但同时又还似乎不足以揭示城市问题的复杂性，而恰恰是这种复杂性才是城市问题吸引我之处。况且关于北京城市的编年史问题已经有不少的研究成果。同时建筑学的背景也时时提醒我不要醉心于模仿纯粹历史学或者是社会学、人类学的研究。绞尽脑汁的结果就是尝试在建筑与城市之间寻找切入点，讨论物质空间的社会属性，物质空间之间的联系与秩序，以及个人、团体的心态行为与物质空间秩序之间的关系，把各个环节编织起来应该能够呈现出一个完整的城市，至于这样呈现出的城市图景能不能说明什么规则，倒不是我所关心的。这样确定了最终的文章结构。

随着一千多年前北京小平原上的壮丽场景逐渐在眼前展开，论文写作的过程也变得越来越有趣，但也渐渐地觉得力不从心——来不及看的史料、捉襟见肘的分析工具与知识储备、日日紧逼的deadline——最后提交的成果并不能令自己满意；但另一方面，论文写作中逼着自己想的问题、读的书，以及特别是与郭湖生先生及陈薇先生的无数次交流，令我获益匪浅，这是最重要的收获。

毕业后教着书一晃便过了八年，这八年里发生了很多事情，兴趣也从城市转向更多的领域，再回过头看当年的文字，越发觉得编织得太松散。关于城市研究与写作的方法看到更多值得学习的范本，辽金元时期北京的相关问题也有更多的研究成果出现。但作为分析城市个案的一种思路，似乎整体上还是可行的，因此修改时仅仅补充了资料和一些论证，没有改动整个框架。无论如何，本文只不过是阶段性的成果，只是下一步的起点罢了。

诸葛净

2011年7月8日

致　谢

本书在写作过程中得到郭湖生先生的悉心指导。而陈薇先生在本书初稿到修改的过程中均提供了重要的意见与建议。2001年夏天在北京的调研中，徐萍芳先生、傅熹年先生、杜仙洲先生不仅给我提供了宝贵的意见，还慷慨的借阅了相关资料。方遒和马鸿杰则不辞辛苦的帮助我解决了住宿与交通问题。而在写作中，与万晓梅、葛明、李立等好友的交流大大有益于思路的开拓。在本书编辑和出版过程中，出版社责任编辑姜来对我的拖延给予了极大的耐心，并且花费大量时间审稿与校对；还有我的学生李阳细致认真地核对修改了所有的注释和参考文献。当然，最重要的则是父母家人在精神与物质上所给予的支持。在此一并致谢。

内 容 提 要

本书从社会学的视角对辽金元时期北京的城市空间秩序及其变迁展开研究。

全书分为上下两篇。上篇将辽金元时期的北京城置于宏观的政治与经济变迁脉络中考察城市角色从地区中心向都城的转换，及其对城市物质空间发展带来的影响。下篇则将宫殿、坛庙、市场、道路等既作为社会力量的载体，也作为主要的城市形态构成要素，从权力运作、经济体系等方面展开讨论，揭示国家制度建构、日常生活状态与城市形态变迁间的关系。

本书可供城市规划历史与理论、建筑历史与理论、建筑设计及其理论及文化史的研究者和爱好者阅读参考。

图书在版编目(CIP)数据

辽金元时期北京城市研究/诸葛净著. —南京：东南大学出版社，2016.3

ISBN 978-7-5641-4741-9

Ⅰ.①辽… Ⅱ.①诸… Ⅲ.①城市规划—研究—北京市—辽金元时代 Ⅳ.①TU984.21

中国版本图书馆 CIP 数据核字(2013)第 317815 号

书　　名：辽金元时期北京城市研究
策划编辑：戴　丽　姜　来
文字编辑：张万莹
美术编辑：毕　真
责任编辑：姜　来
出版发行：东南大学出版社
社　　址：南京市四牌楼 2 号
邮　　编：210096
出 版 人：江建中
网　　址：http://www.seupress.com
电子邮箱：press@seupress.com
印　　刷：南京玉河印刷厂
开　　本：889mm×1194mm　1/16
印　　张：12
字　　数：322 千
版　　次：2016 年 3 月第 1 版
印　　次：2016 年 3 月第 1 次印刷
书　　号：ISBN 978-7-5641-4741-9
定　　价：39.00 元
经　　销：全国各地新华书店
发行热线：025-83791830